鹿鸣心理

个性的起源

为何我们独一无二

[美] 大卫 · J . 林登 (David J. Linden) 著
何 姣 译

UNIQUE

The New Science of Human Individuality

重庆大学出版社

献给雅各布和娜塔莉

即便虫子——

有些会鸣叫，

有些不会。

——小林一茶（译自罗伯特·哈斯所翻日文）

前　言

我真应该学着放松和享受音乐，但我就是喜欢“没事找事，庸人自扰”。举个典型的例子吧：在一个阳光明媚的日子里，我在高速路上开着车，随着车载收音机里响起来自美国新奥尔良的说唱歌手尤文尼尔节奏强烈、感染力十足的歌曲，我会忍不住跟着大声嘶吼，身体也随着音乐扭动起来。

噢，她的眼睛从何处得来？这源自她妈妈！
噢，她的大腿从何处得来？这源自她妈妈！
她的厨艺从何处学来？这源自她妈妈！

我正唱着歌——独自一人一唱一和，同时随着节拍使劲拍着方向盘。但在另一个平行时空里，我的大脑已经在细想歌词了。过度分析是科学怪人的祸根。我已经开始思考DNA了。好吧，她的眼睛完全是从她妈妈和她爸爸的基因里获得的，但是她的大腿则可能是受基因和后天饮食习惯综合影响的结果。她肠胃里的菌群通过影响她的新陈代谢而影响她大腿的粗细。她的妈妈可能教会了她如何烹饪，所以她的厨艺应归结于社会经验。我们从同卵双生子的研究中得知，个体的食物偏好只有一小部分由基因决定，所以不会有太多妈妈（或爸爸）的影响，但是她可能遗传了对辛辣食物超级敏感的基因变异。所以她那反映了她食物偏好的烹饪风格可能比大腿的情况更为复杂。随着歌曲继续播放，我的思维变得更加错综复杂。

> 为什么她宣称她是首领？这源自她妈妈！
> 为什么她总是打电话报警？这源自她妈妈！

她自信的天性从何而来？是来自她被抚养的方式？或是受到她的同伴的重要影响？基因在她的自信建立上发挥了作用吗？对于这个观点，也有证据可循——神经递质之类的基因突变。她会一直认为自己是首领，并且有勇气公开宣称吗？众所周知，人格特质在儿童期是可变的，但是成年后如果没有重大创伤就会保持稳定。

是的，我知道，我跑题了。尤文尼尔的说唱并不是要详细说明经历、发展随机性和基因这些因素如何塑造每个个体。尽管如此，他提出了很多人类个性的核心议题。我们通过这首歌知道了主人公有一系列特质：除了具有魅力、自信、厨艺精湛，她也很有趣，与朋友们关系亲密。她是如何成长成这样的呢?

* * *

作为一名生物学家，我不遗余力地在自己的实验中减少个体差异。在我的实验室里，我们研究那些为了尽可能地保持基因相似性而进行近亲繁殖的小鼠品系。接着为了进一步减少变异，我们采用严谨的方法来确保这些小鼠在相同的、无聊的实验室条件中生长发育。我们通常测量多个样本，并采用这些测量值的平均值来检验我们的假设。为了推断出总体趋势，我们会忽略异常值。如果一个人想了解人类（或小鼠）某个共有的生理特质，这是一种合理的实验方法。但这远远不够。

如果打开一个刚从饲养员处拿来的装满小鼠的盒子，我可以发现这些小鼠都有些共同的特质。比如，所有小鼠都会设法避开明亮的灯光；当闻到狐狸的尿味时，它们都会吓得一动不动地站着；它们都会拒绝饮用掺有奎宁的苦水。但是，你不需要观察太久就会发现重要的个体差异。一些小鼠对其他小鼠以及我伸进箱子抓握的手表现出更强的攻击性。没有威胁时，一些小鼠会绕着笼子赛跑，而另外一些小鼠则安静地坐着。个体差异也反映在生理测量中，比如静息状态时的压力激素水平、睡眠模式，或者是食物在体内的消化时间。

这些个体差异是怎么造成的呢?

* * *

几年前，我在一个叫OkCupid的约会网站上花了大量时间，想给自己找个完美伴侣。对我而言，网络约会是一个既迷人又沮丧的，最终又有意外收获的过程：我和我现在的妻子就是通过这个约会网站而相识的，她真的很棒。后来我们发现，通过网络遇到自己未来的伴侣已成为一件寻常的事。据OkCupid联合创始人克里斯汀·荣德所言，在2013年，因为他的网站，每晚大约有三万个初次约会。在这些约会的搭档中，大约有三千对发展成长期情侣，大约有两百对最终结为夫妻（并且据推测，许多其他情侣正处在长期的、彼此忠诚的关系中，只是还未结婚）。[1] 我们可以想象，这些数据从2013年后显著增加，并且OkCupid只是众多的这类网站中的一个。

对我来说，浏览OkCupid上的人物简介就是在上一堂关于人类个性的大师课。为了展现自我，或者为了展示出自己的最大魅力，并且表述自己最想寻觅伴侣的类型，每个人都提供了基本信息、照片和对一组问题的回答。重要的是，约会网站不是完全公开的论坛。不同于酒吧或者一些其他的真实世界里的社交空间，OkCupid的用户写下自己的人物简介后，不会被他/她的朋友或同

1 如果你想了解更多网络约会的统计数据，我推荐克里斯汀·鲁德尔的书：*Dataclysm: Love, sex, race, and identity—what our online lives tell us about our offline selves.* New York, NY: Broadway Books.

事围观。他/她可以用这种社会压力更小的方式来表达自己（或者他们只感受到相对较轻的其他类型的社会压力）。下面我们来看一个虚构的但合理的人物，“她”来自我所在的城市以及中年人群体。每一行都出自真实的个人简介，但我把很多人的个人简介混在一起，创造出了这个虚拟人物。

迷人的都市甜心，54 岁
女性，异性恋，单身，1 米 78，曲线玲珑
白人，说英语和西班牙语，大学毕业
不再信奉罗马天主教，天蝎座
不抽烟，社交性饮酒，养狗
有孩子，但不想再要孩子了
寻找想长期约会的单身男性

自我总结
我是一个典型的大家庭中的长女，
我喜欢诙谐的玩笑、讽刺性幽默和自嘲。
我是名辩护律师。
我是左撇子，并以此为荣。
我喜欢边刷牙边在房间里走来走去。
我有一把热熔胶枪，并且不害怕使用它。
大家都知道，我在冬天会变得有点抑郁。
我喜欢早起，并带着我的狗一起散步。
我一直开着恒温器。
在同一时段，我的大脑和浏览器都有太多选项卡。
我喜欢唱歌并且拥有完美乐感。
没人注意时，我会用信件剔牙。

人们通常最先注意到我的地方是：
我长长的红头发。
我肩上有一个跳舞的花花公子的文身。

我的波士顿口音。
我绝妙的音律记忆。

喜欢的书、电影、演出和食物：
我不常看电视，但我喜欢惊悚电影。
现在，我正在阅读并享受詹妮弗 · 埃根的小说。
我对一切音乐痴狂，从令人大汗淋漓的朋克到70年代的灵乐，再到舒伯特。
我喜欢辛辣食物和印度爱尔啤酒，讨厌蛋黄酱、芥末和流心蛋。
我觉得，红酒对于幸福是不可或缺的。

如有以下情况，你应该给我发信息：
你的自拍图不是你站在你的船前、厕所前、摩托车或者小汽车前。
你知道"好人"是什么样的，并且你也是。
你不介意我冰冷的脚搭在你的背上。

来吧，等你。

就像尤文尼尔歌曲中的主人公或者我实验室中的小鼠，迷人的都市甜心长大成为她独特的自己。她如何形成波士顿口音、异性恋取向、凹凸有致的身材、幽默感、冰凉的脚、对印度爱尔啤酒的钟爱以及她完美的音调？实际上，她的每一项特质都有一个不同解释。

"我们是怎么变得独一无二的"是最有深度的问题之一。而问题的答案"个性起源于何处"则具有深远的意义。这不仅仅是为了网络约会，这个问题的答案会揭示出，我们应如何看待道德、公共政策、信仰、卫生保健、教育和法律。举个例子，如果某种行为特质包含有可遗传的成分，比如攻击性，那么那些生来就更具有攻击性的人出现了暴力行为，是否应该减轻法律惩罚呢？另一个问题是，如果我们知道贫穷会降低身高这种重要且可遗传的特质，那么整个社会是否应该设法减少那些因身高造成的基因遗传的不平等现象呢？这些都是人类个性的科学研究能够启发我们去讨论的各种不同类型的问题。

尽管探索个性的起源不只生物学家在努力——文化人类学家、艺术家、历史学家、语言学家、文学理论家、哲学家、心理学家和许多其他人都在这一领域有一席之地——但这个话题的大部分重要的内容都涉及发展、基因和神经系统可塑性这些基本问题。一个好消息是近年来的学术研究成果正在以令人兴奋的、有时有悖常理的方式阐明这个问题。一个更好的消息是，这些成果不是简单归结为那个令人厌倦的、阻碍研究进展的“天性对教养”之争。基因会被经验修正。经验不仅指明显的事物，比如你的父母如何抚养你；也包含更复杂、迷人的事物，比如你患有的疾病（或者你母亲怀你时患有的疾病）、你吃过的食物、你体内的细菌、你生命早期的气候和无处不在的文化和技术。

所以，我们来深入探讨这门科学。它是个有争议的话题。有关人类个性起源的问题直接关系到我们是谁。这些问题挑战了我们对民族、性别和种族所下的定义。它们天生具有政治性，能煽动强烈的情感。从殖民鼎盛时期至今，150多年以来，这些争论比其他任何政治议题都能更清晰地将政治上的右翼与左翼区分开来。

由于这个令人担忧的背景，我将尽我所能直言不讳地阐述这个问题，综合现有的有关个性起源的科学共识，解释争议，并且简明指出我们认知的边界结束于何处。如果你在阅读的时候想要打开网络约会浏览窗口，你尽管放心，我不会评价你的。

目 录

1

家族遗传

1952年，苏联遗传学家迪米特·别利亚耶夫产生了一个大胆的、创新的实验设想。他对那些对人类文明起到重要作用的动物（如狗、鸽子、马、绵羊和牛）的驯化兴趣浓厚。狗被认为是第一个被人类驯化的物种，它起源于欧亚灰狼，于15 000年前被狩猎采集的原始人所驯化。[1]迪米特·别利亚耶夫想知道，这些出了名的厌恶与人类接触、偶尔具有攻击性的野生狼是如何演化成了人类熟悉并喜爱的、充满感情的、忠诚的朋友的。为什么正如查尔斯·达尔文所描述的，相较于它们的野生祖先，被驯化的哺乳动物通常共享一些特定的身体特征——比如更圆更稚嫩的面部，更松软的耳朵，更弯曲的尾巴和颜色更浅的皮毛斑块？以及为什么大部分野生哺乳动物每年只有一个短暂的繁殖季节，而相应的

1 所有现代驯化的狗都是现已灭绝的古代欧亚灰狼的后裔。这些狼是唯一被驯化的大型食肉动物，也是唯一被狩猎采集民族而非农耕民族驯化的动物种类。来自现代狼和狗的DNA比较研究显示，从狼到狗的驯化不是一次性事件，并且在最初的驯化后，驯化的狗持续与野狼多次杂交。详见近期一篇关于现代狗和狼的基因学的述评：Ostrander, E. A., Wayne, R. K., Freedman, A. H., & Davis, B. W.（2017）. Demographic history, selection and functional diversity of the canine genome. *Nature Genetics*, 18, 705-720.

被驯化的哺乳动物每年通常拥有两个或更多个繁殖季节?

他相信，最初被挑选来进行驯化的最重要的单一特质不是大小或者繁殖能力，而是温顺。他假设，所有这些被我们祖先驯化了的物种都有一个决定性的个性特征，即对人类的攻击性和恐惧感的减弱。为了验证他的理论，他前往一些用于苏联政府皮毛生产、达到工业化级别的银狐农场，并指导那儿的动物饲养员只挑选出那些最温顺的狐狸，并放在一起饲养、繁殖。这些温顺的狐狸只占到总数的很小一部分。他相信，通过多代对温顺狐狸的选育、繁殖，他最终可以得到一种友善的、忠诚的、像狗一样的狐狸。这近似于从狼到狗的驯化。

在开展这些实验的过程中，迪米特·别利亚耶夫希望能不再重蹈他挚爱的哥哥尼古拉·别利亚耶夫的覆辙。他的工作很幸运地获得了一些政治上的支持。一位在第二次世界大战时期被授予勋章的俄罗斯军队英雄曾主持野生狐狸、紫貂和水貂的饲养工作以提升皮毛产量。这项工作对苏维埃政府经济至关重要，因为它能带来大量的外汇。迪米特·别利亚耶夫选择在一个遥远的狐狸农场开展他的驯化实验——一开始在爱沙尼亚的森林，后来在靠近蒙古边界、偏远的西伯利亚一隅。对外的说法是他在研究狐狸的生理特性，而非遗传学。为了监督这项工作，迪米特·别利亚耶夫招募了一名年轻的科学家利乌德米拉·特鲁特。她是动物行为领域的专家，毕业于苏联顶尖学府——莫斯科国立大学。他给予她详细指导：在挑选繁殖用的狐狸时，唯一要考虑的特质便是温顺——而非外貌，或大小，或对待其他狐狸的行为方式。

没有人能保证这个狐狸驯化计划能成功，但这是一个合理的科学假设。毕竟，狗是从狼驯化而来，而狐狸是狗的近亲。然而，斑马与马的亲缘关系也是非常近的，这两个物种有时甚至可以杂交［设特兰群岛的矮马-斑马（pony-zebra）杂交品种被叫作 zony］，但在那之前，人们曾多次尝试驯化野生斑马，均以失败而告终。[1] 失败的原因似乎是，斑马身上没有潜在的温顺特质基因。如果连稍微温顺一些的斑马都不存在，就不能有效地挑出最温顺的斑马来进行繁殖。幸运的是，斑马的情况并没有发生在利乌德米拉·特鲁特和迪米特·别利亚耶夫的狐狸身上。

最初当利乌德米拉·特鲁特把手慢慢地伸进狐狸笼子里时，她戴着厚厚的、内里有填充物的手套，并握着一根小棍。对于这个温和的侵入行为，大多数狐狸的反应是呲牙狂吠和撕咬。也有一些狐狸焦虑不安，蜷缩在笼子后方。但是有10%的狐狸在整个过程中都保持安静，有意地观察她，但并不靠近。[2] 这些就是她

1　与马不同，斑马对非洲采采蝇携带的疾病免疫。这个科学知识激发了许多人试图驯化斑马，但都失败了。如果这个努力成功了，那对非洲的农业将会非常有用。

2　值得注意的是，最初用于农场狐狸培育实验项目的狐狸尽管不是驯化的狐狸，但也不是完全的野生狐狸。它们一代代被养在狐狸农场里，如果说不是十分温顺，那也是已经被稍微选择过了。在利乌德米拉·特鲁特和迪米特·别利亚耶夫的实验开始时，通过温顺标准，大约5%的雄狐狸和20%的雌狐狸被选中进行培育。

Trut, L.（1999）. Early canid domestication: The farm-fox experiment. *American Scientist*, 87, 160-169.

Lord, K. A., Larson, G., Coppinger, R. P., & Karlsson, E. K.（2019）. The history of farm foxes undermines the animal domestication syndrome. *Trends in Ecology & Evolution*, 35, 125-136.

选出来进行第一代繁殖的狐狸。利乌德米拉·特鲁特也很小心地避免近亲繁殖，因为近亲繁殖的后代有可能会干扰实验结果。为了增加“观察到的温顺完全是由遗传选择所导致的”这一可能性，这些狐狸没有经过任何训练，它们与人类的互动也被严格限制。

利乌德米拉·特鲁特发现，的确存在一部分特别温顺的狐狸可以作为后续繁殖的基础。这一早期发现令人振奋，但这个实验还是可能以一种不同的方式失败：这个实验可能要花很多代的时间才能看到狐狸一些重要的行为改变。考古分析显示，从狼到狗的驯化断断续续地持续了数千年。利乌德米拉·特鲁特和迪米特·别利亚耶夫没有那么多时间，并且也受限于狐狸缓慢的繁殖速度：每年只有一次交配季节。所以当实验仅开展四年后，明显的行为改变就出现时，真是值得高兴。一些第四代狐狸对人类展示出了无攻击性和不害怕，甚至像狗摇尾巴一样地回应人类。到第六代时，一些狐狸幼崽在急切地寻求人类关注时，发出哀嚎和呜咽声，出现舔的行为。如今，80%的来自这批杂交繁殖的成年狐狸都是忠诚和温顺的，就像任一被驯化的狗一样（图1）。[1]

如今，如果你想，你可以上网从利乌德米拉·特鲁特和迪米特·别利亚耶夫的实验室购买一只属于自己的温顺狐狸。只要花

---

1 关于西伯利亚驯化狐狸实验的详尽、有趣的故事，参见：
Dugatkin, L. A., & Trut, L.（2017）*How to tame a fox*（*and build a dog*）. Chicago, IL: University of Chicago Press.

图 1　利乌德米拉 · 特鲁特博士和她驯化的一只狐狸。使用已获 BBC 授权。照片由丹 · 蔡尔德拍摄。

9 000美元，温顺的狐狸就会包邮到你家。[1] 但要注意的是，虽然驯化的狐狸比野生狐狸要友善得多，但它们比狗难训练多了。“（你可能）坐在那儿喝着一杯咖啡，头转过去了一会儿，接着回头大喝一口，然后意识到，‘是的，鲍里斯过来了，并在我的咖啡杯里撒了一泡尿，’”狐狸驯化专家艾米 · 巴塞特说道，“你可以轻易地训练和管理狗的行为问题，但狐狸有许多行为……你可能永远无法管理。”[2]

* * *

最初饲养的银狐看起来很像野生狐狸：它们都有垂直的耳

1　但请注意，在很多国家和地区，如美国的加利福尼亚州、得克萨斯州、纽约州和俄勒冈州，都禁止将狐狸作为宠物进行饲养，即使是被驯服的狐狸。

2　引用来自Wagner, A.（2017, March 31）. Why domesticated foxes are genetically fascinating（and terrible pets）. PBS *NewsHour*.

朵、低垂的尾巴和均匀的银黑色皮毛，除了尾巴尖端是白色的。随着一代又一代对温顺狐狸的选育、繁殖，这些驯化的狐狸常常长出了松软的耳朵、更短更弯的尾巴和斑驳不均的、苍白的皮毛，尤其是面部的皮毛。它们比野生狐狸更早达到性成熟，一些狐狸甚至每年繁殖两次。需要强调的重要一点是，用来繁殖的唯一标准就是温顺，其他的身体特征只是顺道而来的。引人注目的是，这些特定的身体变化在很多其他驯化动物身上都出现了——从牛到猪到兔子——在不同的历史时期。

当利乌德米拉·特鲁特和迪米特·别利亚耶夫测量静息状态下由肾上腺分泌的压力激素水平时，他们发现在温顺狐狸身上，激素水平下降很多。他们也发现神经递质血清素及其代谢在温顺狐狸的大脑内增加了，这与攻击行为的降低相一致。对于这些在驯化狐狸和其他动物身上出现的生化、行为和结构上的变化，首要的假设就是，相较于它们的野生表亲，驯化动物的发育在某种程度上停留在一个更早的水平。可能是负责发育时序的基因变异产生了更温顺的特质，于是达尔文观察到的这些特质——比如松软的耳朵、圆脸和弯曲的尾巴——也随之而来。

* * *

利乌德米拉·特鲁特和迪米特·别利亚耶夫证明了狐狸的一个行为特征（温顺）是可遗传的，它可以通过区区几代的选择性饲养被改变，并且这个特质选择会带来生理改变。从狐狸驯化实验中发现的这些行为和身体特征的可遗传性结论，能否应用于人类？毕竟，我们人类并没有被拘禁在西伯利亚的笼子里，而且我们大部分人可以自主选择伴侣，而不是由外星霸主强加给我们。我们甚至还有OkCupid和Bumble这类交友网站来拓宽伴侣选择。

对人类特质的可遗传性的深入了解可从双生子研究中窥见一斑。这类分析可以被用来估算一个特定人群（或狐狸群体）中一个可遗传特质的变异程度，从0~100%。关于可遗传性，我们需要记住的重要一点就是，它测量的是整个群体的变异而不是单个个体。某一特质有70%的可遗传性并不意味着，对这个群体中的任何一个个体而言：基因的影响占70%，其他因素的影响占30%。

来自双生子研究的遗传学估算既可以用于容易测量的生理特质，比如身高或静息心率，也可以用于某种程度上更主观、更难测量的行为特质，比如害羞、慷慨或智力。行为特质通常通过直接观察或调查来衡量，它面临的一个挑战在于，它是受文化因素影响的。害羞特质的定义和标准在日本和在意大利可能不同。对于巴基斯坦的城市居民和坦桑尼亚的哈扎人而言，慷慨的概念也不尽相同。这意味着，如果个体来自不同文化背景（即使他们生活在相同地方），对个体行为特质的评估应结合文化因素的影响。

遗传率估算的工作原理是这样的：当两个卵子在同一个排卵期被排出，并且两个卵子分别被两个精子受精时，异卵双胞胎就形成了。两个受精卵接着分别发育成两个胚胎。异卵双胞胎就像一般的兄弟姐妹，在基因上彼此相似。平均而言，他们共享50%的基因。[1] 由于异卵双胞胎胚胎是各自独立地经遗传获得了决定他们性别的 X 或 Y 染色体，所以一对异卵双胞胎可能性别相同（两个男孩或者两个女孩），也有可能性别相反（一男一女）。

与此不同的是，同卵双胞胎是在发育早期由一个受精卵分裂为两个胚胎而形成的。每个双胞胎都从父母那里经遗传获得一样的基因，所以他们在基因上完全相同。因为同卵双胞胎的胚胎是经遗传获得相同的决定性别的 X 或 Y 染色体组合，所以他们的性别总是相同的。这意味着如果你看见的是不同性别的双胞胎，那他们一定是异卵双胞胎而非同卵双胞胎。

在一个简单的双生子研究设计中，像身高这样的特质会在大量的异卵双生子和同卵双生子群体中进行测量。计算每一对双胞胎的身高差异，接着比较异卵双胞胎和同卵双胞胎两个群体的

---

1 “一对异卵双胞胎平均共享50%的基因”这个短语是另一个更准确但流传不广的陈述的近似表达，那个陈述是“一对异卵双胞胎有50%的机会继承来自父母的任何一个特定基因”。这是一个微妙但重要的区别。

在此，我们已假定每一个参与受精的精子都来自同一个父亲。有种很罕见，但已有证据表明，一个育龄妇女在排卵期与两个不同男人性交，可以怀上同母异父异卵双胞胎，他们的父亲在基因学上不同。这种现象产生了一个绝妙的傻瓜术语“异父超级受精”，它在美国已婚女性生育的所有异卵双胞胎中的发生率为0.25%，并且2.4%的异卵双胞胎父母涉及生父确认诉讼。

James, W. H.（1993）. The incidence of superfecundication and of double paternity in the general population. *Acta Geneticae Medicae et Gemellologiae*, 42, 257-262.

Wenk, R. E., Houtz, T., Brooks, M., & Chiafari, F. A.（1992）. How frequent is heteropaternal superfecundation? *Acta Geneticae Medicae et Gemellologiae*, 41, 43-47.

尽管在猫、狗、大猩猩和一些其他哺乳动物中，异父超级受精比率更高，但生父确认诉讼的发生率显然低得多。

结果。[1] 例如，一项研究显示，异卵双胞胎之间的平均身高差异是4.5厘米，而同卵双胞胎的差异是1.7厘米。在这类双生子研究中，一个重要的假设是，双胞胎（同卵和异卵）在同一个家庭同时被抚养长大，所以他们拥有高度共享的社会和物质环境，至少在童年期是这样的。因此，同卵双胞胎之间更小的统计学上的差异被归为更大程度的基因相似性。当这些值被纳入一个标准方程时，我们可以估算出一个特质的遗传率。至少在一个基本营养需求被满足的富裕国家中，成人身高的遗传率大约是85%。你也可以估算出身高的变异程度，有5%归因于双胞胎的共享环境，10%归因于双胞胎的非共享环境。对这些值的计算感兴趣的人可参考注释。[2]

对大多数双胞胎来说，共享的环境主要由家庭因素决定（包括亲子阅读等家庭互动因素和饮食等家庭物质环境），但也包括一些来自学校和社群的共享社会因素，以及与食物和传染性疾病有关的共同暴露因素。非共享环境就像是一个用来装五花八门、各类随机经验的袋子，包括个体没有共享的社会的和生理的经验。重要的是，这个非共享环境的估计也包括了大脑和身体在胎

---

1 由于同卵双胞胎的性别总是相同的，因此本研究所选取的异卵双胞胎也是具有相同性别的，以避免混淆因素。

2 在这种最简单的形式中，遗传率（h^2）估算方程与一个特质在同卵双胞胎中和异卵双胞胎中的相关系数（r）有关，它是$h^2=2\,(r_{同卵}-r_{异卵})$。因此，如果一个特质在同卵双胞胎中的相关系数是0.80，在异卵双胞胎中是0.50，那么这个特质的遗传率将是2（0.80–0.50）=0.60。在这种模式中，归于共享环境作用（C^2）的变异比例将会是同卵双胞胎相关系数与遗传率之间的差异：$C^2=r_{同卵}-h^2$。

儿期和产后的发育的随机性。我们将会在第2章讨论。[1]

这类双生子研究可用于任何特质的分析，不仅仅是那些连续变化的、容易测量的特质，如身高或体重。它还可以被用来分析对一个调查问题的回答，例如“在过去的一年，与你同性别的人是否对你有性吸引力？”如果性吸引力没有遗传性成分，那我们可以预期同一对同卵双胞胎和一对异卵双胞胎都回答“是的”的百分比大致相当。相反，如果性吸引力完全是遗传性的，那么我们可以预期一个身为同性恋/双性恋的同卵双胞胎会有一个同性恋/双性恋的双胞胎手足（而每一个异性恋的同卵双胞胎会有一个异性恋的双胞胎手足）。结果发现，迄今为止最好的估计是，对男人而言，性取向方面大约有40%的变异归因于遗传性，共享环境没有明显作用；以及60%的变异归因于非共享的环境。[2] 40%是个很大的比例，但仍然给很多其他非遗传性因素留下了可能性。我们将在第4章讨论性取向和性认同这门新兴科学。

对于这类双生子研究也存在一些不同意见。一些研究者认为，共同抚养的同卵双胞胎和异卵双胞胎的比较研究高估了一个特质的遗传作用，因为相较于异卵双胞胎，家庭成员、朋友和老师往往以更相似的方式对待同卵双胞胎。这可能表现在许多方

1 非共享环境范畴也包括测量误差，它在身体特质上通常很小，但在行为特质中可以更大。比如，同一个人在不同的两天进行标准人格测验或IQ测试，可能会得到略微不同的结果。

2 Långström, N., Rahman, Q., Carlström, E., & Lichtenstein, P.（2010）. Genetic and environmental effects on same-sex sexual behavior: A population study of twins in Sweden. *Archives of Sexual Behavior*, 39, 75-80.

面，从被提供的食物到人们与他们互动的方式。另外一些研究者则提出了相反的看法：相较于异卵双胞胎，被共同抚养的同卵双胞胎会努力在更大程度上从社会层面区分彼此，因此这样的比较低估了基因对一个特质（尤其是一个行为特质）的作用。不论何种情况，都与“同卵双胞胎和异卵双胞胎拥有相同的共享环境”这一关键假设不一致。有关共同抚养的双生子研究的有效性，支持和反对的激烈争论都有，我们不在此处详尽复述这些争论。通过对相关文献的阅读和分析，我认为，在大多数案例中，共同抚养的双生子研究中不相同的共享环境问题是很小的，几乎不能推翻由此得出的遗传率的总体估算。[1] 尽管如此，最好有一个双生子研究设计，可以清晰地估算出在没有相同的共享环境这一造成混淆的假设下的遗传率。

* * *

1979年2月19日（那时苏联的温顺狐狸驯化实验已持续开展

---

1 平均而言，同卵双胞胎确实比相同性别的异卵双胞胎共享了更相似的环境。然而，这有多重要，我们还不清楚。可能最好的试验来自这样一种情况，即父母（以及双胞胎及社区）相信一对双胞胎是同卵双胞胎，但后来基因检测发现他们实际上是异卵双胞胎。或反之亦然。关于这类弄错的双胞胎，一个设计巧妙的研究发现，父母/社区/自身对双胞胎基因类型的看法对双胞胎IQ测验分数的相似性没有影响。

Mathey, A.（1979）. Appraisal of parental bias in twin studies: Ascribed zygosity and IQ differences in twins. *Acta Geneticae Medicae et Gemellologiae*, 28, 155-160.

另一个研究发现，其他人对待同卵双胞胎的相似程度似乎并不会影响双胞胎的行为相似性。比如，双胞胎是否拥有同样的老师、穿着一样或睡在同一个房间并没有影响他们在高中的标准学业测验中获得相似的成绩。

Loehlin, J. C., & Nichols, R. C.（1976）. *Heredity, environment and personality: A study of 850 sets of twins*. Austin, TX: University of Texas Press.

后一个研究发现得到了广泛验证：

Morris-Yates, A., Andrews, G., Howie, P., & Henderson, S.（1990）. Twins: A test of the equal environments assumption. *Acta Physiologica Scandinavica*, 81, 322-326.

了26年），位于美国俄亥俄州莱马的当地报纸报道了一个有趣的关于同卵双胞胎兄弟的故事。他们被不同家庭收养并各自分开抚养，在39岁时重聚。这对双胞胎出生于1939年，母亲是一位15岁的未婚少女。出生仅4周后，他们就被分开了。一个男孩被欧内斯特和沙拉·斯普林格收养，他们把他带回他们位于俄亥俄州的老家皮奎抚养。另一个男孩于两周后被来自俄亥俄州莱马的杰斯和露西尔·李维斯收养。莱马距离皮奎大约45公里。出于某些原因，两对夫妻都被告知，他们的养子原有一个双胞胎兄弟，但一出生就死了。[1]

当露西尔·李维斯最终完成儿子的收养法律程序时，她的儿子还是个蹒跚学步的孩子，这时莱马郡法院大楼的一位职员泄露了秘密。她告诉露西尔，“他们为另一个小男孩起的名字也是吉姆”。在接受《人物》杂志的访谈中，李维斯夫人说：“这些年来，我一直知道他有一个兄弟，我担心他是否有家，过得好不

---

1 多年来，美国和欧洲的收养机构有一个常见的做法，即把双胞胎和三胞胎，不管是同卵还是异卵，分开送到不同家庭。背后的假设依据是，对单个婴儿来说，这种方法更容易找到养父母。虽然没有证据表明情况确实如此，但这个观点被普遍认同。2018年，一部纪录片《三个一模一样的陌生人》（*Three Identical Strangers*）讲述了同卵三胞胎兄弟爱德华·加兰德、大卫·凯尔曼和罗伯特·沙弗兰的故事。他们在6个月大时被分开并送到三个不同的家庭，一个贫困家庭、一个中产家庭和一个富裕家庭。通过一系列巧合，三胞胎在19岁时重逢。随着时间推移，三胞胎开始意识到，他们是作为一个由精神病学家皮特·B. 纽鲍尔和维欧拉·W. 伯纳德设计的从未发布过的关于儿童抚养研究的一部分，被分开并送到这些特殊的家庭中的。这个研究也涉及好几对其他的被收养的同卵双胞胎。在我看来，这个纪录片在指出这些实验的伦理问题上是对的。然而，制片人没有向观众揭露，将双胞胎分开收养（完全与科学研究无关）是那些年里的一种普遍做法，而这影响了成百上千的儿童。这会让观众以为，纽鲍尔和伯纳德研究中的双胞胎和三胞胎是唯一在出生时就被分开的同胞。这并不能减轻纽鲍尔、伯纳德及其同事的过错，但是能将其放在一个更完整的历史背景中。

好。”她等儿子长到5岁时告诉了儿子他双胞胎兄弟的事。吉姆·李维斯说不清为什么，直到他39岁时，他才开始寻找他的兄弟。他通过法院联系到了他的兄弟。《莱马新闻》报道说，吉姆·李维斯打电话给吉姆·斯普林格，深吸一口气，问道："你是我的兄弟吗？"在电话的另一头，吉姆·斯普林格回答："是的。"就这样，这对双胞胎兄弟重聚了。[1]

当吉姆双胞胎重聚时，不管是外貌上（图2）还是气质上，他们俩并不相像，但是一系列惊人的相似处很快出现。两兄弟都在执法机构工作，业余时间都热爱木匠活和画图。放假时，他们都喜欢驾着他们的雪佛兰去位于佛罗里达锅柄地带的帕斯格里尔海滩。上学时，他们都擅长数学，但在拼读上很吃力。他们娶的妻子名字都叫琳达，但都离婚了，并且再婚娶的女人都叫贝蒂。他们都有儿子：詹姆斯·艾伦·李维斯和詹姆斯·艾伦·斯普林格。并且，最明显的是，他们在小便前后都喜欢洗手。

这些逸闻广受读者的喜爱，这毫不意外。吉姆双胞胎的故事迅速地传遍世界。他们重逢的第一个报道出现在《莱马新闻》后的第二天，它被转载到《明尼阿波利斯明星论坛报》上，美国明尼苏达大学的心理学研究生梅格·凯斯注意到了这个故事。那时，凯斯刚上了一门小托马斯·布查德博士关于个体行为差异

---

1 吉姆双胞胎故事的细节来自：Hoersten, G.（2015, July 28）. Reunited after 39 years. *The Lima News.*

图2　吉姆·斯普林格和吉姆·李维斯在1979年重聚后不久摆姿势拍照。感谢南希·L. 西格尔和吉姆双胞胎的供图。使用已获授权。

的课程。当她把报道文章呈给布查德时，他立即意识到，研究吉姆双胞胎将会很有趣。他的话被引用刊登在《纽约时报》上："（为了研究吉姆双胞胎）我将不惜一切代价，因为这是我必须要做的事。要立马进行研究，这很重要。因为现在他们相遇了，在某种意义上，他们将互相影响。"[1]

布查德很快联系到了这对双胞胎，他们同意来明尼苏达大学待6天进行一系列的心理和医学测试及访谈。更多行为和生理的相似处出现了。他们都以相同的方式盘腿，长期饱受头痛和心脏

1　这件轶事来自一本很棒的有关托马斯·布查德的MISTRA研究的起源、发现和背景的书，作者是MISTRA的早期研究者南希·塞格尔。
Segal, N. L.（2012）. *Born together—reared apart: The landmark Minnesota twin study*. Cambridge, MA: Harvard University Press.

病之苦。他们都被认为是“有耐心、友善、认真”的人。他们都在同一年快速地增重十磅。这些轶事般的相似性引发了人们的好奇心，但是对一对同卵双胞胎的分析，即使像吉姆双胞胎那样知名的，并不能让布查德接近真相：在没有相同环境假设的潜在干扰情况下进行特质的遗传率评估，这需要他对一个相当大的同卵双胞胎群体和一个同样相当大的分开抚养的异卵双胞胎群体进行比较。

当吉姆双胞胎的研究开始时，布查德认为，这项研究是难以重复的。其他的研究者也曾尝试研究被分开抚养的双胞胎，但能够接触到的这类双胞胎太少，以至于研究结果在统计学意义上没有说服力。布查德觉得他也会遇到同样的问题，用于寻找多对被分开抚养的双胞胎的花费可能十分昂贵，令人望而却步。他没有预料到的是，公众对于吉姆双胞胎的故事喜闻乐道。他们被报纸、杂志和当时所有主流电视节目频繁报道。一些分开不久的双胞胎在看到吉姆双胞胎上了约翰尼·卡森的《今夜秀》节目后现身了，另一些双胞胎在看到他们上了狄娜·肖尔的节目后也现身了。

这一史无前例的宣传报道让布查德建立了美国明尼苏达分开抚养的双生子研究中心（英文简称“MISTRA”）。这个机构运行了20年，研究了81对同卵双胞胎和56对同性别的异卵双胞胎。[1]与明尼苏达大学心理学同行大卫·莱肯的合作研究也比较了分开抚养的双胞胎和一起抚养的双胞胎。MISTRA在双生子研究领域取得了很大进展。作为这类研究中最大也最富成效的统计调查，它在评估某种特质的遗传对变异的作用上给出了很好的估算，包括在许多生理特质上，比如身体质量指数（大约75%）和静息心率（大约50%），以及在行为特质上，比如外倾性（大约50%）和精神分裂症（大约85%）。

MISTRA及相关研究的一个主要结论是，无论生理特质或行为特质，大部分人类特质均具有显著的遗传作用，波动幅度通常在30%~80%。极少特质是完全遗传性的或完全非遗传性的（我们稍后将讨论一些广为人知的例外）。其他主要的结论是，一些特定特质，如智商（IQ）的变异在个体5岁测试时显示遗传性微弱（大约22%），但一旦开始上学，到12岁时遗传性就变强了（大约70%），并且持续终生。相应地，个体5岁时，共享环境可以解释IQ变异的55%（大部分经验发生在家庭内），但是12岁时降至无法探测的水平，那时儿童已暴露于更广泛的各类经验中。[2]有

1 MISTRA的一个设计精妙的特征是，同时对分开抚养的异卵双胞胎和同卵双胞胎进行分析，而不仅仅是对后者的分析。这是一个重要的方法学上的改进。因为一些早期的分开抚养的双胞胎研究只招募同卵双胞胎，这可能无意间排除了看起来没那么像的同卵双胞胎。研究者担忧的是，预筛选可能导致早期研究者相信，那些有显著的身体或行为差异的同卵双胞胎是异卵双胞胎，因此产生偏差，使得被试群体的相似性更大。重要的是，那些接受了MISTRA研究的双胞胎并不知道他们的双胞胎类型，这增加了一种可能性，即同卵双胞胎代表了一个更大范围的组内差异。根据塞格尔（2012）的MISTRA实验，双胞胎类型直到评估周结束时才通过基因检测而确定。

2 随后的研究被热烈讨论，它估算出共享环境对成人群体的IQ贡献率为15%。这远高于0，但依然很少。更多相关信息参见第8章。

些读者可能会注意到，此处由遗传和共享环境解释的变异相加并未达到100%。差异在于之前提到过的术语“非共享环境”，除了非共享的社会经验，它也包括发育过程的随机性。详见第2章。

几十年来，心理学领域乃至整个社会的主流想法是，一个成人人格最重要的决定因素是直系亲属，尤其是父母的影响。这个观点来自20世纪一场叫行为主义的心理学运动，它认为人类来到这个世界时是一块白板，等待着被社会经验所塑造。结果，当MISTRA实验发现在人格测量中，同卵双胞胎之间的关联显著高于异卵双胞胎之间的关联时，这让人们感到震惊。它的主要结论是，人格的50%的变异可以归于遗传。这个结论也适用于“大五人格测试”［开放性（openness）、尽责性（conscientiousness）、外倾性（extraversion）、宜人性（agreeableness）和神经质性（neuroticism）；缩写为OCEAN］，这与行为主义的白板假设直接冲突。

多数心理学家猜想，剩余的50%的变异很大程度上可由家庭动力学来解释。通过比较共同抚养和分开抚养的同卵双胞胎，MISTRA的研究者评估“共享环境”对个体人格的影响——共享环境包括家庭内的社会经验和诸如共享的营养及共享的传染病暴露这类事物。令心理学家吃惊的是，共享环境对人格测量的变异影响很小，或者没有影响（典型的是，小于10%）。不仅是同卵双胞胎的结果支持了“共享环境在解释个体人格上扮演的作用微乎其微”这个观点。共同抚养长大的异卵双胞胎在人格上的相似性并没有超过抚养于不同家庭的异卵双胞胎，并且在同一个家庭中长大的没有血缘关系、收养的同胞之间一点也不像。

“共享环境对人格没有影响”这一观点与一些流行的、有关父母的影响的观点相悖。但这些双生子研究结果并没有说父母行为是不重要的，而是说明了，除了父母支持和鼓励有一些极小的影响外，额外的关注对人格产生的影响并没有如实验室中由问卷调查测量得到的那般大。

重要的是，人格并非一个人个性的全部。父母可以反复灌输习惯和教授具体技能，比如冲浪或修车。他们还可以把不能被大五人格测试涵盖的哲学、宗教或政治观点传输给孩子。比如，利他、分享和其他亲社会行为看起来比其他行为特质更大程度地受到共享环境的影响。[1] 宗教性是另一个主要变异由可遗传因素和共享环境共同导致的特质。重要的是，尽管一个人是否拥有宗教信仰受到遗传因素和共享环境的双重影响，但具体选择何种宗教并没有遗传性成分。你的基因可能让你笃信宗教，但它并不能让你成为一个印度教徒或巫术崇拜者或者罗马天主教徒——那基本上是一个家庭和社群的事。

另一个根深蒂固的有关家庭对人格的影响的观念与出生顺序有关。相较于后续出生的兄弟姐妹，头胎孩子通常被认为具有社交上的优势，更少恐惧和更喜欢新奇及冒险行为。并且如果你观

1 Krueger, R. F., Hicks, B. M., & McCue, M. （2001）. Altruism and antisocial behavior: Independent tendencies, unique personality correlates, distinct etiologies. *Psychological Science*, 12, 397–402.

察家庭内的孩子，也会验证这种模式。父母对待头胎孩子的方式与他们后续出生的孩子不同，并且头胎孩子既照顾也统领着他们年幼的弟弟妹妹。实际上，这种模式通常在家庭内持续直至孩子成年。但值得注意的是，人们反复研究都无法证明头胎孩子的霸气也表现在家庭之外。[1] 不管在学校，还是在运动队或职场，头胎孩子都没有展现出非同寻常的社交优势或任何其他人格特质。现在回顾来看，这是有道理的。头胎孩子在家庭中是最年长、最大的，但在运动场、班级里或者家庭外的其他地方，他们并未享有同样的地位。

* * *

如果吉姆双胞胎没有这么相像并产生了这样有吸引力的故事和引起媒体关注，那么MISTRA的研究可能根本就不会开展。吉姆双胞胎在研究中显然属于最为相似的，因此他们不是最具代表性的分开抚养的同卵双胞胎。布查德说道："平均而言，分开抚养的同卵双胞胎相似性（行为层面的测量）大约为50%——并且推翻了一个广为流传的观念，即同卵双胞胎是一模一样的。显然，他们不是。每一个人都凭他们自己成为一个独一无二的个体。"

---

1 Lejarraga, T., Frey, R., Schnitzlein, D. D., & Hertwig, R.（2019）. No effect of birth order on adult risk taking. *Proceedings of the National Academy of Sciences of the USA*, 116, 6019-6024.

Damian, R. I., & Roberts, B. W.（2015）. The associations of birth order with personality and intelligence in a representative sample of US high school students. *Journal of Research in Personality*, 58, 96-105.

Botzet, L., Rohrer, J. M., & Arslan, R. C.（2018）. Effects of birth order on intelligence, educational attainment, personality, and risk aversion in an Indonesian sample.

20世纪80年代，当MISTRA首次发表其研究结果时，收到的反响不完全是积极的。像寻求新异、传统主义和一般智力这类复杂的行为特质有很强的遗传成分——这一证明尽管被一些人热烈欢迎，但也被另一些人怀疑和攻击，特别是行为主义的追随者。布查德及其同事被人称为骗子、种族主义者和纳粹分子。一些反对者曾试图让明尼苏达大学开除布查德。然而，随着时间流逝，MISTRA的研究结果，不管是有关行为的还是身体特质的，都被后来一些设置了良好的对照组的双生子分开抚养研究重复出来了。一个重要的附加说明是，迄今为止绝大多数这类研究是在富裕国家进行的，如日本、美国、瑞典和芬兰。在这些国家中，人们普遍能获得营养丰富的食物、良好的医疗保健和学校教育。尽管仍然存有争论，但如今大多数生物学家都已接受了这个观点，即大多数行为和身体特质都有可观的遗传性成分。[1]

来自莫奈尔化学感官中心的科学家丹妮尔·里德赞誉布查德的工作拓展了我们对遗传的理解。“他是一位先驱，”她说，“我们忘记了50年前，像酗酒和心脏病这类事情还被认为是完全由生活方式导致的。精神分裂症被归因为糟糕的母亲养育。双生子研究让我们对究竟什么是人天生的和什么是由经验造成的，持更审慎的态度。”[2]

---

1 Polderman, T. J. C., Benyamin, B., de Leeuw, C. A., Sullivan, P. F., von Bochoven, A., Visscher, P. M., & Posthuma, D.（2015）. Meta-analysis of the heritability of human traits based on fifty years of twin studies. *Nature Genetics*, 47, 702-709.

2 引用来自Miller, P.（2012, January）. A thing or two about twins. *National Geographic*.

* * *

多年来，人们一直争论人类特质的起源。政治上、情感上最具争议的论点与IQ测试作为衡量智力的手段有关。智力可以被遗传、环境或者其他因素所决定吗？IQ测试在跨文化间是否有效？MISTRA和其他一些双生子研究已估算出IQ的遗传性大约为70%。第一点，也是最明显的点是70%而非100%——这个数值仍然为环境影响的重要性留有余地。第二点更为微妙。遗传率的估算仅对研究所分析的人群有效。尽管MISTRA的研究者并没有为他们的研究寻找特定类型的双胞胎群体，但他们研究的人大多数为白人，居住在中西部地区，并且是中产阶级，因此70%的遗传率估算并不一定适用于其他群体。

用一个政治敏感性更低的特质，比如身高，来讨论人类群体的遗传率，可能更为容易。在富裕人群中，由于拥有营养丰富的食物、洁净的饮用水、良好的睡眠和基本的医疗保健，身高的遗传因素大约占85%。但如果我们看看一个没有这些优势的群体，比如在印度或玻利维亚的农村地区的穷人，则只有大约50%是可遗传的。没有基本营养（包括足够的蛋白质）和疾病治疗（主要是传染性疾病），穷人就不能达到他们的身高的基因潜能。[1] 换言之，一个特质的可遗传性和环境成分不是简单地相加。遗传与环境相互作用，为特质提供了潜能，但是环境条件会影响潜能是

---

1 有趣的是，营养不良不仅是一个有关贫穷的问题。来自流行病学的证据表明，当代日本女性在怀孕期间为了保持苗条而消耗更少的卡路里，阻碍了她们孩子的生长。Normile, D.（2018）. Staying slim during pregnancy carries a price. *Science*, 361, 440.

否能被充分实现。

IQ测试也面临同样的情形：无法获得人类基本需求的儿童——不仅是营养、保健和公共卫生，还有良好的学校、书籍、充足的睡眠和探索的自由、好奇心——不能实现他们一般智力的基因潜能。关键的是，相较于那些基本需求得到满足的人群，遗传能解释的一般智力的变异程度在贫困人群中更低。[1] 在我看来，探究特质遗传率的研究，对现代政治和道德秩序有重要意义：如果你想要整体上改善人类的生命，首先要做的是确保每个人都能得到他或她的基本需求的满足以实现他或她的人类积极特质的基因潜能。当我们在第8章探讨群体差异和种族及种族主义的概念时，我们会再次探讨这个话题。

* * *

双生子研究可以测量出遗传对群体间人类特质变异的平均贡献，但是它不能揭示造成这个变异的原因的潜在生理机制。为了实现这一点，我们需要考虑生命的生理机制。遗传特征被编码在DNA中，而DNA位于细胞核内。DNA是组成基因的物质，基因指导了蛋白质的合成。一些蛋白质是结构性的：它们是决定细胞形状的主要结构，就像桥梁的主梁和钢索。另一些蛋白质有特定的生化功能，比如能合成或分解身体内重要的化学物质，就像胃里的消化酶。还有一些蛋白质是受体，它们像专业化的微型

---

1 Nisbett, R. E., et al. (2012). Intelligence: New findings and theoretical developments. *American Psychologist*, 6, 130-159.

机器，能让细胞对激素或神经递质等化学信号作出反应。还有更多的蛋白质是帮助我们感受周围世界各类事物的传感器，比如视网膜上的蛋白质能让我们看见光，内耳的蛋白质能让我们听到声音，并把各种形式的能量转化为电信号，最终传送到大脑。

脱氧核糖核酸（DNA）是由脱氧核苷酸组成的长链聚合物，脱氧核苷酸由碱基、脱氧核糖和磷酸构成。其中碱基有4种：腺嘌呤（A）、鸟嘌呤（G）、胸腺嘧啶（T）和胞嘧啶（C）。人类的基因组含有约30亿个DNA碱基对，编码约19 000个不同基因，基因与基因之间由巨大的、我们知之甚少的DNA片段连接。[1] 现在我们已经知道人类基因组的完整核苷酸序列，也知道一些植物、动物和细菌的核苷酸序列。结果发现，19 000个基因并非一个动物的罕见数值。体型微小的秀丽隐杆线虫的基因数目

1 DNA即脱氧核糖核酸，是由一种叫脱氧核苷酸（碱基）的重复化学单元组成的长链聚合物。脱氧核苷酸是由碱基、脱氧核糖和磷酸构成。在DNA中有四种脱氧核苷酸：腺苷酸（A）、鸟苷酸（G）、胸苷酸（T）和胞苷酸（C）。DNA分子由两条长链组成，这两条长链相互缠绕，形成了著名的双螺旋结构。如果在一条链上某一位置有一个C，那么另一条链上的相应位置上会有一个G与之配对；如果一条链上是T，那另一个上就是A。通过这种方式，两条链上的双螺旋都会以镜像方式包含相同信息。关键的是，核苷酸三个一组形成了遗传密码子：每个DNA三联体都编码一个特定的氨基酸，氨基酸通过肽链形成蛋白质。

当在细胞中合成某种特定的蛋白质时，DNA编码的相关部分也会指导基因在何处开始，在何处解链。一条DNA链作为模板来产生一条互补的核糖核酸（RNA）链。游离核苷酸会沿着解开的DNA链排列，将C和G配对，T和U（尿嘧啶）配对，形成RNA链。然后这条信使RNA链会从DNA链剥离出去。这样，信使RNA中的碱基序列与DNA链上的碱基序列互补。信使RNA链随后离开细胞核，进入细胞质。信使RNA接着与被称为核糖体的蛋白质复合物相互作用，这时氨基酸沿着信使RNA链排列形成蛋白质，遗传信息完成了翻译。

几乎所有的遗传信息都通过指导RNA而起作用，因此蛋白质的合成和有机体的功能最终由不同类型的细胞制造的蛋白质类型和数量而决定。也有一些非编码RNA通过指导蛋白质合成而独立发挥作用，但我在此不会深入探讨。

大约是19 000个。比较起来，果蝇大约是13 000个，而水稻大约是32 000个，一种特殊的杨树大约是45 000个。显然，一个有机体基因组的基因数目并不能决定解剖学上的复杂性，更不用说一种动物或植物的智能。[1]

平均而言，整个DNA序列（包括基因和它们之间的基因间隔区）在人与人之间的相似性为99.8%，在人与大猩猩之间的相似性为98%，在人与果蝇之间的相似性为50%。这是因为，如果你在进化史上追溯到足够远，大约8亿年前，人类、黑猩猩和果蝇全都拥有一个共同的祖先。

如果只有2%的差异让我们与黑猩猩分道扬镳，那么可以推断出，DNA序列上的微小差异有时可以对特质产生巨大的作用。实际上，在人类基因组的一些特定位置上，单个脱氧核苷酸的改变（称为点突变）会是致命的。有时，如果改变发生在发育早期，胚胎会死亡。还有其他位置上的一个单个脱氧核苷酸的改变可以导致严重的疾病。比如，有一种酶可以代谢苯丙氨酸，合成这种酶的基因上的特定位点的微小改变会破坏该基因。因此携带这个基因变异的婴儿如果进食了含苯丙氨酸的食物，苯丙氨酸就会累积达到毒害水平并损害大脑和其他器官的发育，导致苯丙酮尿症（phenylketonuria，就是大家熟知的PKU）。[2] 关于基因上的单脱

---

1 一些植物有大量的基因，因为在进化过程中，它们经历了一次、两次或者甚至三次的全基因组复制。

2 PKU是一种严重的疾病，但是它很容易治疗，通过保持低含量苯丙氨酸饮食来实现。这就是为什么需要对新生儿进行例行检查。

氧核苷酸突变，还有许多其他的例子，但值得注意的是，与PKU不同，它们大部分没有带来功能上的不良后果。[1]

对于每一个基因，我们通常携带两个副本，称为等位基因：一个来自我们的母亲，另一个来自我们的父亲。对大多数基因而言，来自母亲和父亲的基因副本都是有活性的。[2] 因此，要患上PKU，你需要从父母双方继承代谢苯丙氨酸的酶的基因的两个副本都失活。这使得PKU成为一种隐性基因疾病。还有其他的以显性遗传方式导致的基因疾病，比如马方综合征（结缔组织过度拉伸的一种遗传疾病），这类疾病只要继承来自父母一方的某个特定基因变异的一个副本就足以致病。

* * *

这里有一个有趣的知识点，你可以用来引起你朋友的注目：每个人的耵聍（俗称耳屎）要么是湿性的要么是干性的。如果你

---

1 基因上的单个脱氧核苷酸突变对功能无影响的方式有两种。第一种称为沉默突变，即两个不同的DNA三联体编码相同的氨基酸。比如，如果AAA三联体变成了AAG，它们都编码同样的氨基酸——赖氨酸——形成蛋白质的氨基酸链是相同的。第二种情况叫作保守性替换，即改变单个脱氧核苷酸确实会改变氨基酸——例如，从一个谷氨酸到一个天冬氨酸——但在那个特定位置的特定改变对蛋白质的功能没有影响。

2 有一些明显的例外。有一些基因尽管你从父母那里继承了两个副本，但只有来自你母亲或父亲的一个副本是活跃的。这个过程叫表观遗传印记。比如，一个叫作UBE3A的基因只有来自母亲的等位基因活跃时，才会被表达，这个基因对神经系统的发育和功能很重要。当母亲的等位基因中有基因突变（或者存在表达问题），这会导致一种叫作天使症候群的神经系统疾病。另外一些的例外情况是在X或Y性染色体上表达的基因。比如，X染色体上的某个基因发生了突变而丧失了功能，可以导致男性患病，因为男性的另一个染色体是Y。而通常拥有两个X的女性因为拥有一个正常的等位基因而往往不会患有这种疾病（除非她们很不幸地从父母处都继承了突变的等位基因）。其中一个例子是红/绿色盲，在北欧人群中，男性和女性的发生率分别为8%和0.5%。

的祖先来自欧洲或非洲，那你很大概率（超过90%）属于湿性。如果你的祖先来自韩国、日本或者中国北方，那你基本上肯定属于干性。如果你的祖先来自南亚，或者是中国北方人与欧洲/非洲人混血，那你属于干性耳屎的概率处于中间值。为了研究耳屎基因，长崎大学医学院的新川昭夫率领的科学团队从世界各地收集人们的DNA和耳屎样本。[1]

他们认定，干性耳屎特质是由控制多种分泌形式的一个基因（ABCC11）上的单核苷酸突变所致。与PKU一样，干性耳屎是隐性遗传；它要求个体从父母双方各获得一个基因突变体。把这个放到双生子研究的背景中来看，干性耳屎特质（和PKU特质）具有100%的遗传性，与共享的或个人化的环境无关。不管你父母如何抚养你，或者你在学校经历了什么或者你吃了什么食物，这些都无关紧要。如果你经遗传获得了两个干性耳屎基因变异的突变体，你就会拥有干性耳屎——故事就是这么简单。

导致干性耳屎的ABCC11基因突变也消灭了狐臭。[2] 那就是在高峰时段，首尔的地铁里的气味比纽约的好得多的主要原因。ABCC11在顶泌汗腺的分泌上发挥了作用。这个位于腋窝（和会阴部）的特殊汗腺分泌油性物质，油性物质被细菌分解代谢从而

---

1 如果你喜欢抱怨你的工作，只需想一下，如果你是一位国际耳屎收集者，这会更糟糕。

2 Yoshiura, K., et al.（2006）. A SNP in the ABCC11 gene in the determinant of human earwax type. *Nature Genetics*, 38, 324-330.
Nakano, M., Miwa, N., Hirano, A., Yoshiura, K., & Niikawa, N.（2009）. A strong association of axillary osmidrosis with the wet earwax type determined by genotyping of the ABCC11 gene. *BMC Genetics*, 10, 42.

产生臭味。[1] 由于ABCC11基因突变，几乎所有韩国人（和大部分日本人及中国北方汉族人）拥有无臭的腋窝及干性耳屎。有传言说，在一些情况下，狐臭可以成为一个有效理由以让日本男人免除服兵役。日本人很少有狐臭，以至于一些有狐臭的日本人会用医学手段去除掉他们腋窝的顶泌汗腺。一项揭示广告和社会从众的影响力的研究表明，在英国那些极少数拥有无臭腋窝的女人中，大部分人（78%）依然会购买和使用除臭剂。[2]

* * *

在了解了PKU和干性耳屎后，你可能认为人体内存在着的很多特质是由单一基因决定的。实际上，这样的特质非常稀少，位于遗传率连续谱上的尽头端。另一个尽头端由像口音这样的特质组成，它们似乎丝毫没有遗传性基础。虽然有一些遗传因素会影响你的音质（音调高或低，洪亮或微弱，刺耳或清澈），并且这些音质在你讲话和唱歌中会同样明显，但是你的口音完全由你听他人说话的经验所决定，其中完全没有基因的作用。有意思的是，我们模仿最多的语音来自我们的同伴而非我们的父母。这就是为什么，移民儿童往往带有他们被抚养长大的社区的口音。

大部分特质既不是像耳屎类型那样是完全遗传性的，也不是

1 人身体的其他部位大部分都有另外一种不同的汗腺——小汗腺——分泌一种水分多的、咸味的汗，它不会产生腋窝和胯部中超臭的细菌代谢物。腋窝适合大量的棒状杆菌和葡萄球菌生存，这些细菌似乎正是臭味细菌肇事者。

2 Rodriguez, S., Steer, C. D., Farrow, A., Golding, J., & Day, I. N.（2013）. Dependence of deodorant usage on ABCC11 genotype: Scope for personalized genetics in personal hygiene. *Journal of Investigative Dermatology*, 133, 1760-1767.

像口音那样完全由环境决定的。

人群中这些特质的变异的30%~80%可以用基因解释。近年来，一种叫全基因组关联分析（Genome-Wide Association Studies，GWAS）的新方法可以帮助解释为什么会这样。假如你想知道哪些基因会导致身高变异（我们知道在富裕人群中，身高变异的大约85%归于遗传）。你需要收集一个随机抽取的、身高值横跨整个成人身高范围的上千人的样本。接着你要收集DNA样本，并考察基因组里的所有大约19 000个基因的变异及基因之间的基因间隔区。实际上，身高的这个研究被试人数多达70万人。并且结果发现，身高既不是由单个基因，也不是由少数几个基因的变异决定的，而是由至少700个基因的变异决定的；并且其中的一些基因还调控骨骼、肌肉或者软骨的生长。我们虽然对此结果并不感到惊讶，但是很多基因是我们之前从未曾想到过的，这说明了，我们对基因组里很多基因的功能仍然知之甚少。[1]

身高不是由单一的基因来决定。相反，它与有很多基因相关，每个基因的变异都对身高贡献了一小部分（这些基因中的每一个也影响除了身高之外的其他特质）。此外，每一个基因变异并不是简单相加，有时以一种复杂的、不可预测的方式结合。两个不同基因的变异加起来可以比它们的微小效应之和更大；比

1 同样，一些影响身高的基因变异实际上被发现存在于基因间隔区的DNA链上。
Wood, A. R., et al.（2014）. Defining the role of common variation in the genomic and biological architecture of adult human height. *Nature Genetics*, 46, 1173-1186.
Marouli, E., et al.（2017）. Rare and low-frequency coding variants alter human height. *Nature*, 542, 186-190.

如1+1=5。另一些时候，两个基因的效应会彼此抵消，产生一种1+1=0的情况。

行为特质也同样如此。没有单一一个基因可以解释宗教性、神经质性或者共情。基因携带的信息指导蛋白质的合成（比如多巴胺D2受体或者酪氨酸羟化酶），而不是产生行为特质，比如害羞或者冒险。像精神分裂症这样的疾病或者像身高这样的结构性特质具有高度的遗传性（均约为85%），但也是由数以百计的基因的相互作用共同决定的。下次当你看到一个新闻报道说“智商基因”或者“共情基因”或者一些类似的胡说八道的词汇时，请记得这一点。[1]

有了特质遗传性和基因的这个背景知识，我们再回来看利乌德米拉·特鲁特和迪米特·别利亚耶夫的温顺狐狸实验。想发

1 一个特定人格维度（比如外倾性）上的50%变异可以被基因所解释，知道这一点只是一个开始。是哪些特定的基因影响了外倾性，并且它们是如何影响的？并且这样的基因变异是如何与社会性或非社会性经验互动的？我们对这些的理解非常有限。以近期的一项研究作为例子。美国加利福尼亚大学的研究者圣·迪亚哥和几个其他大学的研究者开展了标准的大五人格测试（OCEAN），并检测了约20万人的DNA。随后他们进行了一个统计分析，希望找出在人类基因组中的某些位置上的基因变异能预测任何一个大五人格测试的一部分。这种研究方法称为全基因组关联分析，其优点是研究者一开始并不去预设哪个基因是最重要的。他们发现了一些有趣的相关性，其中一个是外倾性和一个叫作WSCD2的基因上的变异的关系。这是否意味着WSCD2是外倾性的基因？当然不是！在样本人群中，WSCD2上的变异在外倾性变异中能解释的比率不足10%。即使这个发现能被重复，而且极有可能被重复出来，情况也可能是WSCD2只是整个基因贡献中的一小部分。如果WSCD2与大脑中我们认为可能与外倾性有关的特定回路有关系，如与释放多巴胺和血清素的神经元相关，那这样的发现就太有意义了。但是目前，还没有得到这样的结论。WSCD2基因合成的蛋白质并没有在这些类型的神经元中大量存在。实际上，它们在甲状腺中的水平甚至比在大脑中的更高。

Lo, M. T., et al.,（2017）. Genome-wide analyses for personality traits identify six genomic loci and show correlations with psychiatric disorders. *Nature Genetics*, 49, 152–156.

现是哪个基因参与了温顺这一新兴特质，方法之一便是效仿人类身高研究：做一个全基因组关联分析，收集大量温顺狐狸和野生狐狸的DNA样本，并在整个基因组中比较两者的温顺特质的变异。另一种方法是候选基因法。美国俄勒冈州立大学的莫妮卡·尤德尔及其同事的最近的研究表明，狗身上两个相邻基因的变异与温顺和极度友善有很大的相关性。在一些人中也发现了这些相同基因（和其他相邻基因）的变异，并导致了威廉姆斯-布伦综合征，它的一个症状便是极度地友善。这些发现让一个有趣的假设浮出水面，在狗的驯化过程中一个重要的改变就发生在这两个基因上，变得很像人类的威廉姆斯-布伦综合征的一些症状。[1] 很快，我们将会知道西伯利亚的温顺狐狸中的这两个基因是否有相似突变。这将有助于我们理解特定的温顺及更普遍的新异行为特质的产生。

---

1 VonHoldt, B. M., et al.（2017）. Structural variants in genes associated with human Williams-Beuren syndrome underlie stereotypical hypersociability in domestic dogs. *Science Advances*, 3.

2

你经验过吗？

我确信，“天性对教养”的问题是人人皆知，常常脱口而出的。它的表达押韵、对仗，朗朗上口，就如同经典语句“强权即正义”或者“如果证据与被告人不匹配，你必须要宣判被告无罪”。“天性对教养”这句俗语并不出自英国博学家弗朗西斯·高尔顿，[1] 但是自从1869年，他普及这个观点后，便迅速引起了大众的广泛思考和讨论，至今都争论不休。首先，为什么要说“天性”，就指的是“遗传”？天性这个词通常是指自然界整体，如同在“大自然的奇迹”中所表达的意思；它也指事物的本质或品性，如同在“人性中的善良天使”中所表达的意思。当然除了在这个俗语中，它从来没有遗传的意思。

接着是“对”这个字。认为天性和教养一定要相互对立才能解释人类特质的想法是愚蠢的。我们知道（尽管高尔顿及其同时代人并不知道），一些特质（比如耳屎类型）完全是由遗传决定

1 这个短语是有历史出处的，可以追溯到中世纪的史诗，包括克雷蒂安·德·特鲁瓦于1180年前后用古法语写的《珀西瓦尔：圣杯的故事》。

的，而另一些特质（比如口音）则完全是由非遗传决定的，但是大部分特质位于两者之间。甚至更重要的，我们知道天性和教养通过多种方式互动来影响特质：要患上PKU，一个人既需要继承的两个等位基因都是突变失活的，也需要进食富含苯丙氨酸的食物。类似的，如果你营养不良或长期被感染，你将不能充分实现你身高的基因潜能。如果你天生具有运动天赋，你更有可能寻找机会去进行体育运动，并随着练习提高技能。“天性对教养”这种对立表达就是错的。

但是这个表达中真正让我头疼的部分是“教养”。它是指父母养育你的方式——当你是一个孩子时，他们如何照顾、保护你（或者无法做到这样）。但是，这只是特质的非遗传决定因素的一个很小的部分。正如我们在这章里将会探讨的，一个更准确的术语是“经验”，我指的是一个广义上的词。它不仅包含社会经验和你记忆中储存的事件经验，还包含作用在你身上的每一个因素，时间跨度从精子使卵子受精的那一刻起到你死之前咽下最后一口气。这些经验甚至开始于胚胎植入子宫前，从你母亲怀你时吃下的食物到你第一天开始你第一份真正的工作时分泌的应激激素，包含了所有这些。

此外，还有另一个重要的、既非遗传也非经验的因素。那便是发育的随机本质，尤其是大脑及其500万亿个神经突触的自组装。就像我前面提到过的，发育的随机性是我们在双生子研究中在非共享环境那一类里测量的很大一部分内容。自组装由基因组主导，但它并非从解剖学和功能角度的最佳水平来准确地规划组装的。基因组不是一个详细的由一个细胞一个细胞构成的服务于身体和大脑发育的设计蓝图，而像是一个简单的随手写在信封背面的食谱。基因组不会说：“嘿，你，谷氨酸利用型神经元#12,345,763！把你的轴突往背部植入123微米，接着往左急转弯穿过大脑的另一边。”相反，指导语更可能是，“嘿，你们这一群站在那里的谷氨酸利用型神经元！把你的轴突往背部植入一些，然后你们中的约50%往左急转弯穿过中间线到达大脑另一边。你们剩下的，把轴突转向右边”。关键点是，有关发育的基因指导是不精确的。一对发育中的同卵双胞胎，其中一个人的这个区域的轴突有40%会左转；而在另一个人那里，有60%会左转。这个例子来自大脑，但是这个原则可以应用于所有器官。这是拥有相同的DNA序列和几乎相同的子宫环境的同卵双胞胎生来具有的身体、大脑或气质并非完全相同的主要原因。

这意味着你的个体性并不是一个关于“天性对教养”的问题，而是“遗传与经验相互作用，同时也受到固有的发育随机性的影响”。这句话读着并不像前面的俗语有趣，但这是真相。令人振奋的是，对于遗传、经验与发育随机性如何通过分子水平的机制相互作用使你成为独一无二的人，现在我们有了大致的理解。

* * *

几乎你身体内的每一个细胞都包含了你全部的基因组——所有的大约19 000个基因以及基因与基因之间的大量DNA。[1] 但是在一个特定的细胞里，只有其中一些特定的基因会被激活以指导蛋白质的生产，这个过程被称为基因表达。其实这是非常有必要的。你不希望形成你头皮中的毛囊的细胞打开基因开关来产生胰岛素，你也不希望你的胰岛细胞去生成头发。比如，神经系统中大部分对电流敏感的细胞，即神经元，表达大约13 000个基因。其中大约7 000个是细胞的管家基因，因此体内的大部分其他细胞也能表达它们。相较于在其他类型细胞中，大约有400个基因是在神经元中以更高水平的方式被表达。一些特定的基因在其他组织中也能被表达。比如，神经元和心肌细胞都具有电活性，因此它们共享一些特定基因的表达，这些基因都被要求产生电活动。

由上可知，大约有6 000个基因在神经元中从未被表达过。[2] 有几种方式可以关闭基因的表达，这样它们就无法指导蛋白质的生产。持续时间最长久的方式是涉及将一种被称为甲基团

1　有一些短命的细胞，比如血红细胞和血小板，它们没有细胞核，因此也没有核DNA，但这样的情况是少数。

2　意识到有许多不同类型的神经元并且每种神经元的基因表达模式都不尽相同，这很重要。我们常常将这种表达模式的各个方面与神经元功能相联系。比如，那些发射电信号非常快速（比如每秒钟100次或更多）的神经元将会表达能快速打开离子通道的基因，以允许电信号快速传导；而那些发送速度慢的神经元将不会表达这样的基因，或者即使表达这样的基因，其表达水平也很低。从基因表达模式来看，目前关于存在多少种不同类型的神经元的研究项目正在开展中，其项目的具体情况可参见http://celltypes.brain-map.org/.

（$-CH_3$）的微型球状化合物附着到基因的DNA序列长链上。[1] 这样就会阻止基因上的信息被读取出来。那些在特定细胞类型中从未被表达过的基因通常通过这种DNA甲基化的方式被关闭。

除了那些在特定细胞类型中一直保持关闭状态的基因，还有其他一些基因需要在不同时期打开或者关闭。比如，在儿童期，特定的、与生长有关的基因会在像肌肉、骨骼和软骨这些组织中被激活，但是一旦儿童停止生长，那些基因就会关闭。另外还有一些基因会以更快的时间打开或关闭。在神经元和其他组织中的许多基因每天晚上会打开，然后一到白天就关闭（反之亦然）。还有更多基因为了回应神经系统的特定模式的电活动或者一个激素水平的升高，会数分钟内被激活。

这些基因表达的瞬态周期由不同机制控制。其中一种机制是组蛋白修饰，组蛋白是一种球形蛋白质，DNA链折叠时就是缠绕在组蛋白。一些特定的化学基团附着到组蛋白上可以解开DNA链，这是基因表达的首要、必需的步骤。还有其他的一些化学基团可以阻止这种过程，从而阻碍基因的表达。另一个调控方式涉及转录因子，转录因子是一类能与特异的DNA序列结合的蛋白质，结合位点通常靠近基因的起始位点；通过这种方式，激活基因的表达。在很多情况中，基因需要好几个转录因子共同协作以

1　具体来说，可以被甲基化的位点是DNA链上的胞嘧啶（C）和腺嘌呤（A）。

开启基因表达及蛋白质生产。[1] 基因表达的调控——通过转录因子的方式或者将不同的化学基团附着到组蛋白——属于表观遗传学。关键的是，这些机制并没有改变A、C、T和G的潜在序列。这就是为什么它被称为表观遗传学，而非遗传学。

基因表达的调控是很精细的。在不同类型的细胞中，基因可以在不同时间被打开和关闭以响应各种形式——从激素波动到感染再到感官的电学活动。不管从短期还是从长期来看，基因表达的调控都是基因和经验相互作用以塑造人类个性的关键地方。[2]

* * *

1941年12月，日本帝国陆军入侵热带地区，迅速打败了在潮湿的英属马来亚和缅甸、荷兰属印度尼西亚、法属印度支那和美属菲律宾等殖民地以及泰国的对手。由于他们击溃了包括被大肆吹捧的英军在内的各国军队，那些日子日军兴奋不已。日本侵略者喜欢速战速决，到1942年3月，他们已打到印度边境。然而，在这次热带战争中，并不是所有人都安然无恙。一个严重的问题便是很多日本人禁不住中暑了，这让他们暂时无法战斗。当

---

1 就像通常那样，研究得越多，出现的细节就越多。尽管大部分转录因子通过与基因转录起始位点附近的区域结合来调节基因，但有些少数的转录因子结合的位点很远，通过把DNA弯曲成一个环从而在起始位点空间附近起作用。另一个复杂的因素是选择性剪接，在这种情况下，一个基因中有些片段，它可以在或不在转录加工后的基因中（反映在是否出现在mRNA序列中）。通过拥有许多选择性剪接位点，一些基因可以产生上百，甚至上千个不同的蛋白质分子。

2 “表观遗传学”这个术语一直在流行文化和伪科学领域中占有一席之地。尽管表观遗传学——DNA序列未发生改变的基因表达调控——确有其事，但“你祖先的经历，尤其是他们的创伤可以跨代际传给你”这个观念仍然未被证实，却已成为许多伪科学的基石。网上及其他地方的许多人乐于向人推销“追溯九代之前以清除你的表观遗传学”这类虚假的治疗。我的建议是：让那些庸医滚开。

军医进行调查时，他们发现来自日本北方较寒冷的北海道士兵比来自亚热带的、南方的九州岛的士兵更容易中暑。原因是，北方士兵出汗少，所以他们的蒸发冷却少，使得在炎热的天气里身体的核心体温升高，从而导致了危险。皮肤活检揭示北方和南方士兵拥有总数相同的汗腺。外泌汗腺覆盖了大部分身体，并分泌电解质——这些不是腋窝和胯部的顶泌汗腺，顶泌汗腺会分泌油腻的、含有蛋白质的汗液。顶泌汗腺是我们先前在有关干性耳屎基因ABCC11那部分讨论过的。通过更详尽的检查，医生发现，南方士兵拥有更多的外泌汗腺，能被来自温度调节脑区的带有汗液激活电信号的神经纤维激活，并导致流汗的现象。这些就是在炎热的天气里，能够维持你身体的核心部分凉爽的最重要的汗腺。

对于这个差异是如何产生的，经典的基因学解释是，经历了很多代后，生活在九州岛的人们演化出了与生活在北海道的人们不一样的基因。这些基因上的差异使九州岛上的人们拥有更多受神经支配的汗腺和能更好地耐受高温，并且这些基因从九州岛的父母身上遗传给后代子孙。如果这个假设是对的，那么你可能猜想，如果一个孩子出生在北海道，但其父母来自世代居住在九州岛的家庭，那么这个孩子就会遗传九州岛的基因突变并拥有更多的活跃的汗腺。与此相反，如果一个孩子虽然是在九州岛出生并长大，但其父母来自世代居住在北海道的家庭，那你会估计这个孩子拥有更少的活跃的汗腺。

结果发现这个解释完全错误。相反，汗腺的神经支配程度是由你生命第一年中所经历的环境温度决定的，并且往后余生都不再变化。如果你出生在一个寒冷的地方，但后来迁居到一个炎热的地方，那你就是不走运的——你会携带着自己适应寒冷的、更少出汗的皮肤一起过去。但如果你待在热带地区，并在那里生育孩子，那么你的孩子就会有更多的活跃的汗腺和更好的热量调节能力。[1]

这种早期生命环境的适应与后期生活在不同环境的经验之间的不匹配，对于那些从一个地方迁居到另一个地方的人来说，看上去像是个问题，但它实际上可能是有益的。为了适应环境而发生的基因改变通常很缓慢，需要累积很多代才能出现。但是由早期生命经验决定的适应可以在正在经验的那一代人身上发生。如果你和你的伴侣在北方出生，移居到热带地区生活后可能容易中暑；但你们那携带了北方基因的孩子会更密集地排汗，热量调节也更好。这种经验主导的发育可塑性可能是能够让人类长距离快速迁移的部分原因。比如，在第一批人类跨过了从西伯利亚到阿拉斯加的路桥后，一直行进到南美洲尖端，其中一些人沿途定居了下来，在不到一千年内横跨了众多气候地区。

日本士兵出汗的故事告诉我们，我们可以被早期生命经验所影响，比如气温这种自然界中的非社会因素。实际上，有些经验甚至早在子宫内就开始了，甚至，有些动物身上发生的就更具有

1 日本士兵与出汗关系的故事来自一本很棒的书，书籍讲述的是胎儿时期或产后早期的扰动所产生的持久环境影响。
Gluckman, P., & Hanson, M.（2005）. *The fetal matrix: Evolution, development and disease*（pp. 7-8）. Cambridge, UK: Cambridge University Press.

戏剧性。比如一些爬行类动物和两栖类动物的性别是由气温来决定的。雄性和雌性具有相同的染色体，但是决定性别的基因表达模式是由孵蛋进行到中间三分之一时的温度决定的，那时生殖腺表现出不同特征。[1] 当美洲短吻鳄下蛋时，那些经历了中间范围温度（32至34摄氏度）的胚胎将会发育成雄性，而那些低于或高于这个范围的将会发育成雌性。我们目前还不清楚，当成年雌性短吻鳄把它的一窝蛋埋起来时，它是否在选择一个特定的巢穴点以影响它的幼崽们的性别，或者它是否能调整它的巢穴点，以防止幼崽们因天气变暖而全部变成雌性。

外部的物理环境影响发育中的动物的特征，这样的过程也能在哺乳动物身上发现。这听起来可能像占星术那般可疑，但来自多种哺乳动物的有力证据表明，出生季节能影响发育。比如，出生于秋天的草原田鼠比出生于春天的草原田鼠拥有更厚的皮毛，即使两窝幼崽拥有同样的双亲。这个特质并非由环境温度决定，秋天的温度和春天的温度很接近。相反，皮毛厚度是由孕期母亲所经历的白昼长度的变化而决定的。当草原田鼠被带到实验室，

---

1 Valenzuela, N., & Lance, V.（2004）.（Eds.）. *Temperature-dependent sex determination in vertebrates*. Washington, DC: Smithsonian Institution Press.

Lang, J. W., & Andrews, H. V.（1994）. Temperature-dependent sex determination in crocodilians. *The Journal of Experimental Zoology*, 270, 28-44.

对于鱼或爬行动物来说，温度依赖型性别决定是否有进化上的优势，以及是如何出现的？对此我们还不清楚。

近期有研究发现，鳄龟身上一种名为CIRBP的基因在产生雄性和产生雌性的两种温度中的表达存在差异，并影响原始组织发展为卵巢或睾丸。

Schroeder, A. L., Metzger, K. J., Miller, A., & Rhen, T.（2016）. A novel candidate gene for temperature-dependent sex determination in the common snapping turtle. *Genetics*, 203, 557-571.

白昼长度可以用人造灯光来操控。那些在21天的孕期过程中经历了更长白昼（即模拟春日）的母鼠诞下了皮毛更薄的幼崽。当同样的这批母鼠与同样一批配偶交配，并且使其在它们的下一个孕期过程中经历人为缩短的白昼（模拟秋日），它们最后诞下了皮毛更厚的幼崽。[1]

一些流行病学研究的迹象暗示：出生季节效应也存在于人类身上。来自美国哥伦比亚大学的尼古拉斯 · 塔托内蒂及其同事分析了一个巨大的数据库：在美国纽约-长老会/哥伦比亚大学医学中心接受治疗的、出生于1900年至2000年间的超过170万人的医疗记录。他们想要找出一个病人的出生月份与1 688种不同病症的终生患病率之间的统计相关，疾病跨度很大，从中耳炎到精神分裂症。在1 688种疾病中，只有55种受到出生月份的显著影响，如急性毛细支气管炎在秋天出生的人群中的患病率更高，以及心绞痛（心脏性胸痛）在早春出生的人群中出现频率更高（图3）。[2]

---

1 Lee, T. M., & Zucker, I. （1988）. Vole infant development is influenced perinatally by maternal photoperiodic history. *American Journal of Physiology*, 255, R831-R838.

2 Boland, M. R., et al. （2015）. Birth month affects lifetime disease risk: A phenome-wide method. *Journal of the American Medical Informatics Association*, 22, 1042–1053.
这项研究结果与另一些研究结果一致，即出生月份与寿命、生殖能力，以及包括近视、多发性硬化症、动脉粥样硬化等在内的许多疾病存在关联。在此研究中，55种疾病与出生月份相关，其中的19种疾病在2015年之前的研究中已被提及。实际上，这些与出生月份相关的疾病关联的变异在不同地方本身就很有趣。比如，本项美国纽约市的研究和一项基于丹麦的研究之间，在出生月份与哮喘之间的最强关联上，存在着两个月的变化；两个地方之间的日照曲线的峰值变化可以很好地解释这一点。
Korsgaard, J., & Dahl, R. （1983）. Sensitivity to house dust mite and grass pollen in adults. Influence of the month of birth. *Clinical Allergy*, 13, 529–535.

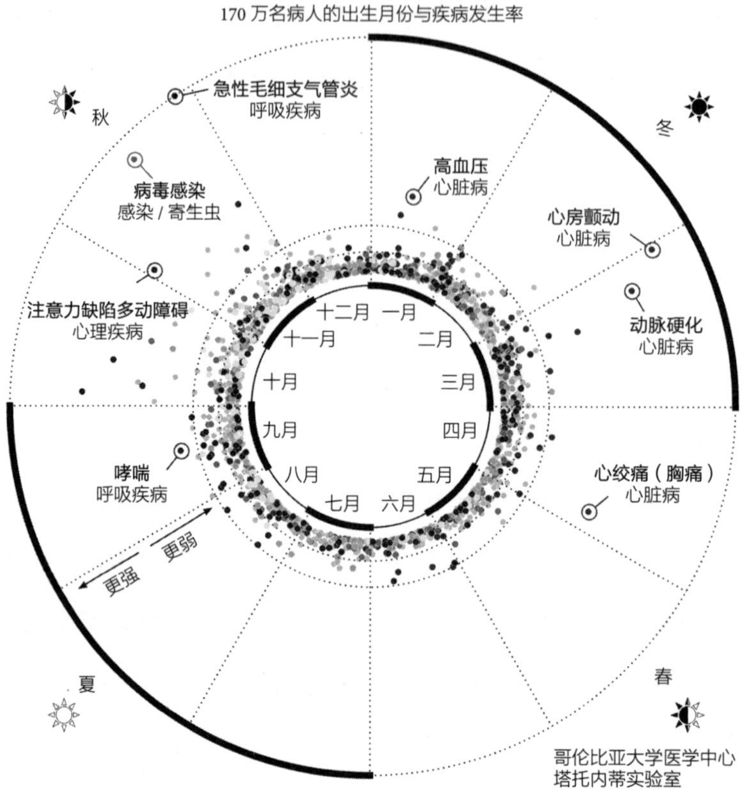

图 3　一些疾病在特定季节出生的人群中有更高的患病率。在这个极性图中，距离中心越远意味着疾病发生率与出生月份之间的统计相关性更强。比如，注意力缺陷多动障碍（ADHD）和急性毛细支气管炎在秋天出生的人群中的患病率更高，而心房颤动（一种心脏问题）在冬天出生的人群中的患病率更高。这张图适用于北半球中纬度地区。图片由尼古拉斯·塔托内蒂博士绘制。使用已获授权。

这种研究设计有一些好处。首先，它并没有就“选择哪一种疾病来测试或报告”做出决定（这会导致偏差，容易报告正相关和忽略负相关）。第二，就血统及富裕程度而言，数据库中的病人群体十分多样，因此这个统计不仅适用于富裕的白人，这个群体过去一直以来在生物医学研究被试库中占据了过高的比例。然而，它也存在一些重要的局限。最明显的一点是，病人取样自纽约市区，这个区域有其特定的四季，特定的食物种类、气候、污染形式等。

更重要的是，出生月份可以反映不同类型的影响，包括产前的和产后的。比如，晚春出生的婴儿在冬季和春季度过了在母亲子宫里的胎儿晚期，那时人体自身合成维生素D的能力最弱，因为太阳对促进维生素D的合成起着关键性作用。母体维生素D的缺乏被认为是她们的孩子患有某些自身免疫疾病的危险因素，比如类风湿关节炎和系统性狼疮。[1] 夏天和秋天出生的婴儿正好撞上室内尘螨季节高峰期，这被认为是婴儿成人后哮喘和鼻炎的发病率更高的原因之一。当然，一些传染性疾病，如流行性感冒，具有明显的季节性发病率。

除了对个体身体上的影响，出生月份也可以因为每年入学的截止日期而造成社会性影响。如果截止日期是10月1日，那么10月和11月出生的孩子就会是他们那一届学生中年龄最大的；而那些8月和9月出生的孩子将会是年龄最小的。在学校，相对年长的年龄可能会让一个孩子获得运动上的优势。这也会影响身体状况，因为那些爱运动的孩子可能更容易受伤。相反，比同伴更年幼的孩子更有可能遭受霸凌，而这会影响神经发育。

为了研究相对年龄对同龄人的潜在影响，塔托内蒂实验室

1 Disanto, G., et al.（2012）. Month of birth, vitamin D and risk of immune-mediated disease: A case control study. *BMC Medicine*, 10, 69.

和一批国际合作者汇集了来自三个国家（中国、韩国和美国）六个地区的1 050万位病人的医疗数据，它涵盖了不同纬度（及季节）、地域气候、习俗和入学截止日期。他们统计了133种疾病的发病率，挑选疾病的标准是，在六个地区中的每一个地区都至少有1 000名患者患有该疾病。在133种疾病中，只有一种疾病表明与相对年龄存在正相关：注意力缺陷多动障碍（ADHD）。在学校里比同伴年幼的儿童患ADHA的概率高出18%。[1] 为什么会这样？我们不知道。可能霸凌是ADHD的一个高危因素；也可能是别的原因，社会学的或生理学的。这个不确定也向我们展示了流行病学调查研究的一个自身局限性：无论设计得多么精巧，都不能证明因果关系；它们只能向我们指示有趣的、有用的方向。想要更进一步，我们需要做实验。

* * *

1918年的大流感是近代史上最致命的人群感染。H1N1流感病毒株起源于鸟类，传播到猪，随后到人类。1918年春，第一例报道来自美国堪萨斯州的一处大型军事基地莱利堡。第一次世界大战的最后几个月，在病毒从大西洋传到欧洲再到亚洲之前，病毒已向东传遍美国，所到之处尽是死亡与恐慌。在两线作战的国

---

1 Boland, M. R., et al.（2018）. Uncovering exposures responsible for birth season-disease effects: A global study. *Journal of the American Medical Informatics Association*, 25, 275-288.
随后一个仅限于美国的研究发现了相似的结果：
Layton, T. J., Barnett, M. L., Hicks, T. R., & Jena, A. B.（2018）. Attention deficit-hyperactivity disorder and month of school enrollment. *New England Journal of Medicine*, 379, 2122-2130.

家有严格的新闻审查制度，压制了大流行的报道。西班牙这个中立的国家没有这样的管制，因此西班牙媒体的报道传遍了世界。这就是1918年大流感以“西班牙大流感”而闻名的原因，尽管它可能起源于北美。[1]

1918年的大流感非同寻常：它的致死率很高，患者通常死于像肺炎这类继发性细菌感染。它对那些时值盛年的人特别致命（超过40岁的人可能因为曾暴露于1889年出现的一种更温和的流感病毒株而获得了一定程度的免疫）。全世界范围内，大约三分之一的人感染了流感，超过5 000万人因此病逝，其中美国大约有67.5万人因此死亡。一个对比数据显示，因流感死去的美国士兵比因第一次世界大战死去的士兵还要多。1918年的大流感在24周内致死的人比艾滋病在北美的第一个24年里致死的人还要多。[2]

在1918年流感季节怀孕女性中，大约三分之一的人被感染但得以幸存，并于1919年分娩。此次大流行的后续影响可在她们的孩子身上窥见一斑。美国南加利福尼亚大学的凯莱布·芬奇考察了那些参加了1941年和1942年第二次世界大战的士兵的医疗记

1 Soreff, S. M., & Bazemore, P. H. （2008）. The forgotten flu. *Behavioral Healthcare*, 28, 12-15.
1918年的大流感由于谣言四起而变得更糟糕。有些人声称流感是一种德国武器，通过德国U型潜艇带到美国海岸。另一些人老调重弹，怪罪于移民——比如，美国丹佛的许多居民将意大利人视为疾病来源，而美国当局常常对此无能为力。可能由于美国费城当局拒绝取消大型公共活动，比如吸引了20万名观众的全城游行，费城成为流感致死率最高的城市之一。

2 几乎每个家庭都被1918年的大流感影响了：伍德罗·威尔逊、玛丽·皮克福德和沃特·迪斯尼活下来了。法国超现实主义诗人纪尧姆·阿波利奈尔，美国妇女参政论者菲比·哈斯特和澳大利亚画家埃贡·席勒就没有那么幸运，他们死于大流感。

录。这批样本包括了270万名出生于1915年至1922年的男人。他的团队发现，与那些在大流感开始之前出生或在1918流感季结束之后受孕生下的士兵相比，那些母亲在1918年大流感期间受孕生下的男人平均矮了一毫米。如今，一毫米的身高似乎微不足道，但考虑到如此庞大的一个样本，它具有统计学上的显著性。[1]

身高只是冰山一角。出生于1919年的婴儿成年后患心血管疾病的概率更高（大约超过20%），在标准化的认知能力测验中表现也稍微差一些，甚至挣的钱也莫名少一些。可能最显著的是，这个人群中精神分裂症的发病率增加了1%~4%。随后，其他的经历了母亲妊娠期病毒暴露的人群的研究也发现相似的精神分裂症发病率的增加，[2] 并且也包括更高的自闭症患病率。[3]

对于这些发现至少有两种不同倾向的解释。一个假设是，那些让母亲（或者可能是胎儿）在流感中存活下来的基因突变也有其他的作用，包括降低身高和诱发心脏病、精神分裂症和自闭症等疾病。另一个假设是，我们知道病毒感染会激活免疫系统，所以可能来自母体血液的、与病毒奋战的免疫细胞或者是它们分泌的化学信号，穿过了胎盘进入了脐带，并随后影响了胎儿的大脑

---

1 Mazumder, B., Almond, D., Park, K., Crimmins, E. M., & Finch, C. E.（2010）. Lingering prenatal effects of the 1918 influenza pandemic on cardiovascular disease. *Journal of Developmental Origins of Health and Disease*, 1, 26-34.

2 Brown, A. S., et al.（2004）. Serologic evidence of prenatal influenza in the etiology of schizophrenia. *Archives of General Psychiatry*, 61, 774-780.
这项研究没有只依赖母亲在孕期感染流感的自我报告，而是通过测量获得的母体血液样本中的流感抗体来确定的。流感感染影响最大的见于妊娠前三个月的母亲。

3 Lee, B. K., et al.（2015）. Maternal hospitalization with infection during pregnancy and risk of autism spectrum disorders. *Brain, Behavior and Immunity*, 44, 100-105.

和其他器官的发育。

* * *

如果你想看看一对年轻的、聪明的科学家明星夫妇，那你可以好好看看麻省理工学院医学院的格洛丽亚·赵（Gloria Choi）和哈佛大学医学院的小君·韩（Jun Huh）。丈夫是一位免疫学家，妻子是一位神经科学家。晚上，他们把孩子在床上安顿好，把餐桌收拾干净后，有时也谈论下工作的事。赵和韩看到的一篇科学文献显示：若母亲在妊娠期被病毒感染，那么孩子患自闭症的风险会增高。同时他们也注意到加州理工学院保罗·帕特森的研究报告，在小鼠实验中，孕鼠感染可以导致后代产生自闭症样行为，而通过对孕鼠体内免疫系统信号分子白介素6（IL-6）进行干扰，这个过程可以被阻断。[1] IL-6因其触发另一个免疫信号分子IL-17a（白介素17a）而为人所熟知，IL-17a可以从母体传给发育中的胎儿。

因此，赵和韩认为，通过开展小鼠实验来检测和操控IL-17a，他们可能可以揭示母体感染如何改变发育中的胎儿大脑并导致了与自闭症相关的行为。为了模拟病毒感染，他们使用了一种已被证实有效的方法。他们首先给处于妊娠中期的孕鼠注射人工RNA双链，那时胚胎的大脑皮层正在形成。接着幼崽出生并长大，然后再对子鼠进行分析研究。实验有两个令人振奋的发现。第一，在母体接受了注射的子鼠中，它们的大脑皮层最外面

1 Smith, S. E. P., Li, J., Garbett, K., Mirnics, K., & Patterson, P. H.（2007）. Maternal immune activation alters fetal brain development through interleukin-6. *Journal of Neuroscience*, 27, 10695-10702.

的部分产生了畸形。大脑皮层正常的样子像一个六层高、厚度不一的蛋糕。现在，在胚胎晚期大脑的不同位置，这些有规律的层级被突起物破坏了，有一团团的神经元凸起。母体被注射的子鼠长至成年后，出现一种不同的皮层损伤模式，它集中在一个叫作S1DZ的区域，并改变了局部电活动。第二，小鼠呈现出一种类自闭症行为，如社交互动缺乏和重复的强迫样行为（在小鼠身上，是强迫性埋珠行为）。重要的是，如果孕鼠延后几天被注射，那时胚胎大脑皮层的分层结构已经形成，结果其子鼠的大脑结构既没有被破坏，也没有产生自闭症样行为。

这项研究的下一步便是揭示母体感染如何在细胞和分子层面影响胎儿的大脑发育。我在这里提前向各位读者致歉，因为下文将使用大量的生物分子名词。你是否能记住这些名词并不重要。关键的一点是，关于由母体注射引发的自闭症，的确存在一个详细、具体的和可检验的假设，而不是一堆笼统的表述。

被注射进孕鼠体内的双链RNA不能穿过胎盘进入胎鼠，但是它可以激活母体内免疫细胞家族中的树突状细胞来分泌一种被称为促炎细胞因子的信号分子（图4）。这些信号分子（它们的名字令人乏味，比如IL-6、IL-1β、IL-23）还会刺激另一种免疫细胞（辅助性T细胞17）分泌IL-17a，这种细胞因子之前被发现在自闭症儿童血液中的含量升高了。在母亲体内产生的IL-17a穿过胎盘，流经脐带并与胎儿新皮层中正在发育的神经元上的IL-17a受体结合。关键的是，当使用分子或基因方式来干扰母体

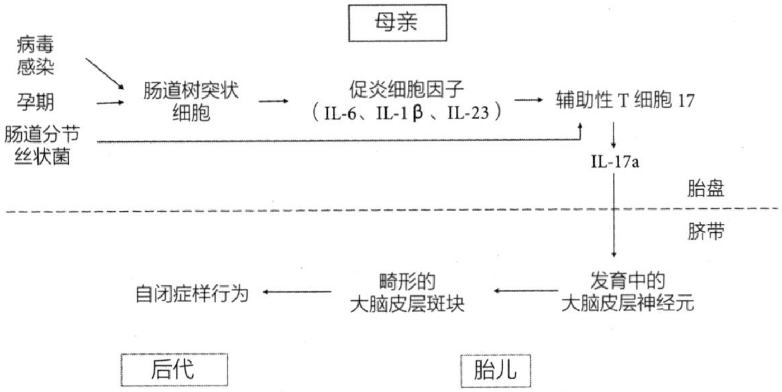

图4　基于赵博士、韩博士和他们的同事及一些其他实验室的研究成果绘制的母体病毒感染对胎儿自闭症风险的作用的分子模型。

的IL-17a生产或信号传递时，子鼠不会出现因母体注射导致破损的皮层斑块和自闭症样行为。此外另一个令人振奋的研究结果是，将IL-17a直接注入发育中的胎儿大脑，这些幼崽长大后也会出现大脑皮层发育畸形和自闭症样行为。[1]

据推测，母体的IL-17a与发育中的胎儿大脑细胞上的受体结合，改变了相关细胞中的基因表达，从而导致皮层斑块和自闭症样行为的出现。这些结果与来自人类的报道一致，对患自闭症的成人进行尸检，有时也能发现大脑皮层的畸形，并且一些自闭症

1　Choi, G. B., et al.（2016）. The maternal interleukin-17a pathway in mice promotes autism-like phenotypes in offspring. *Science*, 351, 933-939.
孕鼠体内分泌IL-7a的特异性免疫细胞是一种名为辅助性T细胞17的白细胞。为了干扰IL-7a功能，使用了一种IL-7a灭活抗体。
有趣的是，被注射的孕鼠生出的后代伴有一系列破损的皮层斑块。那些带着大面积皮质层斑块长大的小鼠也表现出最明显的自闭症样行为。
Yim, Y. S., et al.（2017）. Reversing behavioral abnormalities in mice exposed to maternal inflammation. *Nature*, 549, 482-487.

儿童血液中的IL-17a水平偏高。[1]

这些发现令人极度兴奋。它们描绘了一个分子通道，这可能解释了母体感染和自闭症患病率增高之间的关联，并且还提供了一种潜在的治疗方式——对IL-17a或其在胎儿大脑中引发的改变进行干预可能可以防止由母体感染导致的自闭症。有趣的是，当赵和韩的实验室使用来自不同实验室但基因相同的实验小鼠进行研究，发现并不能重复实验结果。在杰克逊实验室提供的小鼠中，母体注射并不能导致IL-17a升高，也不会导致成年后代的皮层斑块或自闭症样行为。随后发现，来自泰克尼克生物科学学院的小鼠在它们的肠道中有一种常见的、无害的细菌（被称作分节丝状菌，或简称为SFB），而杰克逊实验室的小鼠则没有。可以肯定的是，当使用抗生素来治疗泰克尼克小鼠以消除SFB时，母体注射导致的自闭症效应也消失了。当将SFB注入杰克逊实验室的小鼠的肠道时，这个效应又出现了。[2]

实验结果表明，通过一个我们还未理解的过程，辅助性T细胞17经SFB调节分泌出了IL-17a。此处关键的是，想要产生能够引起胎儿大脑问题的足量IL-17a，需要同时满足好几个条件：雌鼠必须要怀孕，它的肠道内必须要携带相应的细菌，并且它必须被

1 Stoner, R., et al.（2014）. Patches of disorganization in the neocortex of children with autism. *New England Journal of Medicine*, 370, 1209-1219.
Al-Aayadhi, L. Y., & Mostafa, G. A.（2012）. Elevated levels of interleukin 17a in children with autism. *Journal of Neuroinflammation*, 9, 158.

2 Lammert, C. R., et al.（2018）. Critical roles for microbiota-mediated regulation of the immune system in a prenatal immune activation model of autism. *Journal of Immunology*, 1701755.

一种病毒感染。欲使幼崽患上自闭症，所有这些事一定要发生在胎儿大脑皮层形成之时，即母鼠孕期12天左右。如果早了一点或晚了一点，那么由注射产生的IL-17a激增都将失效。[1]

当然，有些值得注意的事项要说明。韩和赵的实验中子鼠的皮层斑块与人类自闭症患者的并不完全相同。也不是所有自闭症患者的尸检组织都发现了这些皮层斑块。并且，即使母亲在孕期没有感染病毒，但很多人还是患上了自闭症，因此IL-17a通道远不能解释所有的自闭症。相反，很多孕妇都曾感染了流感病毒，但她们的孩子并非都患有自闭症或精神分裂症。尽管如此，这些结果仍可以使得我们以一种新的方式来思考个性：我们母亲的孕期感染经历和她的肠道微生物群可以潜在地影响我们的神经精神病学发育。

* * *

关于社会经验对个体发育的作用，我们更容易想到它会出现在另一个不同的领域，而非这些我们讨论过的、由形成中的身体经验产生的领域，如母亲病毒感染。当我们谈论早期社会经验时，我们会使用这些词汇——如依恋、亲密联结、情感温暖和忽视——这些词汇不同于生物学术语，比如IL-17a和树突状细胞。让我说得更清楚一些：这些行为术语很重要也有用，但我们不应该因此认为，社会经验是在一些特殊的、臆想的并不适用于生物

---

1 Kim, S., et al.（2017）. Maternal gut bacteria promote neurodevelopmental abnormalities in mouse offspring. *Nature*, 549, 528-532.
除了用来自其他小鼠的SFB来感染没有SFB的小鼠，他们也尝试了其他类型的细菌，这些细菌通常生活在人类肠道内，并导致辅助性T细胞17的分化。这些研究结果同样支持了母体感染诱发皮层斑块和自闭样行为。

学的空间里发挥作用的。当社会经验——比如父母忽视或霸凌或教养——影响成年期的个体时，同样是通过大脑的生理效应来发挥作用。而且当我们采用谈话疗法来改善生活中的负性效应，它也是同样通过改变大脑而起作用的。

给大家举一个例子。众所周知，在婴幼儿时期（2岁前）未能得到充分爱抚的儿童往往有一系列终生的神经精神疾病问题，如焦虑、抑郁和智力障碍。他们的身体疾病（非神经精神疾病）的发病率也更高，如胃肠道疾病和免疫系统疾病。近年来，一组研究发现，多种不同形式的早期生命社会逆境——从缺乏父母的爱抚到严厉的、前后矛盾的管教——会使儿童在随后的整个成年期更易遭受压力的伤害，并出现一些神经精神疾病和身体疾病。这种夸大的压力反应至少有一部分是来源于一个DNA区域的甲基化作用，即特定脑区内的糖皮质激素受体基因的表达被抑制。[1]这种甲基化通过激素反馈环路提高了一种关键的压力激素——促肾上腺皮质激素释放激素（CRH）的分泌，并通过下丘脑区的神经元产生了普遍性的生理效应。尽管糖皮质激素受体基因的甲基化只是早期生命的社会逆境如何影响个体成年期特质这个宏大命题的其中一部分，但它仍然是一个重要的例证。它表明，我们可以从分子及细胞信号层面去理解早期社会经验的塑造作用。

---

1 Turecki, G., & Meaney, M. J.（2016）. Effects of social environment and stress on glucocorticoid receptor gene methylation: A systematic review. *Biological Psychiatry*, 79, 87-96. 有趣的是，在老鼠身上也能看到相似的效应。大部分母鼠会花很多时间来舔舐和爱抚它们的幼崽。没有这些行为的母鼠，它们幼崽的肾上腺皮质激素释放激素（CRH）受体基因的调节区域的甲基化作用增强，CRH介导的应激反应性增强。从行为上看，这表现为焦虑增加、探索行为降低以及尝试新食物的意愿减少。

* * *

2017年，芭芭拉·史翠珊心爱的棉花面纱犬“萨曼莎”濒临死亡时，这位著名的美国歌手为即将失去她忠诚而挚爱的伙伴而悲痛不已。于是，这位富有的明星让她的兽医从萨曼莎的腹部皮肤和脸颊摘取了少量的组织样本，并把它们连同5万美元一起送到美国得克萨斯州的一家宠物克隆公司ViaGen Pets。通过使用最早在韩国的首尔大学发展起来的克隆狗技术，ViaGen Pets公司的科学家能够用那些细胞培育出与萨曼莎基因相同的克隆狗。现在，史翠珊养了两只这样的宠物狗，她给它们分别取名为瓦奥莱特小姐和斯嘉丽小姐。尽管瓦奥莱特小姐、斯嘉丽小姐和萨曼莎在基因上相同，但是不管从容貌上还是性情上，它们并不完全相同。“它们有不同的个性，”史翠珊说道，“我正在等待它们长大，这样我就知道它们是否拥有萨曼莎的深棕色的眼眸和稳重的性格。”[1]

史翠珊的两只克隆狗既不是严格的萨曼莎的翻版，也不是彼此的克隆，所以它俩并不完全相同，这并不奇怪。毕竟，即使共享了同样的基因序列的人类同卵双胞胎，并且一同被抚养长大，他们也会在外貌上有所不同，在个性上的差异就更为显著了。这些差异已经被编写成法医学指南。尽管一个人的指纹嵴数大约90%是遗传的，[2] 但如果仔细考察嵴线和螺纹的准确形状就会发

1 Streisand, B.（2018, March 2）. Barbra Streisand explains: Why I cloned my dog. *The New York Times*.

2 Medland, S. E., Loesch, D. Z., Mdzewski, B., Zhu, G., Montgomery, G. W., & Martin, N. G.（2007）, Linkage analysis of a model quantitative trait in humans: Finger ridge count shows significant multivariate linkage to 5q14.1. *PLOS Genetics*, 3, 1736–1744.

现，一对同卵双胞胎的指纹也不完全相同，甚至一对同卵双胞胎的体味也不相同。训练有素的嗅探犬能准确地区分出一对同卵双胞胎的体味，即便他们生活在同一个家庭，吃着几乎一样的食物。[1] 这个现象具有普遍性，即在同一个家庭中成长、基因上完全相同的双胞胎仍然会在身体和行为特质上呈现出差异。可能最佳的例证便是，与一对同卵双胞胎中的其中一个结为夫妇的人，极少发现自己被配偶的双胞胎同胞吸引。而且这种不来电的现象是相互的：很少有同卵双胞胎迷上他们同胞的配偶。[2]

那为什么一起抚养的人类（或狗）同卵双胞胎并没有比他们看上去的样子更相似？想想双生子研究告诉我们的影响特质的三大因素：遗传、共享环境和非共享环境。在一起抚养的同卵双胞胎的情况中，前两个因素的差异几乎为零。那么这是否意味着非共享环境可以解释所有的特质差异呢？其实并不是。真相是，“非共享环境”就像一个大袋子，里面装了各种我们根本不会认为是经验的因素。

其中一个重要的因素便是身体（尤其是神经系统）发育的随机本质。这并不是我们通常认为的“经验”或“环境”——就像

1 Pinc, L., Bartoš, L., Restová, A., & Kotrba, R.（2011）. Dogs discriminate identical twins. *PLOS One*, 6, 1-4.

2 Lykken, D. T., & Tellegen, A.（1993）. Is human mating adventitious or the result of lawful choice? A twin study of mate selection. *Journal of Personality and Social Psychology*, 65, 56-68.
在这项群体仅限于异性恋夫妻的研究中，只有7%的女性和13%的男性说，他们可能爱上了他们配偶的同卵双胞胎兄弟或姐妹。作者写道，有趣的是，从一堆潜在的合适者中决定最终伴侣选择的因素往往是浪漫的迷恋，而这种现象本质是随机的。

从外部撞击个体的东西，比如社会经验或病毒感染。相反，发育的随机性是个体固有的。据估计，在发育过程中，人类大脑产生约2 000亿个神经元，其中大约1 000亿个经过生命早期竞争激烈的修剪而存活下来。在成人大脑中，这些存活的1 000亿个神经元，每一个都与其他神经元产生5 000个突触连接。这500兆个突触并非随机产生。来自视网膜的信号一定要被传输至大脑的视觉处理区，来自引发运动的脑区的信号一定要找到它们通往恰当肌肉的路径，诸如此类。生物学上的挑战是，人类大脑的线路图是如此庞大、复杂，以至于它无法在个体的DNA序列中被准确地标定。[1] 在一对基因相同的、共同抚养的同卵双胞胎身上，发生在数目、位置、生化活动或者发育中的神经系统内的细胞运动等方面的微小的、随机的变化会随着时间累积而在神经线路和功能上产生重要的差异。神经遗传学家凯文·米切尔将这种情况概括表述为："如果你或我被克隆100次，结果会是100个新的个体，同一类的不同个体。"[2]

你可能会猜想，同卵双胞胎之间的差异来自非共享环境或者各种身体细胞里的影响基因表达时序或方式的发育随机性。实际

---

1 这并没有阻止一些科学家对基因组做出过于武断的结论，其实他们本应该对基因组研究更多才能得出结论。比如，来自英国伦敦国王学院的行为遗传学家罗伯特·普罗明出版了一本新书，他在书中宣称DNA是100%可靠的算命先生。这对"耳屎类型"这类特质可能是适用的，但是并不适用于所有人类行为特质和几乎所有人类结构特质。Plomin, R.（2018）. *Blueprint: How DNA makes us who we are*. Cambridge, MA: MIT Press.

2 Mitchell, K. J.（2018）. *Innate: How the wiring of our brains shapes who we are*. Princeton, NJ: Princeton University Press.
米切尔对神经系统发育中的内在变异的作用评论道，即使使用相同的食谱，"你也不能两次做出相同的蛋糕"。

上，这个猜想有时候确实如此。比如，DNA甲基化和从组蛋白乙酰化（乙酰基转移到组蛋白上）能够调控基因的表达。当我们比较同卵双胞胎身上的这些变化时，我们发现，处于生命早期的双胞胎非常相似，但年长的同卵双胞胎随着年纪增长累积了越来越多的表观遗传差异，导致他们的基因表达谱逐渐相互远离。[1] 这真的很令人信服，所以它可能会诱使你认为，当我们理解基因是如何导致个人独有的个性时，基因表达调控便是事情的全貌，但事实并非如此。个体经验还有其他的重要的、与基因表达调控完全无关的方面。

* * *

与我这个时代的所有生物学家一样，我接受的教育认为，体细胞（身体内除了卵子和精子以外的所有细胞）在基因上都是相同的。从这个角度来看，细胞类型之间的差异源于发育过程和经验所决定的基因表达模式的不同。这就是肝细胞与皮肤细胞不同的原因，即使它们很可能有完全相同的DNA序列。

以前，读取一个人的DNA序列需要大量的DNA样本：抽取血液或者采用口腔拭子，从许多细胞中提取出DNA，再把它放到测序机器进行测序。然而近年来，通过单个细胞，比如单个皮肤细胞或神经元来读取完整的DNA序列（所有的大约30亿个脱氧核苷酸）成为可能。利用这项技术，来自波士顿儿童医院和哈佛医学

1 Fraga, M. F., et al.（2005）. Epigenetic differences arise during the lifetime of monozygotic twins. *Proceedings of the National Academy of Sciences of the USA*, 102, 10604-10609.

院的克里斯托弗·沃尔什及其同事从3个健康的逝者人脑分离出36个神经元，并且测定了每个神经元的完整基因序列。[1] 这项研究结果显示，没有任何两个神经元拥有完全相同的DNA序列。实际上，每一个神经元平均包含了约1 500个单核苷酸突变。这只是整个基因组30亿核苷酸总数中的1 500个——尽管比例非常低，但这些突变可以产生重要的影响。比如，一个突变是位于指导离子通道蛋白合成的基因上，它对神经元电信号传递很关键。如果这个突变出现在一组神经元而非一个神经元上，它会导致癫痫。另一个突变位于与精神分裂症高发病率有关的基因上。从这个角度上看，大脑并没有什么特别之处。你体内的每一个细胞都有累积的突变，因此每一个细胞都有一个略微不同的基因组。这种现象叫作镶嵌，当它出现在除了精子和卵子之外的细胞上时，它被叫作体细胞镶嵌。有时体细胞镶嵌很明显。比如，米哈伊尔·戈尔巴乔夫头部的著名的深红色胎痣即来自单个祖细胞上的一个连续的体细胞突变，随后这个体细胞被分裂成一块细胞团，并导致血管被扩大，因此那一小块皮肤颜色变暗。

生命起源于一个单细胞：带着一个基因组的一个刚被受精的受精卵细胞。在发育过程中，不管是在子宫内还是早期生命，细胞不断分裂（图5）。早期细胞是多能干细胞：细胞数为16的胚胎中的单个细胞将会让它的后裔形成许多不同的身体组织。随着

1 Lodato, M. A., et al.（2015）. Somatic mutation in single human neurons tracks developmental and transcriptional history. *Science*, 350, 94-98.32.

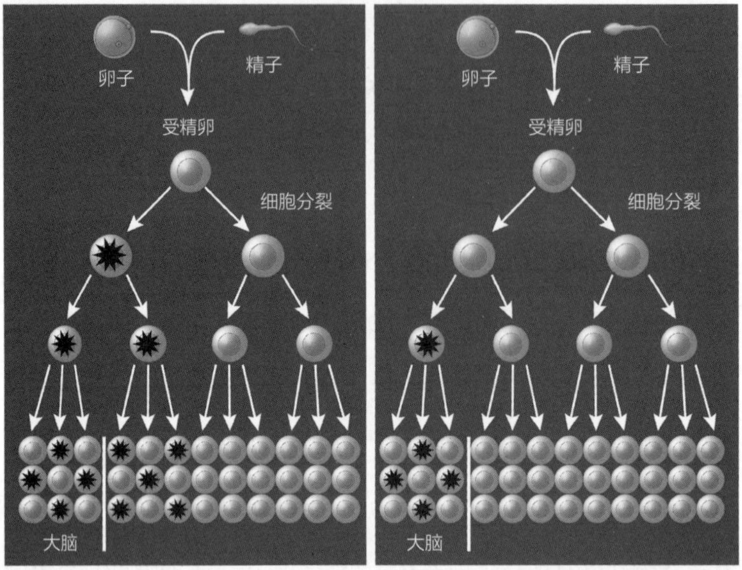

图 5　出现在一个细胞上的连续的随机突变可以通过细胞分裂被传递至它所有的后裔，导致一个体细胞镶嵌。左边的图呈现了一个出现在发育早期的连续突变（星号），它传递到了各种组织的细胞上。右边的图呈现了一个出现在发育后期的突变，它被传递到更少的细胞上，并局限在一种器官上——在本例中，是大脑。©2019 Joan M. K. Tycko. 改编已获作者授权。Poduri, A. et al.（2013）. Somatic mutation, genomic variation, and neurological disease. *Science*, 341, 1237758.

时间流逝，细胞及其后裔的命运变得越来越受到限制，比如只能变成皮肤细胞或者大脑细胞。最后，身体由大约37兆细胞组成，均起源于那个受精细胞。一些类型的细胞，比如皮肤细胞，终生都保持分裂以替代凋零的细胞。其他的细胞，比如大部分神经元，在出生后的早期生命中到达某个点时便停止分裂。[1] 当细胞

1　尽管哺乳动物大脑中的大多数神经元停止了分裂（它们被称为有丝分裂期后细胞），但在大脑中有两个有限位置上的神经元前体细胞终生都在持续分裂：海马齿状回和脑室下区，前者是一个涉及空间学习和记忆的结构，后者生产特定的嗅蕾神经元。尽管我们似乎很清楚这一有限的神经形成会在大鼠和小鼠身上出现，但它是否也出现在成人身上，仍然有待研究。

Kuhn, H. G.（2018）. Adult hippocampal neurogenesis: A coming-of-age story. *Journal of Neuroscience*, 38, 10401-10410.

不再分裂时，体细胞发生的突变常常是单个核苷酸的改变。[1]而细胞分裂期间发生的突变往往更剧烈，包括大块染色体片段甚至整个染色体的丢失、复制或倒位。[2]

当沃尔什和他的合作者考察同一个人的神经元，他们有时发现在几个神经元上的相同的基因突变。在某些情况下，那一组的神经元聚集在大脑的同一区域。在其他一些情况里，它们广泛分散在整个脑区。大脑细胞里发现的基因突变也在心脏、肺和胰腺的单个细胞中被发现了。这些情况可能由早期突变导致。后续的基因突变被一些相近的细胞所共享，不太可能改变身体功能（除非是激活了引起癌症的细胞分裂通道的突变），而早期的突变为更多细胞所共享，在体内分布更广。

目前，我们并没有一个非常庞大的已充分测序的人类个体神经元数据库，我们已有的结果绝大部分来自尸检组织。我们知道几种严重的神经系统疾病是由自发体细胞突变导致的——比如

---

1 单个核苷酸体细胞突变并不会在整个区域中随机发生。它们在那些被活跃地读出（转录）以指导蛋白质生产的DNA区域更为普遍。它们似乎与转录过程有关，转录使得DNA对突变更敏感。应当注意的是，自发性的体细胞突变的发生还有其他方式。其中一种涉及叫作L1反转录转座子的DNA片段，它在基因组中“跳跃”，造成潜在的破坏——或者，偶尔导致一些新的好东西——它能插入到基因组任一区域。一篇很好的关于大脑体细胞镶嵌的综述，参见：

Paquola, A. C. M., Erwin, J. A., & Gage, F. H.（2017）. Insights into the role of somatic mosaicism in the brain. *Current Opinion in Systems Biology*, 1, 90-94.

2 当一些严重的突变损害了控制细胞分裂的基因时，细胞就会疯狂地分裂并导致癌症。一个肿瘤中大部分癌细胞的基因都是相同的，这说明这些癌细胞起源于一个单细胞的突变。并非所有的致癌突变都是随机发生的。其中一些突变是由病毒感染导致的，例如宫颈癌的罪魁祸首就是源于人乳头瘤病毒（HPV）的暴露，还有一些如紫外线（许多皮肤癌的来源）、X射线或可与DNA作用的化学物的暴露也会导致癌变，比如在烟雾中发现的一些致癌物质。

一个大脑半球超重的情况，叫作半侧巨脑畸形。[1] 几乎可以肯定的是，一部分迄今为止神秘的神经系统疾病，比如不明病因的癫痫，是由自发体细胞突变导致的，它影响了一组神经元的电学功能。当然，体细胞镶嵌体也可能导致个体的认知或人格差异，但没有到达疾病水平。换言之，你个性的一部分源自你身体中的每一个细胞，这些细胞随着你的发育、成长和老去，不断发生着随机变化。这些随机变化将是你独有的，不会遗传给你的孩子，因为它们位于你的体细胞内，而非卵子或精子内。这个区别是我们理解专业术语的重点。“基因”和“遗传”两个词经常被互换使用，但这是不对的。体细胞突变是基因变化，但——因为它们既非继承而来也不能遗传给后代——它们不具有遗传性。

因此，我们实际上是37万亿个细胞的集合体，每一个细胞都有一个不尽相同的基因组。这实在难以想象。这不是简单的“养育一个孩子需要举全村之力”，而是，每一个孩子都是一个由相互关联但基因上独立的单个细胞组成的村庄——或者，一个巨大的都市。但它甚至更为复杂。都市有时会接收移民。

* * *

远在DNA分析成为可能之前的1953年，《英国医学杂志》发表了一篇非同寻常的报告。[2]

---

1 Poduri, A., et al.（2012）. Somatic activation of AKT3 causes hemispheric developmental brain malformation. *Neuron*, 74, 41-48.

2 Dunsford, I., Bowley, C. C., Hutchison, A. M., Thompson, J. S., Sanger, R., & Race, R. R.（1953）. A human blood-group chimera. *British Medical Journal*, 11, 81.

25岁的献血者麦凯夫人在今年3月第一次捐献了一品脱血。当鉴定血型时，她的血似乎是A型和O型的混合体，因为肉眼可见地，抗A血清引起了大面积凝结；但显微镜显示，这些凝结物被定在一片未凝结的细胞背景中。如果往A型血受体大量输入O型血，过一段时间，这类景象就可能会出现，但是麦凯夫人从未被输过血。

现在这里有一个谜团，麦凯夫人的身体里怎么会流淌着两种不同的血液？谨慎的重复研究发现，这并非简单的实验室污染所造成。一个可能的解释是，麦凯夫人有可能源自一种罕见情形，即两个不同的精子同时进入一个卵子发育成一个个体。但这类有双精子的人总是有某种程度的身体上的不对称，比如一只耳朵明显比另一只大，或者两只眼睛颜色不同。麦凯夫人是对称的。接着，其中一个医生提了一个重要的问题。“当询问她是否是双胞胎时，麦凯夫人吃了一惊，回答说她的双胞胎兄弟25年前死于肺炎，那时他只有3个月大。”

因此现在对于麦凯夫人拥有两种血型的解释是，胎盘并不能完美地屏蔽细胞流动。在母亲子宫内，她兄弟的一些A型细胞进入了她的身体，细胞复制并存活了25年。在那时，她血液细胞的大约三分之一来自她的双胞胎兄弟。在接下来的几年里分析她的血液，这个比例逐渐下降但从未完全消失——一种奇特的永生。[1]

---

1 Martin, A.（2007）. “Incongruous juxtapositions”: The chimaera and Mrs. McK. *Endeavour*, 31, 99-103.

当来自两个不同个体的细胞混合在一起时，称为嵌合体。近期研究工作表明，嵌合体广泛存在。[1] 实际上，我们都是嵌合体，因为母体细胞很容易从母亲传递至胎儿。在一些人身上，母体细胞于童年期被清除，而在另一些人身上，这些母体细胞广泛地分布在各种器官中并持续几十年。反之，在孕晚期，母体体内也有胎儿细胞，并且75%的妇女在孩子出生多年后整个身体中都分布有胎儿的细胞。[2] 在近期一个尸检组织研究中，63%有生育史的妇女（年龄中位数是75岁）的大脑中仍然含有胎儿细胞。[3] 值得注意的是，从胎儿到母体的细胞转移甚至可以发生在流产或堕胎情况中。有妇女甚至没有意识到，她们在孕早期流产了，但体内仍有早期胎儿细胞入侵形成的嵌合体。[4]

穿过胎盘的细胞转移是个性的一个潜在来源，但对于非自身细胞如何在体内运作，我们知之甚少。母体大脑内的胎儿细胞可以变成电活跃的神经元，嵌入更大的神经回路中。但对于它们是否会影响心理功能与行为，我们仍不清楚。我们不知道，这些侵

1 嵌合体不同于体细胞镶嵌体，在嵌合体中，体内不同细胞有不同的基因组，但是所有的都来自同一个个体。

2 Gammill, H. S., & Nelson, J. L.（2010）. Naturally acquired microchimerism. *International Journal of Developmental Biology*, 54, 531–543.

3 Chan, W. F. N., et al.（2012）. Male microchemerism in the human female brain. *PLOS One*, 7, e45592.
在这项研究及其他几项研究中，胎儿—母亲嵌合现象通过检测母亲大脑中是否存在男性DNA来进行评估。这不是因为男性胎儿细胞在入侵母亲大脑时具有特殊的作用，而是因为这种方法易于测量，因为除此之外，男性DNA通常在母亲大脑中不会存在。

4 当然，这个认识使我们对代孕的看法变得更加复杂。在代孕情况下，代孕妈妈的细胞会转移并留在儿童身上，胎儿细胞也会转移并留在代孕妈妈身上。

入的胎儿细胞是否会改变一个妇女的人生经验。我成长于1970年代，我一个朋友的母亲喜欢用一个杯子喝咖啡，杯子上印有“精神病具有遗传性：你的精神病来自你的孩子”。从另一个与她认知完全不同的角度来看，可能她是对的。

从胎儿至母体的细胞转移有利有弊。[1] 至少一些侵入母体的胎儿细胞是干细胞——这种未分化的细胞可以最终发展成任意类型的细胞。有时，母亲的免疫系统会攻击这些细胞，引发免疫系统疾病，比如系统性硬化症。这种病会损害母亲的皮肤、心脏、肺和肾脏。对另一些妇女，胎儿细胞有时可以产生奇迹般的修复。[2] 在一个研究病例中，一位甲状腺衰竭的母亲出现了自发性的甲状腺功能恢复。当进行活检时，再生的甲状腺细胞是男性的，这可能是由来自她子宫内儿子的干细胞发育而成。还有一例相似的报道为一个母亲自发性地消除了她的肝脏病变，但在这个案例中，再生的肝干细胞来自一次被终止的妊娠。

* * *

我们讨论了几种广义上的经验如何影响个体特质的方式：第一，经验驱动调控基因表达，诸如温度、社会互动和出生季节这样的刺激——通过转录因子、DNA甲基化和组蛋白修饰等表观遗传的方式实现——决定了哪些基因在哪些时间和在哪些细胞中打

---

1 Bianchi, D. W., & Khosrotehrani, K.（2005）. Multi-lineage potential of fetal cells in maternal tissue: A legacy in reverse. *Journal of Cell Science*, 18, 1559–1563.

2 Bianchi, D. W.（2007）. Fetomaternal cell trafficking: A story that begins with prenatal diagnosis and may end with stem cell therapy. *Journal of Pediatric Surgery*, 42, 12-18.

开或关闭。第二，体细胞镶嵌现象，随机的基因突变在你体内细胞（非精子、非卵子）中累积，改变了它们的DNA序列。第三，嵌合体，另一个人的细胞侵入了你的身体。最后，我们讨论了身体和大脑发育的随机性，从怀孕那一刻至成人，都会产生个体变异；但从“它不是一个外界作用于你身体的过程”这个意义上看，那不是真的经验。

重要的是，这些都是基因相同的同卵双胞胎可以具有不同特征的机制。即使一同在子宫里，基因相同的双胞胎的发育随机性、体细胞突变、经验或嵌合体也不相同。此外，当然，同卵双胞胎的经验、发育和累积的体细胞突变将会在出生后持续变化。

* * *

近年来，一种科学家称之为跨代表观遗传的现象受到许多媒体的关注，主流媒体大部分称之为“你可以继承你祖母的创伤”。这个观点是，如果你的祖母（或祖父）经受住了一些身体或情感方面的创伤性经历，比如1918年的大流感，那么她的创伤可以通过表观遗传的变化（比如DNA甲基化或组蛋白的乙酰化）传递给她的后人。这些变化会造成她的后代体验到一些创伤后果（比如焦虑、暴饮暴食或高血压），并且表观遗传的变化可以通过相同的机制传递给你。此处的传递模式被认为是表观遗传的（改变基因表达的模式和时间），而非基因的（DNA序列本身的改变，就像发生在基因突变和自然选择中的进化改变）。此外，传递的模式不仅仅是两代之间，从父母传递给儿女，接着终止；而是跨代际的，至少向下传递两代人。

当我下笔至此时，已有超过50篇研究文献宣称人类身上存在跨代表观遗传。被引用最多的文献来自瑞典农村地区欧维卡里克斯的一组报告，此地多年来深受不佳的庄稼收成和间歇性饥荒之苦。这些报告发现，如果欧维卡里克斯的祖父们在青春期前的时期经受住了饥荒，那么他们的孙子就会活得更长。但是那些从饥荒中幸存的女性们的孙女的预期寿命更短。[1] 作者写道："我们总结出，人类身上存在特定性别的、男性支系的跨代反应，并且推测这些传递受到性染色体 X 和 Y 的调节。"

我不会用细节加重你的阅读负担，但我很遗憾地说，在这 50 多项流行病学研究中，我认为没有一项是令人信服的。这些研究普遍存在样本量不足、缺乏足够的统计数据（对于多重比较，这是不正确的），并且都是在结果已知的情况下做的推测等缺陷。[2] 有几项旨在实际测量跨代际间的表观遗传标记（如在人类精子细胞中），但这些研究也存在着许多相同的方法学上的问题。

---

1 Pembrey, M. E., et al.（2006）. Sex-specific, male-line transgenerational responses in humans. *European Journal of Human Genetics*, 14, 159-166.
Bygren, L. O., et al.（2014）. Changes in paternal grandmother's early food supply influenced cardiovascular mortality of the female grandchildren. *BMC Genetics*, 30, 173-195.

2 对于这些研究的不足，凯文·米切尔在他的博客上提供了一个有价值的分析。
Mitchell K.（2018, May 29）. Grandma's trauma—a critical appraisal of the evidence for transgenerational epigenetic inheritance in humans [Blog post].
Mitchell K.（2018, July 22）. Calibrating scientific skepticism—a wider look at the field of transgenerational epigenetics [Blog post].

想要跨代表观遗传运作，出现于你祖母大脑中并产生焦虑的DNA的表观遗传修饰必须也要被传递到她的卵子，由此它们才可以被传递至下一代。接着，这些标记一定或多或少在大脑和身体上发挥作用，改变特定目标细胞的表达，以在下一代人身上复制出相同的行为和身体特质。随后，当然，这整个过程必须再发生一次——从你的母亲或父亲传递给你。

目前没有证据表明这些步骤中的任何一个出现在人类身上。发育生物学上长久以来的法则是，DNA和组蛋白上的表观遗传标记在发育早期就被移除了，这早于发育中的胚胎的任一特定细胞具有变成体内任一类型的细胞的潜能之前。近期，有研究发现，有少量的老鼠基因组上的表观遗传标记并未被完全清除，因此有可能被用作跨代表观遗传的基础。[1] 还有一些其他的非DNA的遗传机制，涉及RNA干涉基因表达，能在植物和蠕虫中运作，但它们能否在哺乳动物身上发挥作用至今都未被证实，更不用说在人类身上了。[2] 至今，我还没被那些人类跨代表观遗传的宣称说服。正如，“非凡的主张需要非凡的证据”，而这样的重要证据还没有出现。然而，我不愿意关上可能的大门，这样的人类遗传模式可能未来会在一些有限的方面得以呈现，具有说服力和内在机制。

1 Hackett, J. A., et al.（2013）. Germline DNA demethylation dynamics and imprint erasure through 5-hydroxymethylcytosine. *Science*, 339, 448-452.

2 Miska, E. A., & Ferguson-Smith, A. C.（2016）. Transgenerational inheritance: Models and mechanisms of non-DNA sequence-based inheritance. *Science*, 354, 59-63.

* * *

在大自然中，有些事情喜欢个性化，即使在一些旨在消除个性化的情境中。如在哈佛大学的本杰明·德·比沃特及其同事开展的实验中。他们获取基因上相同的果蝇，并在实验室培养它们，让它们拥有尽可能相似的经验。接着，他们把单个果蝇放入Y型的小迷宫，在它们探索时录像。[1] 一些果蝇出现了对左转的显著偏好，另一些偏好右转。平均而言，右转果蝇与左转果蝇的数量大致相当。这不是果蝇们心血来潮做出的一件事。右转果蝇日复一日地喜欢右转，而左转果蝇也日复一日地喜欢左转。这也不是一种与挥之不去的气味有关的人为现象，因为基因突变的、闻不到气味的果蝇也会表现出有意识的右转和左转偏好行为。科学家将右转果蝇一起培养，结果它们的后代总体上表现出同等的左转和右转偏好。那些左转果蝇的后代也出现了相同的情况。这些结果表明，转向偏好这个特质不具有可遗传性。[2]

随后科学家考察几个不同品系的果蝇，每一个品系的每一只果蝇在基因上都是相同的，但是不同品系间存在基因差异。平均而言，所有的品系的转向偏差都基本相同：大约50%喜欢右转。但是一些品系的果蝇有数量更多的个体拥有极端的偏好：它们几

---

1 Buchanan, S. M., Kain, J. S., & de Bivort, B. L.（2015）. Neuronal control of locomotor handedness in Drosophila. *Proceedings of the National Academy of Sciences of the USA*, 112, 6700–6705.

2 这不只是果蝇的诡计。基因上相同的豌豆蚜虫在面对一个潜在捕食者需要做出掉落或黏附的决定时，也会出现一致性的行为变化。
Schuett, W., et al.（2011）. "Personality" variation in a clonal insect: The pea aphid Acryrthosiphon pisum. *Developmental Psychobiology*, 53, 631-640.

乎总是右转或几乎总是左转。这意味着，尽管单个果蝇对于左转或右转的偏好不具有遗传性，但整个群体的变异的总量由基因决定。思考这一点的一种方式是，果蝇身上并不存在决定右转或左转偏好的基因，但它影响一些事情，比如决断力（或者是个性化特征，或者是固执）。一只果蝇右转或左转的习惯是随机的，但是一旦这被设定，那么这只果蝇会表现出一种温和的还是极端的偏好，就是基因决定的了。

这很重要，因为它表明了行为的个性化本身就是一种易受进化动力影响的特质。那些导致了一系列个性化行为的基因可能是大自然用以确保足够多的变异的一种方式，这样一个群体就不会被一个灾难性事件完全消灭。[1] 如果，比如只有极端的左转者或阴影寻找者可以在一些激烈的环境动乱中存活下来，那么如果其中一些这类有怪癖的人存活下来并在今后繁衍，这个群体的毁灭就会被避免。

1 这个过程叫作多元化的赌注对冲策略。
Honneger, K., & de Bivort, B.（2018）. Stochasticity, individuality and behavior. *Current Biology*, 28, R1-R5.

3

我忘记了要忘记你

每个人都有自己的人生故事，但每个人的故事都不是和事实完全一样的。众所周知，我们对事件的记忆很不可靠。自传体记忆的存储与提取并不像著述一本书，书可以随时翻开它来找到准确的句子。它甚至也不像拍一张照片，把它放到阳光下让它褪色，细节随着时间的流逝而逐渐模糊。相反，我们的记忆并不能详细而准确地再现客观事件，即使那些以拥有好记性为傲的人也做不到。

简单地说，记忆并非事件的客观记录，它们是我们对事件的个人化经历的不可靠的描绘。对于同一件事，两个并肩站着的人都会基于他们以往的生活经验而产生不同体验。如果我过去有一个与火有关的创伤性体验，那么我看见一座房子着火的经验——也因此我后期的记忆——将会与你的不同，即使我们一同看着消防车开到了现场。对一件事的记忆也可以在其发生很久之后继续变化。被储存进大脑后的记忆还可以被随后的经验以及单纯的“回忆”这个行为所改变。尽管由特定的生活历程形成的记忆对人类的个性至关重要，但记忆的可塑性清晰地表明了，我们关于自己的根深蒂固的观念持续而散乱地被建构和再建构。

* * *

1995年4月19日上午，蒂莫西·麦克维将一辆载着一枚巨型炸弹的卡车停在美国俄克拉何马城的艾尔弗雷德·P. 默拉联邦大楼前的下客区。他点燃了缓慢燃烧的炸弹引信并走向用于逃跑的轿车，随后将车停在几个街区之外。引信引爆了一颗威力惊人的炸弹。这枚炸弹是由麦克维和他的朋友特里·尼科尔斯用偷盗而来的炸药、硝酸铵肥料、赛车燃料、柴油和乙炔气瓶自制而成的。巨大的爆炸摧毁了联邦大楼的前部，击破了玻璃窗，毁坏了方圆16个街区的建筑，造成了包括19名儿童在内的168人死亡，大部分儿童在大楼内的一个日托中心。日托中心是为联邦雇员而设的，其位置恰好在炸弹的正上方。

美国联邦调查局（FBI）立即行动起来，仅仅几个小时后，卡车上一个带有车辆标识码的车轴在废墟中被发现。这很快将美国联邦调查局引向了埃利奥特的汽车修理店，一个位于堪萨斯州的章克申市附近的瑞德卡车租用地。美国联邦调查局给汽车修理店打电话告知，他们正在派遣一名特工人员前来询问那些参与了这笔卡车租赁交易的员工：店主埃尔登·埃利奥特、修理工汤姆·克辛格和簿记员维姬·比默。他们所有人都回忆说，两天前租用卡车的男人自称是罗伯特·克林，但只有克辛格记得与男子一起来的另一个男人。美国联邦调查局的一位罪犯画像师也赶到现场，

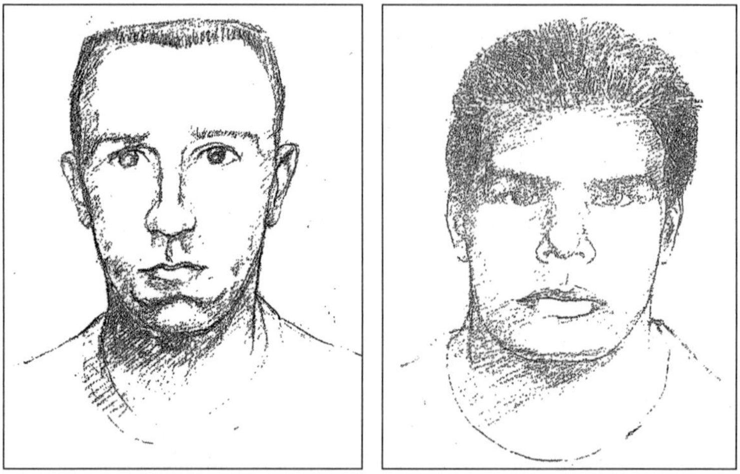

图 6　美国联邦调查局发布的俄克拉何马城爆炸案犯罪嫌疑人的头像。此画像是根据目击者叙述而画出的，左边为约翰·多伊 1 号（蒂莫西·麦克维），右边为约翰·多伊 2 号。使用已获美国联邦调查局授权。

根据克辛格的记忆画出了两个男人的素描头像（图6）。罗伯特·克林被称为约翰·多伊1号，他的同伙被称为约翰·多伊2号。

美国联邦调查局特工在章克申市挨家挨户地走访，向人们展示画像，寻找线索。他们在梦境汽车旅店找到了一位目击者，店主指认约翰·多伊1号曾于4月15日在他的店里登记入住，并一直待到了4月18日，他曾将一辆瑞德卡车停在房间外。店主回忆道，在一阵短暂的语无伦次的寒暄后（推测可能是忘记了他的化名，罗伯特·克林），这个男人给出了他的名字"蒂莫西·麦克维"。当特工人员将麦克维的名字输入警察局的电脑时，他们简直不敢相信自己的运气。麦克维彼时正被关在一个小镇的监狱里，距离俄克拉何马城北部两小时车程。他逃跑用的车没有后车牌，因为这个违法行为，他的车被巡警拦下停靠在路边，巡警在车上发现了隐藏的手枪并逮捕了他。麦克维伪造的驾照上的地址是特里·尼科尔斯在密西根的一个农场。几个小时后，农场被突击搜查，尼科尔斯被捕。制作炸弹的原料和俄克拉何马城的手绘地图被发现，地图上默拉联邦大楼和麦克维逃跑车的位置均被标红。

这是一次出色的案件侦查工作，但仍遗留了一个问题。约翰·多伊1号很明显是蒂莫西·麦克维，而约翰·多伊2号却一点儿也不像特里·尼科尔斯。当司法部部长珍妮特·雷诺在电视上宣布已逮捕麦克维和尼科尔斯时，她强调说："约翰·多伊2号仍然在逃，他应该携带有武器，是个危险的人。"[1]

根据目击者叙述而绘制的俄克拉何马城爆炸案犯罪嫌疑人的画像可能是美国犯罪调查史上最为知名的头像。它出现在所有的报纸、杂志上，各种电视新闻也不断滚动播出。据说，约翰·多伊2号的左二头肌上有一个蛇文身，戴着一顶蓝白色标志的棒球帽。他的人头悬赏两百万美元。线索源源不断涌进美国联邦调查局开设的热线，超过一万名特工及其他人被派去追踪这些线索。如有人曾在俄克拉何马城的一家脱衣舞俱乐部看见过约翰·多伊2号和蒂莫西·麦克维，也有人看见在瑞德卡车爆炸前，约翰·多伊2号从车里跑了出来……但这些故事没有一个能被证实。14名

1 Carlson, P.（1997, March 23）. In all the speculation and spin surrounding the Oklahoma City Bombing, John Doe 2 has become a legend—the central figure in countless conspiracy theories that attempt to explain an incompre- hensible horror. Did he ever really exist? *The Washington Post.*

长相与约翰·多伊2号画像相似的男人被带到警察局，但全都因有充分的不在场的证明而被释放。多个星期后，结果再次清晰印证，这个美国联邦调查局史上最密集人力搜捕行动失败了。

几乎可以肯定的是，搜捕失败的原因是，当蒂莫西·麦克维租用瑞德卡车时，根本就没有人和他在一起。后来，人们发现，麦克维租车一天后，两个男人来到埃利奥特的汽车修理店租了一辆卡车。他们是美国陆军中士迈克尔·赫蒂希，一个与麦克维一样金发碧眼、皮肤白皙的男人，和他的朋友托德·邦廷，一个黑发、肌肉发达的与约翰·多伊2号画像长得一模一样的男人。尽管出于好意，但修理工克辛格犯了一个记忆错误。他准确地描绘出了无辜者托德的特征，但把托德的出场归到了前一天发生的麦克维的故事经历中。这种将独立事件融合在一起是一个经典的日常生活中的记忆错误。

* * *

这种错误每时每刻都在世界各地的警察局里发生。案件发生后，一名犯罪嫌疑人混在一个普通人群的队列中（队列中的其他人通常有着相似的体貌特征）让一名目击者进行辨认。在这种情况下，即使那个真正的罪犯并不在队列中，一些目击证人（大部分人并无恶意）也会选出那个与他们记忆中的罪犯最相符的人。当在用“6人一组”的犯罪嫌疑人照片来代替这种真人辨认，目击者指认的准确率并没有提高。这就是多年来冤假错案的原因之一。

我们很难知道基于目击者错误的指认造成的冤假错案的真

实的发生率是多少，因为大部分错误还没有被发现。[1] 但是我们可以基于实验室的模拟队列做一个估算。实验中被试观看一个犯罪视频，视频中“犯罪者”的脸清晰可辨。接着给被试呈现一个有6名犯罪嫌疑人的队列，但这6人均未在视频中出现过。在这种情况下，大约40%的被试仍然会从队列中选出一个人。通常（但不是所有），这个人是外貌与犯罪者最相符的人。如果被试被告知其他人已经从队列中指认了一个特定的犯罪嫌疑人，他们只需要确定“是”或“否”，那么回忆的错误率会增至70%。更进一步，当询问选出了犯罪嫌疑人的被试对自己的指认有多大的信心时，大部分被试回答他们完全肯定。[2]

* * *

我们的自传体记忆容易发生各种形式的失真——心理学家丹尼尔·沙克特戏称之为“蓄犯之罪”。[3] 除了像约翰·多伊2号案例中的错误的时间划定和目击证人的易受暗示性，还有一种偏差是个人回忆的扭曲以使之与当前的观念、知识和感受相吻合。举个例子，一个人对一段恋爱关系前期的记忆本来是美好的，但经

1 在美国定罪后由DNA证据推翻的350多起冤案中，约71%的案件是由目击证人错误的识别导致的。

2 一种更好的询问目击证人的方式是以随机方式单独呈现队列中的每一个人，让目击证人做出是或否的回答，而不提前告诉目击证人他们需要做多少次这样的判断。此外，负责队列认人的人应该不知道谁是警察认为的犯罪嫌疑人，以避免通过他们的声音或手势给出微妙的暗示。这种方法叫作盲序队列，现在是美国和欧洲警察在许多判决中采用的常见做法，几乎可以肯定的是它减少了错误判决的概率。令人沮丧的是，这个方案在目击证人识别中并没有被普遍接受而成为法定标准。

3 Schacter, D.（2001）. *The seven sins of memory: How the mind forgets and remembers*. Boston, MA: Mariner Books.

历了糟糕的分手后，回忆通常会变得黑暗。或者人们会说“我一直都知道候选人X会获得选举”，即使他们事先对于那个结果表示过怀疑。

自传体记忆出现错误的一些原因广为人知。通常而言，我们对近期事件的记忆比对遥远的过往事件的记忆更准确、更详细。但这里面有一些其他的、不那么明显的变化。如果我要你回忆近期的一件事，你很可能是站在自己的角度以你自己的眼睛所看到的场景来回想事件。这叫作场域记忆。但如果我要你回想一下你的童年，那么会有更大可能性，你的视角转换成一个旁观者的视角：你会在那个场景中看自己，而不是通过你的眼睛来看事件。更进一步，如果要你回忆一件过去的事的情感基调，你更有可能激活场域记忆，而如果要你回忆一件事的真实情况，你更有可能调动观察者记忆。在这里，需要强调的是，我们回想记忆的方式并非板上钉钉，当前任务对它的影响很大。[1]

另一个与时间相关的现象是，重复的体验会使记忆变得普通。如果你只去过一次沙滩，那么你可能会记得那次经验的许多细节。但如果你去了50多次，你就不太可能记得第37次游玩的细节了，除非发生了什么让你情绪大受触动的事情。可能第37次游玩那天，一只死去的鲸鱼被冲上了沙滩，或者那天你遇到了未来

1 Nigro, G., & Neisser, U.（1983）. Point of view in personal memories. *Cognitive Psychology*, 15, 467-482.

Robinson, J. A., & Swanson, K. L.（1993）. Field and observer modes of remembering. *Memory*, 1, 169-184.

的伴侣。那么那天的细节很可能会深深地刻进你的记忆里，并且带着更多细节更准确地被存储在记忆里。情绪，不管是积极的还是消极的，是自传体记忆的硬通货。情绪使大脑以一种更强烈、更持久的方式来存储记忆，就像以粗体字和斜体字的模样被记下。情绪记忆的强化大部分时候是有益的，但有时也不利。说它有益是因为那些情绪显著的事件通常是你以后生活中最需要铭记的事。然而，在一些情况中，记忆可以病理性地反复出现，正如一个关于创伤性经历——比如一次袭击或者战争中一名士兵的经历——的记忆不断被唤起。

* * *

如果我们对事件的记忆常常这么不准而且变化多端，那为什么我们还会有它呢？记忆的用处是什么？一个主要的答案是，记忆能让我们学会：基于个人经验来调整我们的行为，并因此有效地找到食物、防范捕猎者、寻找和吸引伴侣等。换言之，记忆为个体做的事正是基因组的进化为多代物种所做的事：它让我们对环境做出相应的回应，以提高生存概率，传递基因给下一代人。这是受益无穷的事。比如，一只刚出生的老鼠天生就惧怕狐狸，即使它是许多代都没有接触过狐狸的实验室老鼠的后代。这种适应性对野外的老鼠来说是十分有用的，但就应对一个不断变化的世界而言，这并不是一个好的、通用的策略。为了让一个新生儿有能力应对所有可能发生的问题而把所有有用的行为反应都编码进基因组，这是不可能的。让动物记住和掌握问题的应对会更有效，也更灵活，尽管它们做得并不完美。此外，还有另一个好处。回忆这个行为可以让我们从心理的时间上穿越回过去的某个场景，也可以让我们回想过去和想象未来。记忆让我们的心智生命从当前的现实世界条条框框中解放出来。想象未来可以让我们做出预测，这是做决策的必要条件。

另一个关于记忆的用处是什么的答案是，自传体记忆的特定失忆实际上是特征而非缺陷。想要记忆变得有用，它必须被后续经验更新和整合，即使它改变了原本事件的记忆。从这个角度来说，对一件事的记忆保持可塑性对于回忆而言是有用的，它才可能被整合进当前经验。在大多数情况下，相较于50次独立、详细又准确的沙滩旅行记忆，一个编撰自多次沙滩旅行的普通记忆在指导未来决策和行为时更有用。这种由重复导致的细节丢失可以让大脑有限的记忆资源得到有效的运用。

换言之，我们对事件的记忆通常不准确，这并不奇怪，因为记忆扭曲的特殊方式通常是有用的。不过，令人惊讶的是，我们大部分人在日常生活中都不能识别出这种现象。我们人类都有一种天生倾向，把记忆碎片整成一个看似合理的故事。因为这种持续的叙事性建构，我们通常对自己模糊记忆的真实性很有信心，并让它们成为我们对自己的核心观念的基础。

* * *

除了事件记忆，我们也存储与特定事件无关的事实或概念的记忆。比如，我可以告诉你蒙古国的首都是乌兰巴托，即使我想不出我是什么时候、在哪里学到这个知识点的。或者，我可能拥有正确的知识点，但知识的来源和时间记错了——就在去年，我碰巧在维基百科上看到这个知识点时，想起了我是在40年前上高中时学到的。同样地，我可能可以解释数学里的传递性概念，但是记不清是什么时候、怎样学会的。

心理学家把这种事实或概念与事件分离的记忆现象称为“来源性遗忘”。尽管它更多发生在正常老去的人身上，但每个人或多或少都有这个问题。[1]平均而言，尽管我们对事实和概念的记忆并不完美，但通常比事件记忆更加准确。这可能反映了它们没有事件记忆那么多的细节和背景，事件记忆涉及各种感官。从某种角度来说，事实和概念已经是原始经验的精华了。

如果把这些概念用到具体的某个人，我们可能会说“弗雷德的记性很差”或者“莎莉的记性很好”。但是，记忆并不是一个单一的现象。有些人擅长事实和概念记忆，但事件记忆很糟糕。人们对特定类型的事实和概念的记忆能力也存在相当大的差异。我们都认识一些人，他们对喜剧节目的记忆很好，但却难以记住音乐。还有一些人老是记不住别人的名字却很擅长记住他们阅读过的内容。在那些擅长记住书面材料的人中，也

1 有好几条证据表明额叶功能受损会伴随来源性遗忘症，尤其在老人身上。
Craik, F. I. M., Morris, L. W., Morris, R. G., & Loewen, E. R.（1990）. Relations between source amnesia and frontal lobe functioning in older adults. *Psychology and Aging*, 5, 148–151.
Dywan, J., Segalowitz, S. J., & Williamson, L.（1994）. Source monitoring during name recognition in older adults: Psychometric and electrophysiological correlates. *Psychology and Aging*, 9, 568–577.

会使用不同的记忆策略。有些人阅读时可以不由自主地产生画面感，而另一些人阅读时可能会想起文字的读音和含义而没有相应的画面感。

对事件、事实和概念的记忆都属于外显记忆，可以通过有意识的心智努力将特定信息记录到脑海中。外显记忆就是我们通常在日常对话中说的“记忆”的意思。然而，还有另外一种同样重要但很少被谈及的记忆。这就是内隐记忆，它是指获得和使用都在潜意识层面、无须心智努力的记忆。外显记忆大部分是通过反复的练习而获得的，而不是从单个事件中学会的。[1] 一般来说，内隐记忆比外显记忆更稳定，并且存储在不同的脑区回路中。这就是为什么你需要翻遍房间来找你弄丢的钱包（一个外显记忆），但是你不太可能忘记如何骑自行车（一个内隐记忆）。我们的个性既由备受关注的对事实、事件和概念的外显记忆塑造，也由潜意识的内隐记忆塑造，两者的影响力同等重要。

图7是由多年研究总结出来的有关长时记忆的类型。得出这些分类的证据通常来自对那些大脑受损的病人的研究分析。比如，大脑内侧颞叶被损坏的病人可能患有显著的顺行性遗忘症——受损后，不能形成新记忆。他们也会呈现出某种程度的逆行性遗忘，这指的是，在损伤之前的几个月或几年的记忆被消除

1 有些内隐记忆形成于单个事件。比如，如果你吃了某种导致你生病的食物，仅仅由于这一次不愉快的经历，你会对这种食物的样子和气味产生一种持久的潜意识厌恶。重要的是，这种潜意识的条件性味道厌恶会伴随着对这件事的独立的外显记忆。

了，更久远的记忆保存完好。[1] 起初，人们以为大脑内侧颞叶遗忘症患者完全无法形成新的记忆。但多年后，人们发现，他们形成新的内隐记忆的能力依然保存完好。

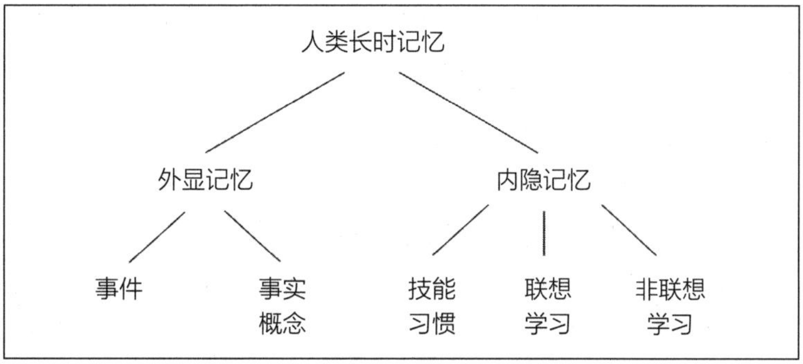

图 7　人类长时记忆的类型。外显记忆包括事件记忆（自传体记忆）或事实及概念记忆（语义记忆）。内隐记忆的获得和使用都无须有意识的注意，但可以指导决策和行为。它包括技能和习惯的记忆（程序性记忆）和简单的联想学习（比如眼睑条件反应）或非联想学习（比如定向反应的习惯化）。

阅读镜子中的文字刚开始时很困难，但随着练习是可以逐步提高的（图8）。如果大脑内侧颞叶损伤的患者每天练习镜像阅读30分钟，持续3天，接着在第4天检测镜像阅读水平时，他们的阅读速度就会提升。但如果你问他们之前是否曾尝试过镜像阅读，他们会说“没有”。他们对阅读任务、房间或者训练他们的

1　多种情况会导致大脑内侧颞叶损伤，比如中风、感染、长期的药物或酒精滥用，或者在一个知名的案例中——再三被讨论的病人亨利·莫莱森（多年来被称为H. M.）——为了控制他的严重癫痫病而进行了内侧颞叶切除手术。内侧颞叶中与顺行性遗忘相关的结构似乎是鼻周皮质和侧海马皮质以及海马体。损害实验室动物的这些脑区也会导致类似的严重的顺行性遗忘和有限的逆行性遗忘。

人都没有记忆。[1] 对镜像阅读训练事件的回忆是一种外显记忆，它需要完整的大脑内侧颞叶回路。但是镜像阅读的提高是一种技能，它是一种内隐记忆，即使这些回路被破坏了，它也可以被存储和提取。镜像阅读是一项认知技能，而运动技能，比如通过训练来提高一个人的网球挥拍能力，也一样会被大脑内侧颞叶遗忘症患者保存进记忆中。[2]

图 8　镜像阅读是一项可以通过规律的练习而提高的技能。甚至是因大脑受损而患有明显的顺行性遗忘症的人会忘记事实、事件和概念，但仍然能在镜像阅读任务中提高阅读技能。在这里，上下和左右均倒置的文本是来自库尔特·冯内古特在 1969 年的长篇小说《五号屠宰场》中的一行著名的句子。

另一种内隐记忆是眼睑条件反应，这是一种联想学习。如果我播放一段轻柔的音调，你不会用眨眼的方式回应它。如果我吹一口气到你的眼角膜，你会条件反射式地眨眼。眨眼不是一个有意的决定；不管你是否有意，眨眼这个动作就会出现。那么，如果我把音调与吹气配对——先出现音调再出现吹气，随后两者一同结束——将这个匹配重复多次，你将会逐渐习得，音调可以预测吹气。结果就是，你会开始更早地眨眼，这样你会更早地部分

1　表明在大脑内侧颞叶遗忘症患者身上仍保有镜像阅读学习的能力的经典文章是：
Cohen, N. J., & Squire, L. R.（1980）. Preserved learning and retention of pattern analyzing skill in amnesia: Dissociation of knowing how and knowing that. *Science*, 210, 207–209.

2　人类记忆研究有一个子领域特别关注来自大脑内侧颞叶遗忘症患者的情况，一个相关的很棒的综述，参见：
Squire, L. R., & Wixted, J. T.（2011）. The cognitive neuroscience of human memory since H.M. *Annual Review of Neuroscience*, 34, 259–288.

合上眼睑，在你预测的气体到来之前保护你的角膜。同样地，眼睑条件反应是潜意识的。你不能凌驾于它之上或者用意志力更快地学会它。无论你做什么，它都会发生。

有关潜意识学习的一种更简单的形式是习惯化，这是一种非联想学习。如果我站在你的视野之外，把一本书掉在地上，你会迅速转头去寻找声音。这个行为被称为定向反射，它于1863年首次被俄罗斯心理学家伊凡·谢切诺夫阐释。[1] 定向反射是一种对新异现象的反应，所以如果我持续掉书——比如一分钟掉一次，你会很快学会忽略它——习惯它——并且定向反射将会暂停。习惯化是对特殊刺激的特定反应。一束亮光也会引发定向反射。但是重复的掉书并不会让你对第一束亮光的反应消失，反过来也如此。[2]

有趣的是，一旦你习惯了一些规律性重复的刺激，那么它的消失就会变得新异，并且可以引发定向反射。为了说明这种现象，神经生理学家卡尔·普里布拉姆讲述了美国第三大道高架铁道的故事，这条线路曾沿着纽约城的波威里街运行，并且噪声很大。[3] 列车整晚都会运行，波威里沿线的住户们都习惯了间歇性的噪声。当1954年线路的列车服务停止时，警察开始接到当地人的电话，声称他们被一些东西从熟睡中吵醒，他们不能完全确定

---

1 Sechenov, I.（1863）. Refleksy golovnogo mozga. Meditsinsky Vestnik. In English: Sechenov, I.（1965）. *Reflexes of the Brain*（S. Belsky, Trans.）. Cambridge, MA: MIT Press.

2 为了引起定向反射，刺激一定要新异但没有威胁性。如果，比如，使用一个很大的声音，这会引发一种防御性的转身或退缩反应，而不是一个定向反射。

3 Pribram, K. H.（1969）. The neurophysiology of remembering. *Scientific American*, 220, 73-87.

那是什么，但他们认定那是行窃者。一位精明的侦探当发现并没有什么特别的蹑手蹑脚的歹徒的证据后，很快意识到这些电话打来的时间集中在高架列车不再往来穿行时。把人们弄醒的奇怪的东西是他们对万籁俱寂的定向反应，因为他们预期的噪声并没有到来。一旦人们习惯了不再有高架列车的吵声后，他们就不再惊慌失措地向警察局打电话了。

* * *

我们喜欢认为，人类是拥有自由意志的生灵。我们能准确可靠地想起一些事实、事件和概念。我们进行有意识的决策并自主地行动。我们的个性与强烈的控制感和自主感紧密相关。在很大程度上，这是我们的大脑耍的一个诡计。我们的大部分行为是潜意识的、自动化的。用神经科学家阿德里安·黑斯的话说："你做的每一件事几乎都是一种习惯。"[1] 一个习惯不仅是一种在潜意识层面形成并进行的行为惯例，它一定会逐渐与最终目标相脱离。你的目的可能是下班后在一家泰国餐厅停下买外卖，但你的习惯驱使你直接走回家。同一个习惯在不同情境中可能有利也可能不利。你可能在标准全键盘上打字飞快且完全是自动化的反应，但如果你手头只有一个布局截然不同的德沃夏克键盘，这个习惯可能会挫败你。

一般而言，当你学习一项新任务，刚开始时，你的行动灵活

1 Haith, A. M.（2018）. Almost everything you do is a habit. In D. J. Linden,（Ed.）, *Think tank: Forty neuroscientists explore the biological roots of human experience*. New Haven, CT: Yale University Press.
这阅读起来很愉悦。不仅仅是因为这篇文章是我自己写的，我就这样说。

且以目标为导向；但随着反复练习，你的行为变得自动化和习惯化。比如，当你刚开始学习驾车时，你一定会仔细思考每一个动作：操控方向盘、刹车、打信号灯、看前方的路。但随着时间推移，这些动作大多数会变成自动化。驾车变成了一个习惯，不再需要你全神贯注了。

尽管习惯具有固化的局限，但它们有易操作的优势。令人遗憾的是，生活中的大多数事是可预测的、无聊的，因此习惯的固化很少是个问题。关键的是，当行为变得习惯化，意识就不需要思考、预测和计划了。我们所有人通过一生的练习，都拥有了大量习得的行为。我们花一段时间掌握一项技能，使之变成习惯，随后继续学习另一项。通过这种方式，我们每个人建立了一个巨大的有关习惯和技能的图书馆，它们可以被自动地调出来。就像黑斯说的："在这个巨大的习惯集群之上坐着一小片'认知审议'，只有我们需要做高水平的决策时，它才会驱动。"没有习惯，我们的大脑会立马被无数的琐碎的决定所压倒，这些琐碎的决定还是留给快速的、自动化的习惯显然更好。

包括镜像阅读技能、定向反射的习惯化和联想眼睑条件反应在内的这些我们已经研究过的潜意识学习例子，全都依赖于内隐记忆，因此这些能力也得以在大脑内侧颞叶遗忘症患者身上保留。[1] 实际上，大部分内隐记忆涉及其他脑区的神经回路。[2]

---

1 Woodruff-Pak, D. S.（1993）. Eyeblink classical conditioning in H.M.: Delay and trace paradigms. *Behavioral Neuroscience*, 107, 911-925.

2 内隐记忆涉及许多其他脑区，包括纹状体、小脑、扁桃体和新皮质。

* * *

所有记忆，不管是外显的还是内隐的，都必须储存在大脑中。当你拨号时需要在心里记住一个电话号码，这种记忆叫短时记忆，它由在三个脑区——丘脑、额叶皮质和小脑——来回传递的反射电活动进行编码。[1] 这种工作记忆也是在下面情境中需要的，即当你读一个长句子读到句末时，你需要在心里记住这个长句子的开头。短时记忆很容易被对抗性的心理活动（比如有人在你拨号或阅读时对你说话）打断，并且短时记忆在被使用之后，几乎会被立即抛弃。

长时记忆需要更持久的改变。与特定经验相关的电活动模式必须导致构成大脑的神经元的互联网络发生改变。大脑的信号传导具有混合的电学和化学特点。神经元通过快速、全或无的电信号（叫作脉冲）传递信息。一个脉冲沿着纤长的、发送信息的神经元纤维（叫作轴突）移动。当脉冲侵入轴突中专门化的兴奋区域时，它诱发了化学神经递质分子的释放。这些神经递质散布于

1　涉及这些脑区及它们之间的相互连接的证据来自几种不同类型的实验，包括不同脑区损伤患者的工作记忆的分析研究；关于实验室动物的特定脑区被小心地损坏或钝化的探索研究；对特定脑区进行可逆性钝化并记录这些脑区内个体神经元活性的研究。
为额叶研究指明了方向的一篇经典的文章是：
Fuster, J. M., & Alexander, G. E.（1971）. Neuron activity related to short-term memory. *Science*, 173, 652-654.
现代一些文献充实了有关将额叶与其他脑区连接在一起的长距离反射弧研究，它们是：
Guo, Z. V., et al.（2017）. Maintenance of persistent activity in a frontal thalamocortical loop. *Nature*, 545, 181-186.
Gao, Z., Davis, C., Thomas, A. M., Economo, M. N., Abrego, A. M., Svoboda, K., De Zeeuw, C. I., & Li, N.（2018）. A cortico-cerebellar loop for motor planning. *Nature*, 563, 113-116.

一个微小的、充满盐水的沟壑，并激活位于信号链上的下一个神经元的信息接受部位上的接收器（叫作树突），有时会导致网络中的下一个神经元产生电学反应。神经递质被一个神经元释放并随后被另一个神经元接受的这些位置叫作突触。[1]

让我们来扮演一会儿上帝。假如你是一名伟大的工程师，你想在大脑里建立一个记忆仓储，有两大选择。第一，你可以让经验驱动的电活动模式持续地改变突触之间的化学传递的强度。这会表现为突触变强（或长出新的突触）或者突触变弱（或现有突触消失）。这些改变统称为突触可塑性。或者你可以让经验改变整个神经元的电信号特性。比如，你可以改变神经元以使它们更多或更少发射脉冲，或者以一种不同的时程模式来发射脉冲。这些经验驱动的过程被称为内在可塑性。尽管人们的研究常常集中在突触可塑性上，但是，结果表明，内在可塑性和突触可塑性均参与到长时记忆的存储中。大脑中的每一个神经元平均有5 000个突触，突触可塑性的信息储存容量比内在可塑性的大多了。内在可塑性和突触可塑性以一种复杂、有效的方式相互作用，存储记忆。[2]

存储记忆时不会被改变的东西也同样重要。经验并不会改变

---

1 这是一个超级简化的解释。一些突触在树突上，另外一些在细胞体上，还有一些在轴突上。一些神经递质受体增加了接收它们的神经元上的脉冲激活的可能性（兴奋），另一些降低了脉冲激活的可能性（抑制），还有一些具有复杂的行为，既不是兴奋也不是抑制（神经调节）。更详细的解释，参见：

Linden, D. J.（2007）. *The accidental mind: How brain evolution has given us love, memory, dreams, and God*（pp. 28–49）. Cambridge, MA: Harvard University Press.

2 一个著名且令人印象深刻的数字：据估计，大脑中存在约1 000亿个神经元，而每个神经元上平均有5 000个突触，因此大约有500兆个突触。相较之下，我们的银河系中估计有1 000～4 000亿颗恒星。

大脑细胞中的DNA序列，因此这个过程不会成为记忆的基石。更确切地说，记忆还是关于经验如何改变基因表达以产生持久变化的另一个例子，尽管有点特殊。[1] 它并非不像我们在第2章讨论过的例子，即生命的第一年的环境气温决定了汗腺神经分布的程度。只有在这种情况下，被经验改变的组织不是周围神经或皮肤，而是大脑；并且基因表达的变化导致了突触可塑性和内在可塑性，以及记忆的本质。

对于事实和事件记忆的提取的生物学知识，我们仍然知之甚少，但我们已明了一些一般特征。记忆的提取通常至少涉及那些在当初经历事件时表现活跃的神经元和突触的电活动。当然，事情远不止这么简单，因为涉及记忆存储的神经回路和脑区有时会随时间变化。就像前面提到过的，那些经受了大脑内侧颞叶损伤的人通常会丢失损伤事件之前几个月或几年的关于事实和事件的记忆，这也被称为顺行性遗忘症。但是那些更久远的关于事实和事件的记忆保存完好，这说明了这些记忆从内侧颞叶转移到了其他脑区。

在饱含情感的事件中，特定的神经递质（比如多巴胺和去甲肾上腺素）和激素（比如肾上腺素和皮质酮）被释放出来。其中一些在大脑内释放并起效，而另一些在身体内释放并流向大脑。这些与情感相关的化学信号可以增加由经验驱动的突触和内在可

1　记忆存储通常并不要求在事件发生后的一个小时左右就进行基因表达，但如果服用了相关药物，阻碍了基因的读取，无法得到RNA及蛋白质，就会导致长期记忆缺损。

塑性的程度，因此强化了记忆。重要的是，这种强化不仅发生在记忆被存储进大脑的最初瞬间。如果每一次对这个记忆的回忆本身也激起了情绪反应，那么这个化学过程就可以进一步强化（和扭曲）这个记忆。

* * *

大脑的记忆储量是一种无限的资源吗？还是我们会用尽其存储空间？一种特定技能或任务的训练会让另一项技能的精进受到影响吗？或是对于无限的自我提升，大脑有足够空间吗？令人失望的是，已有一些理由让人相信，记忆资源是有限的。

在英国伦敦，一个人想要拿到出租车司机的执照，必须通过一项含有大量信息的考试。考试要求考生综合识记城市的25 000条街道、旅店、餐厅、地标和它们之间的最佳路线，这一超大体量的信息被称为“知识”。很多司机即使经过多年的学习仍不能通过考试，必须反复学习或者最终放弃。埃莉诺·马奎尔及其同事开展的一项严谨的研究发现，相较于平衡了年龄和教育变量的对照组，有执照的伦敦出租车司机的“后海马”的脑区更大，人们对此研究结果兴奋不已。[1]“后海马”这个脑区被认

1 我们不能采集人类身上的活体组织样本或在出租车司机的大脑中植入电极，因此我们仅采用非侵入性检测，比如使用核磁共振成像（MRI）测量不同脑区的大小。下面是最初的用MRI研究的结果：
Maguire, E. A., Gadian, D. G., Johnsrude, I. S., Good, C. D., Ashburner, J., Frackowiak, R. S. J., & Frith, C. D. （2000）. Navigation-related structural changes in the hippocampi of taxi drivers. *Proceedings of the National Academy of Sciences of the USA*, 97, 4398-4403.
这个研究另一个有趣的发现是，后海马的扩大程度与成为伦敦出租车司机的学习时间呈正相关。

为在空间信息的处理过程中有重要作用。这个结果可能意味着，为了通过考试而进行的高强度训练导致了后海马脑容量的增大，因为它必须装载一份详细的城市地图。或是这个结果也可能意味着，那些在训练之前就拥有一个更大的后海马的人更擅长处理空间认知，因此更有可能成功掌握“知识”并通过考试。

一项更新的研究追踪了未来即将从业的伦敦出租车司机在高强度的知识记忆前、后的大脑扫描结果。结果发现，那些学习并通过了测试的司机的后海马体积明显增大，而那些考试失败或者退出考试，以及相同年龄的对照组的这些人的后海马体积则没有明显变化。[1] 因此，“知识”掌握似乎是后海马增大的原因。

随着空间学习，后海马增大，但这一增大是以临近脑区前海马为代价的。前海马并不参与空间认知，而是负责新的视觉（非空间的）记忆信息的处理。这可能就可以解释伦敦的出租车司机在视觉记忆测验中表现得比对照组和没有通过考试的司机更差的原因。这一发现表明，大脑中至少一些记忆和认知资源是有限的，并且可以通过高强度训练动态地分配给当前的任务。有意思的是，退休后的伦敦出租车司机，他们会逐渐回到对照组水平，后海马变小、前海马增大，视觉记忆得分提高，关于伦敦弯弯绕绕的街道的回忆也慢慢模糊。[2]

---

1 Woollett, K., & Maguire, E. A.（2011）. Acquiring “the Knowledge” of London’s layout drives structural brain changes. *Current Biology*, 21, 2109-2114.

2 Woolett, K., Spiers, H. J., & Maguire, E. A.（2009）. Talent in the taxi: A model system for exploring expertise. *Philosophical Transactions of the Royal Society,* Series B, 364, 1407-1416.

为什么伦敦的出租车司机被认为是用来考察由训练引发的大脑改变的极佳人群？原因有二。第一，这项知识的获得是一项艰难的任务，但也是一项不需要很高智力的任务。伦敦出租车司机的平均智商大约就是英国一般人群的智商。第二，不像音乐或运动这些通常在童年就开始进行了学习，因而混合了大脑发育与学习训练，这项“知识”的学习仅仅发生于出租车司机成年后，这时他们的大脑已发育成熟。

关于伦敦出租车司机的研究结果引发了一个问题：脑区的增大（及临近脑区的相应缩减）是成年期高强度训练的一个一般特性，还是出租车司机考试才有的特别之处？德国医学生在经过两年学习后，必须要参加一个难度高的综合考试，即“预科考试”。这个考试检验学生在化学、物理、解剖和生物学领域的知识。学生有3个月的日常学习时间来准备。阿恩·梅及其同事在医学生开始3个月学习期之前，扫描了他们的大脑和对照组的大脑。在医学生预科考试结束后的第2天及3个月时再次扫描这两个人群的大脑。结果发现，经过了3个月的学习期，医学生三个脑区的脑容量相较于对照组增大了。三个脑区分别为后顶叶皮层、侧顶叶皮层和我们先前提到的后海马。这三个脑区的增大保持到考试结束后3个月。与伦敦出租车司机一样，这里也出现了临近脑区“顶枕叶脑区”的缩减。[1] 这说明，伴随着成年期高强度的学习而来的大脑空间竞争是个一般规律。但令人遗憾的是，我们不知道在那些医学生身上是否有与那些脑区缩减相关的特定的认知损害。

埃莉诺·马奎尔及其团队的一项聚焦于执业医生而非医学生的研究表明，由学习考试内容导致的脑区的扩大和缩减可能不会像由掌握及使用“知识”导致的脑区变化那么持久。执业医生在多年的高强度受训中必须掌握并使用大量的知识。与出租车司机不同，医生在智力测验中得分高于普通人。将医生与一群智力得分相当，但没有上过大学也没有其他高强度训练（比如中职学校）的人比较，结果发现，与对照组相比，医生的后海马或其他任何脑区并没有增大。[2] 这个结果说明，通过多年训练来掌握大量信息，并不足以导致脑区总体结构的持久变化。

有一种巧妙的方式来研究成人由训练导致的快速的脑区变化，那就是教他们玩杂耍。研究者平衡了年龄和性别因素后，把志愿者分成杂耍者和非杂耍者两组，在训练前扫描所有人的大脑。给予杂耍者3个月时间来学习经典的三球抛接杂耍，每次训

---

1 目前还尚不清楚为什么与学习相关的后海马增加仅限于大脑左侧。
Draganski, B., Gaser, C., Kempermann, G., Kuhn, H. G., Winkler, J., Büchel, C., & May, A.（2006）. Temporal and spatial dynamics of brain structure changes during extensive learning. *Journal of Neuroscience*, 26, 6314-6317.

2 Woollett, K., Glensman, J., & Maguire, E. A.（2008）. Non-spatial expertise and hippocampal gray matter volume in humans. *Hippocampus*, 18, 981-984.

练1分钟。当杂耍组掌握了技能后立即进行检测，结果发现相较于非杂耍组，他们的两个脑区——两侧的中颞叶皮层和左侧的后侧顶内沟——表现出了扩张。这些特定脑区的扩大是有意义的，因为前者涉及追踪运动物体的速度和方向，而后者涉及注意和感觉—运动协调。在练习暂停几个月后，杂耍组的大部分人第一把杂耍尝试都不能成功，脑区也部分地缩小了。[1] 这个反转可能与发生在医生身上的情况相似。他们短时间内努力学习通过了考试，但大部分人很难在职业生涯中期不复习而再次通过。与记忆有关的脑区的扩大和缩减——不管是像玩杂耍这样的内隐感觉—运动记忆，还是伦敦街道地图或医学预科考试这样的外显记忆——似乎都只有在大量学习知识时才能保持。

* * *

想要一个脑区变大，必须要有一种细胞物质的显著增加。基于我们对突触可塑性的了解，与记忆相关的脑区扩张，很大部分一定涉及现有突触的增加以及新的突触、树突和轴突的生长。也有可能脑区内还增加了新的细胞。在大脑中，细胞分裂持续产生神经胶质细胞，因此导致了脑区的增长。[2] 在一些非常有限的

1 虽然因杂耍导致的脑区扩张很小，大约3%，但是在统计上是显著的。值得注意的是，它明显仅限于新皮层的灰质上，该皮层包含细胞体、树突、无髓鞘轴突和少量有髓鞘轴突（大部分在白质中）。不像伦敦出租车司机和德国医学生，杂耍者并没有表现出任何临近或其他脑区容量的减少。
Draganski, B., Gaser, C., Busch, V., Schuierer, G., Bogdhan, U., & May, A.（2004）. Changes in grey matter induced by training. *Nature*, 427, 311-312.

2 Van Dyck, L. I., & Morrow, E. M. （2017） Genetic control of postnatal human brain growth. *Current Opinion in Neurobiology*, 30, 114-124.

大脑部位，比如海马齿状回（它是与事实和事件记忆相关的大脑回路的一部分），新的神经元是在出生后形成的。但是尽管有研究已明确证明了成年鸟类和啮齿类动物可以产生新的神经元，对于成人大脑是否可以形成新的神经元，或者它是否仅限于生命早期，依然存在激烈争论。[1]

需要强调的一点是，记忆存储的脑区扩大是一个极端案例，它只有通过持续的训练才会发生。在大部分情况下，记忆的存储并不伴随脑区大小的明显变化。你可以想象，如果在脑区里增加经验或者强化一些突触，同时移除或者减弱另一些，那么脑区的容量总体上并不会有什么变化，即使被存储的记忆会在它的神经回路的功能上发生变化。这类变化可以导致功能可塑性，即使没有检测到脑区大小的变化。

一个很好的例子来自对严肃音乐家的研究。当扫描大提琴或吉他这类弦乐演奏家的大脑并与对照组进行比较时，结果发现，他们的大脑更多被投注于左手的触觉，但投注于右手的大脑空间并没有变化。重要的是，大脑的凸起和沟槽结构在音乐家和对照组之间是相同的，并没有整体上的脑区的扩大或缩减。相反，一个被称为初级躯体感觉皮质的脑区，其更多的容量都被投注给了

1　关于人类神经发生的争论现状的一个很棒的综述，参见：
Snyder, J. S.（2018）. Questioning human neurogenesis. *Nature*, 555, 315-316.
另一种增加某个脑区容量的方式是用绝缘的蛋白质髓磷脂增加轴突外周髓鞘的厚度。这在大脑皮层的灰质和白质上都有出现。

左手，代价便是影响了身体的其他部分的触觉处理。[1] 之所以出现这种情况是因为，左手要完成高度灵活的手指运动，这比右手要完成的弹琴或拉弦动作需要更好的触觉和运动控制。很可能由于控制手部的脑区的扩大及投注给剩余身体表皮的大脑空间的缩减，弦乐演奏家的左边身体存在触觉缺损，但这些仍有待研究。

* * *

我们关于记忆的几乎所有直觉都是错误的。我们觉得自己是意志自由的生灵，对那些帮助我们成为独立个体的事件拥有细节丰富的、无限制的记忆。实际上，我们大部分行为由习得的、位于潜意识的习惯和技能组成，只有一小块认知决策在其表面。我们对特定事件的回忆是不可靠的，而且每次回忆时都会被进一步扭曲。我们对事实和概念的记忆只稍微好一点点。当被问及我们对一个特定记忆的真实性有多大信心时，我们的估计与真实情况无关。我们感觉自己可以无限制地学得越来越多，但是一种记忆的高强度训练可能会减弱我们存储一些其他类型记忆的能力。

我们的记忆不是最佳的，但我们依然依赖它们。它们看上去像真的。它们很重要。它们对我们的个性和主导感至关重要。尽管我们的记忆常常挫败我们，但我们却依然崇敬它们，

1　一位弦乐演奏者训练乐器的时间越长，左手对应的皮质代表区的增加就会越大。这一发现表明但不能证明：持续的弦乐演奏导致了躯体感觉皮质中的左手代表区的扩大。因为可能有这种情况，就是那些天生就左手代表区更大的人更有可能从事弦乐演奏并获得成功。这就是为什么在训练前开始的前瞻性研究——比如对伦敦出租车、杂耍者和德国医学生的研究——如此有用。

Elbert, T., Pantev, C., Weinbruch, C., Rockstroh, B., & Taub, E.（1995）. Increased cortical representation of the fingers of the left hand in string players. *Science*, 270, 305-307.

这真是不可思议的事。为什么我们需要感觉拥有更多自主感，而实际上我们并没有那么多？这是个有趣、开放的问题。我更倾向于将其看成一种特征，而非一种缺陷。当我们感觉到我们能掌控自己的行为，我们基于准确的回忆来进行决策时，我们才有可能在那些需要“一小片认知审议”的事件中更快地做出决策，这是真正需要它的地方。换言之，当我们不需要停下来并重新审视我们是否有掌控力，在面对真正重要的事情时，我们才会变得更有决断力。

4

性别自我

当我们听说一个婴儿出生时，我们的第一个问题几乎总是“女孩还是男孩？”在每一个社会中，性别都是用来分类个体的一个基本特质。它是许多表单上一个要填写的选项。当我们遇到某个陌生人，我们不由自主地想去确定他们的性别。这是一种深层的、无法被终止的潜意识驱力。性别也是我们最不可能忘记的个体特质。你可能想不起来两年前你在一个派对上见过一面的一个叫作特瑞的人的头发是棕色的还是黑色的，或者是一名会计还是一名营销员，但是你不太可能忘记他或她的性别。无论你的文化、宗教观念（或没有）或政治观点是什么，性别都关乎我们所有人。这就是当人们谈论它时会变得如此心烦意乱的原因。与性别有关的复杂、变化的观念，包括传统的男/女二元论之外的性别认同，会挑战我们是谁的本质。

1938年9月22日这一天，一条紧急消息通过无线电通信从德国马格德堡警察局传到柏林：“欧洲女子跳高冠军多拉·拉特延不是一个女人，而是一个男人。请立即告知帝国体育部。请速作指示。”帝国体育部官员汉斯·冯·恰默·翁德·奥斯滕不愿意相信这个使德国政府大为尴尬的消息。他叫来了自己的私人医生去检查多拉，但也得出了同样的结论。多拉·拉特延，19岁，这个曾经在希特勒的展览会——在1936年的柏林奥运会中为德国而战，并在几天前刚闭幕的维也纳欧洲田径锦标赛女子跳高项目中创下了一个世界纪录的运动员，实际上是个男人——至少以1938年的德国的标准来看。在汉斯·冯·恰默·翁德·奥斯滕的指示下，多拉的金牌奖章被悄悄地退回，她的世界纪录从书中被划掉，她也终生被禁止参加体育比赛。[1]

* * *

通常情况下，男性经遗传获得一个X染色体和一个Y染色体，而女性有两个X染色体。在Y染色体上有一个关键基因为SRY，它编码一种重要蛋白质，该蛋白可调节其他基因的活性，这种蛋白质早在生命的胚胎时期便开始在雄性特征的发育上发挥作用。在SRY基因产物的参与和调控下，两团很小的胚胎组织发育成睾丸。睾丸分泌睾酮，随后睾酮（或它的代谢物二羟睾酮）与细胞中特定的受体蛋白结合并对整个身体产生广泛影响。睾酮是一个重要的化学信号，它推动着一切典型男性特征的发育，从胚胎时期的生殖器到多年后青春期的喉结。对女性而言，因为缺少SRY基因，在其他基因的影响下，同样的几团胚胎组织发育成

---

1 1936年柏林奥运会在纳粹德国举行。赛前希特勒意识到举办奥运会带来的机遇，倾力将其打造成展示纳粹德国强大实力的舞台。这届奥运会自始至终受纳粹的控制，为德国法西斯施放和平烟幕起了推波助澜的作用。——译者注

了卵巢。卵巢分泌重要的雌激素和孕激素。[1] 值得注意的是，从早期胎儿时期开始，在男女两种不同的发育动力中都有睾酮的身影，但雌激素的分泌从出生后到青春期这一段时间暂停了。这意味着，在特定的关键发展阶段，主要的荷尔蒙差异表现为大多数男性具有较高水平的睾酮（和一些类睾酮素，统称雄激素），而大多数女性具有较低水平的雄激素。然而，女性并非完全没有雄激素。在8岁左右，女性的肾上腺开始分泌少量睾酮（和二氢睾酮及雄烯二酮），这些雄激素对女性的正常发育也很重要。对男性而言，雌激素在正常的发育和成人性功能上也发挥了作用，尽管一些细节问题还有待解决。

对大多数人而言，性别判定很简单。我们从母亲那里获得一个X染色体，从父亲那里获得一个X染色体或者Y染色体。如果一个携带Y染色体的精子与卵子结合，就是男性。反之，如果是携带X染色体的精子与卵子结合，就是女性。如果你携带了XX性染色体，当在子宫内生长时，你就会发育出卵巢、阴道和典型的外阴区。随后，典型的女性第二性征，比如月经、圆润的臀部、乳房发育等，会在青春期出现。如果你携带了XY性染色体，那么在你还在母亲的子宫里的时候，睾丸和阴茎就开始发育了。典型的男性第二性征，比如低沉的嗓音、发达的肌肉块和体毛在青春期开始出现。然而，在好几种情况下，这个过程会变得复杂，导致

1 就像在生物学中常常会发生的情况那样，这里也有一个附加说明。SPY基因产物作用的关键目标之一是另一个被称为SOX9的转录因子。这意味着SOX9基因的功能缺失性突变也可以阻碍囊丸发育。而某些携带XX染色体的人在缺乏SRY基因的情况下会发育出睾丸（可能其中一些人在SRY的关键靶标基因上，比如SOX9基因有功能获得性突变）。这就是“用睾丸来检验女性运动员”被弃用的一个原因。

出现各种类型的双性人现象。双性人是指那些出生时具有性别特征（包括内生殖器和外生殖器），但不适合用传统的男性或女性二元概念划分的人。大部分双性人在出生时即被发现，但有一些直到青春期或者更晚才被发现。[1]

极少一部分双性人是由性染色体发育异常所致的。比如，克氏综合征——在这种情况中，人体的所有或一些细胞多了一个X染色体，形成了可能会导致双性人的XXY模式。携带XXY染色体的个体拥有睾丸和阴茎，但在一些严重的病例中，这些器官很小且发育不全。XXY男孩也有青春期，但因为青春期雄激素活性缺损，他们体毛稀疏、肌肉块小，乳房可能增大。

大部分双性人是由染色体典型（XX或XY）个体的激素信号传导发生了改变所致的。如果XY个体携带了一种会干扰雄激素受体或其下游生化信号功能的基因变异，就会导致一种叫作雄激素不敏感综合征的双性人疾病。根据变异的严重程度和它在身体不同细胞中的分布状况，患有雄激素不敏感综合征的XY个体的生殖器表现不同，变化范围可以从完全男性化（罕见）到完全女性化（最常见）。第二男性性征比如音调、肌肉块和体毛分布，可以表现出相似的变化幅度。一个具有XY染色体的高度女性化的个体体内虽然可能拥有分泌睾酮的睾丸，但可能外表看上去是一个典型的女性，有外阴和阴道。这些个体几乎从小都被当成女性来抚养，并且常不会被发现有任何潜在问题。到了青春期，由睾丸分泌的睾酮合成代谢而来的雌激素导致了女性典型的胸部和臀部发

1 一些人更喜欢性发育障碍（DSD）这个术语。

育。但由于缺少卵巢和输卵管，月经一直不来，通常在这个时候问题才被发现并得到诊断。[1]

一种含有XY染色体的双性人的情况则更加复杂，他们是5α-还原酶基因（一种编码睾酮代谢的酶）发生了突变。这种酶能把睾酮转化为更活跃的代谢物——二氢睾酮。在胎儿时期，二氢睾酮对男性外生殖器的发育至关重要。二氢睾酮的缺损会导致外生殖器在婴儿刚出生时要么完全是典型的女性形态，要么是中间形态。很多（但不是所有）患有5α-还原酶缺乏症的人自幼都被当成女孩抚养。后来到了青春期，受影响的个体的典型男性特征开始发育，包括肌肉块变发达、嗓音变低沉、睾丸下降、乳房不发育。在一些病例中，外生殖器变成了功能不全的阴茎。[2] 大部分（但不是所有）患有5α-还原酶缺乏症的被当成女孩抚养的人在青春期之后，开始自我认同为男性。

另一种叫作先天性肾上腺皮质增生症的双性人疾病也发生在XX个体身上。由于隐性基因变异，个体的肾上腺分泌异常大量的

---

1 在患有雄激素不敏感综合征的XY个体身上，伴随青春期到来的睾酮激增不能作用于雄激素受体以产生第二性征。相反，睾酮通过芳香酶被转化成雌激素，并与功能性雌激素受体相结合产生女性典型的第二性征。

艾米莉·奎因患有雄激素不敏感综合征，她在TED有一个充满思想性和人文关怀的演讲，请参见Quinn, E.（Presenter）.（2018）. *The way we think about biological sex is wrong*（Video File）。她的演讲开始于：

“我有一个阴道。只是觉得你们应当知道。你们中的有些人可能并不会对此感到惊讶。我看起来像一个女人。我想，我穿得也像个女人。事实上，我也有睾丸。来到这里并告诉你们我的生殖器，确实需要许多勇气，实际上只需要一点点勇气。但我不是要谈论勇敢或勇气。我的意思就是字面意思——我有睾丸。在这里，你们许多人有卵巢。我不是一个男人或女人。我是一个双性人。”

2 Hughes, I. A.（2002）. Intersex. *BJU International*, 90, 769-776.

Okeigwe, I., & Kuohung, W.（2014）. 5-alpha reductase deficiency: A 40-year retrospective review. *Current Opinion in Endocrinology, Diabetes and Obesity*, 21, 483-487.

睾酮。[1] 同样地，根据睾酮分泌的多少和一些其他因素，这种双性人也存在各种情况。在一些严重病例中，内生殖器和外生殖器均性别模糊，通常有一个增大的阴蒂和一个很浅的阴道。在一些不那么严重的病例中，生殖器基本呈女性化，但男性典型的第二性征也常常出现，包括体毛、发达的肌肉块和闭经。[2] 使情况更为复杂的是，一些女性分泌异常大量的睾酮，但因为同时也携带了雄激素受体基因变异，所以她们多余的睾酮没有生物学效应。总结来说：一直以来，大部分文化都强化了这样一个观念，即生物学性别是清晰的、一成不变的二元特征。但是，在大约0.03%的活产儿身上，自然并没有在男性身体和女性身体之间划下这么清晰的分界线。[3]

* * *

当拉特延夫人在1918年11月20日这天诞下她的第四个孩子时，房间里有些混乱。后来，她的丈夫海因里希·拉特延回忆起

---

1 在先天性肾上腺皮质增生症的病例中，大约95%是由于21-羟化酶的编码基因CYP21A2突变导致。21-羟化酶的缺乏引起皮质醇的合成受损，导致皮质醇前体物质累积，并被输入生产雄激素的神经通道。最终的结果是胎儿雄激素的过量产生。

2 在极少数情况中，XX胎儿在发育过程中变得男性化的原因不是因为他们自身的肾上腺分泌的雄激素，而是由于他们母亲的肾上腺失调，并穿透了胎盘发挥作用。Morris, L. F., Park, S., Daskivich, T., Churchill, B. M., Rao, C. V., Lei, Z., Martinez, D. S., & Yeh, M. W.（2011）. Virilization of a female infant by a maternal adrenocortical carcinoma. *Endocrine Practice*, 17, e26-e31.

3 如果包括染色体异常，如克兰费尔特综合征（XXY）和特纳综合征（XO、XXX和XYY），那么出生时双性人的发病率估计在0.018%~1.7%。在我看来，只有一部分克兰费尔特综合征患者应当被包括进来，因为他们可以有明显的性相关特征，比如胸腺增大和阴囊萎缩，而大部分患者并不是这样，并且他们大部分人自我认同为顺性别者。此外，我还不清楚，其他的染色体异常是否应该被计算进双性人统计比率中。比如，特纳综合征女孩拥有正常的外生殖器，一些女孩的第二性征不明显（几乎所有人都不含糊地认同为女性）。采用这些标准，双性人发生率大约为0.03%。有关双性人的定义与相关术语，以及“双性青年倡导协会”参见：Intersex definitions（n. d.）.

这次生产时说：“我妻子分娩时，我没有陪在她身边。那个时候我在厨房。当孩子出生后，助产士把我叫过来说‘海尼，是个男孩！’但是5分钟过后，她又对我说‘她应该是个女孩’。”这个孩子的生殖器性别模糊，阴茎有一条裂缝，并在会阴部裂开个口子。父母对此也手足无措。最终他们听从助产士的建议，给她取名多拉，并把她当成女孩来抚养。多拉在一个女子学校上学，穿女孩的衣服。在10岁左右，她开始疑惑为什么她感觉自己是个男孩并且看上去也像。就如后来她对医生所说的那样，在青春期时，由于乳房和其他典型的女性第二性征都没有发育，她的担心与日俱增。而第一次射精的发生让多拉大为惊骇。她对自己的情况感到非常困惑。由于她那个时代和地方令人窒息的社会规范，关于她的情况，她无法向任何人提问或坦白。彼时，染色体和雄激素受体检测技术还没被开发出来，所以我们也不了解多拉这种情况的基因方面的细节信息。我们所知道的是，尽管被当成女孩来养大，但多拉感觉自己是一个男人，多拉也基本上（非完全）拥有一个典型男性的身体。

因为担心被发现，多拉会拒绝跳舞或游泳，但她很快从对一些运动的热爱中找到了一些安慰。15岁时，她成为了当地的跳高冠军，并且有望入选1936年的德国奥运代表队。彼时，德国顶尖的女子跳高运动员格蕾泰尔·贝格曼是一位犹太人，纳粹政府并不希望派她出征，因而排除了她，由多拉补上。多拉的嗓音低沉和身体精瘦，这可能显得有些异常，但她的运动员同伴们从未怀疑过她的身份秘密。多年后，格蕾泰尔·贝格曼回忆道：“在公共淋浴时，我们都纳闷为什么她从来不脱光了洗澡。一个17岁的人还那么害羞，这很奇怪。但我们只是认为——她很奇特，很古怪。”

多拉在柏林奥运会上获得了第四名的成绩，刚好与奖牌擦肩而过。但在接下来的几年里，她的成绩不断提高，仅仅两年后便打破了女子跳高的世界纪录（图9）。正是在从维也纳胜利归来的列车上，她的秘密被发现了。一位列车员怀疑多拉是个穿女装的男子（在那时的德国，穿异性衣服是违法的）。当列车在马格德堡停下时，这位列车员报了警，警察与多拉当面对质。经历一番短暂的否认以及给警察看了她最近参加的欧洲田径锦标赛的女

图9 多拉·拉特延在1937年的跳高比赛中。图片来自德国联邦档案馆，《图片报》183-C10379。使用已获授权。

子身份证后，多拉承认了她一直觉得自己是男人，这个事实随后也得到了医学检查的确认。在多拉被捕后，一位警官声称："多拉·拉特延公开承认自己对于自己的身份被公开感到很开心。"尽管刚开始时多拉面临多项欺诈指控，但后来当检察官判定这里面并不存在任何有意的欺瞒，而只是一个在多拉刚出生时由善意但糊涂的大人们造成的可怕的误会时，这些指控被撤销了。多拉把名字换成了海因里希，并以男性身份平静地度过了余生。

多拉的案例与那些发生在1960年代和1970年代的病例相似。在这类病例中，出生时伴有阴茎畸形的男孩在婴儿时期接受了性别重置手术，并且从出生时即被当成女孩抚养。有理论认为，婴儿是一个白板，因而染色体层面的男性可以被培育并体验为女性。这个错误的理论推动了这类不幸的决定。实际上，这彻底行不通。随着他们长大，几乎所有性别被重置的男孩都报告说，他们感觉自己是男性，并且这些人几乎都逐渐变得对女性具有性吸引力。[1] 因此，医学委员会改变了抚养标准，从鼓励父母在双性人孩子出生后迅速为他们选择一个性别变为鼓励父母耐心等待，直到孩子表现出一个清晰的性别认同。

* * *

当国际奥林匹克委员会开始为参与女子项目竞赛的运动员开展强制性的性别检查时，多拉·拉特延的例子成为其中一个被援

1 Diamond M., & Sigmundson, H. K.（1997）. Sex reassignment at birth: Long-term review and clinical implications. *Archives of Pediatric and Adolescent Medicine*, 151, 298-304.

引说明的案例。这项检查的理论基础一直都是抓出那些伪装成女性的男性运动员。出人意料的是，这从来没有发生过。[1] 相反，检查完全变成了对双性人的羞辱和排斥。

运动员们把开始于1966年欧洲锦标赛的第一次强制性女子性别检查称为“裸体游行”。在这种检查中，女运动员列队在一个男医生团体面前半裸走过，那些看上去不是典型女性的女运动员会被叫出队伍，并被要求张开大腿以做更细致的检查。但作为男性参赛的运动员不用做任何检查。1968年，为了回应女性运动员的抱怨，这项有辱人格的措施被面颊拭子收集细胞进行染色体测试取代。新规定要求只有携带XX染色体的个体才能作为女性参赛。但因为性别是由染色体和非染色体因素共同决定的，这个方法出现问题不足为奇。

一个知名的例子是一位叫玛丽亚·何塞·马丁内斯·帕蒂尼奥的西班牙跨栏运动员。她拥有XY染色体，但患有严重的雄激素不敏感综合征。她的脸和身体呈现出典型女性化。她有乳房、外阴和阴道，但没有子宫和卵巢。她一直都觉得自己是女性并且也被当作女性抚养。她的基因变异导致了对雄激素不敏感从而确保了她的身体不会受到由体内阴茎分泌的睾酮的影响。她的染色体测试结果被公布后，立即给她的生活带来了毁灭性的影响。她的

1 Ritchie, R., Reynard, J., & Lewis, T.（2008）. Intersex and the Olympic games. *Journal of the Royal Society of Medicine*, 101, 395-399.
Ha, N. Q., et al.（2014）. Hurdling over sex? Sport, science and equity. *Archives of Sexual Behavior*, 43, 1035-1042.

奖章和纪录被撤销，她被西班牙国家队解雇，她的生活津贴和公寓住所也随之失去。她的男友离开了她，街上的陌生人对她指指点点。后来，她写道："如果我不做运动员，我的女性身份可能永远不会被质疑。发生在我身上的这些事让我感觉像被强奸了一样，绝对是同样的被侵犯和被羞辱的感觉。而且在我这件事上，整个世界的目光都在看着。"[1] 她对此进行了申诉，据理力争，认为她的身体并没有因体内睾丸分泌的雄激素而获得竞技优势。最终，她获胜了，但这个过程耗费了三年之久，而此时她的跨栏生涯已结束了。[2] 毫无疑问，作为女性参赛的严格的XX染色体标准也失败了。

即便如此，那些携带XY染色体、患有完全型雄激素不敏感综合征的女运动员是否具有竞技优势仍存有争议。一项观察表明，在XY个体身上，这种完全型雄激素不敏感综合征的发病率在一般人群中为两万分之一，但在参加奥运会的顶级女性运动员群体中为四百二十分之一。[3] 我们知道，SRY驱动的睾丸发育及随后的睾酮生成远非拥有一个Y染色体所导致的唯一结果。[4] 这个染色体有大约200个基因，其中72个被发现用于指导蛋白质生产。其中一

1 Carlson, A.（2005）. Suspect sex. *Lancet*, 366, S39-S40.

2 Martínez-Patiño, M. J.（2005）. A woman tried and tested. *Lancet*, 366, S38.

3 Ferguson-Smith, M. A., & Bavington, L. D.（2014）. Natural selection for genetic variants in sport: The role of Y chromosome genes in elite female athletes with 46, XY DSD. *Sports Medicine*, 44, 1629-1634.

4 Arnold, A. P.（2009）. The organizational-activational hypothesis as the foundation for a unified theory of sexual differentiation of all mammalian tissues. *Hormones and Behavior*, 55, 570-578.

些可能以一种与睾酮无关的方式赋予了运动员在特定运动上的一些优势，可能通过增加身高或精瘦的肌肉块。[1] 但是现在，没有证据表明患有完全型雄激素不敏感综合征的XY女性运动员发展出了对于运动成绩非常重要的身体特性，这至少在一些XX女性身上也没有出现。

2013年，国际奥委会发布了一个新规：只有血清睾酮水平低于10 nmol/L的运动员才有资格作为女性参赛，患有雄激素不敏感综合征的运动员除外。如果一个超过了10 nmol/L限制的运动员想要参赛，她有两个选择，要么必须接受手术（摘除体内睾丸），要么作为男性参赛。只有0.01%的女性的天然睾酮水平超过了10 nmol/L。所以你可以想象，极少有运动员受这个规定影响。[2] 然而，超出国际奥委会睾酮标准的顶级女性运动的比率大约为1.4%，比一般人群高出140倍。这提示着，天然的高水平睾酮可能确实赋予一些没有雄激素不敏感综合征的女性运动员以优

---

1 总体看来，患雄激素不敏感综合征的XY女性常拥有男性更常见的更长的躯干比。大卫·爱泼斯坦报告了他与内分泌学家的谈话，他们说，患雄激素不敏感综合征的XY女性由于她们的身高和超长的大腿，因此她们在时尚模特行业中的人数比例也比在普通人群中的比例更高。

Epstein, D.（2013）. *The sports gene: Inside the science of extraordinary athletic performance*. New York, NY: Current.

2 一个近期的有关睾酮水平的荟萃分析认为，成人男性睾酮的正常值为8.8~30.9 nmol/L，女性为0.4~2.0 nmol/L。然而，这个范围并没有包括所有人群，而只是所有人群中水平处于2.5%~97.5%的人。显然，那些位于97.5%~100%的个体会有更高水平的睾酮，这个最高范围在顶级女性运动员群体中的比例较高。

Clark, R. V., Wald, J. A., Swerdloff, R. S., Wang, C., Wu, F. C. W., Bowers, L. D., & Matsumoto, A. M.（2019）. Large divergence in testosterone concentrations between men and women: Frame of reference for elite athletes in sex-specific competition in sports, a narrative review. *Clinical Endocrinology*, 90, 15-22.

势。近年来，几位顶级女运动员因此而被禁赛，包括来自南非的中长跑运动员卡斯特尔·塞门娅和来自印度的短跑运动员杜蒂·昌德。昌德就其被禁向瑞士国际体育仲裁院提出申诉。她争辩道，她以女性身份来到这个世上并被养大，她并没有服用兴奋剂或者任何形式的欺骗，为什么她要为了以女性身份参赛而被迫进行手术或者服用药物?

为表明对国际奥委会制定的睾酮标准的支持，英国马拉松冠军运动员和运动官员宝拉·雷德克里夫表示："升高的睾酮水平使得比赛不平等，这种不平等比单纯的自然天赋和刻苦拼搏都大。"她进一步说道："我们担忧的一直都是，与体内睾酮水平正常的女性相比，双性人的身体对训练和竞赛的反应不同，并且反应更强。这导致比赛失去了基本的公平。"然而，睾酮不是故事的全部。听起来就像是那些获得了奥运会奖章的女性运动员都天然地具有高水平的睾酮，但情况并非如此。近期一项研究显示，在顶级女性运动员群体中，高水平睾酮让中长跑运动员获得了平均2%的优势，让链球运动员获得了平均4%的优势。[1] 这是真实的效应。但相较于在可清晰量化的运动——比如赛跑或跳高（与此相反的是需要裁判判决的运动，比如自由式滑雪和花样滑冰）中顶级男性运动员和顶级女性运动员之间呈现出的典型的

1 Bermon, S., & Garnier, P. Y.（2017）. Serum androgen levels and their relation to performance in track and field: Mass spectroscopy results from 2127 observations in male and female athletes. *British Journal of Sports Medicine*, 51, 1309-1314.

10%~12%的成绩差异，这个效应少得多。[1]

昌德的申诉成功了。她在没有进行手术或服用睾酮拮抗剂的情况下参加了2016年的里约奥运会。但她在女子百米跨栏赛中只过了第一轮，没有晋级到下一轮比赛。卡斯特尔·塞门娅也同样参加了奥运会，并且获得了八百米跑比赛的金牌。这些完全不同的结果证实了一个观点，高水平的天然睾酮对于女性运动员的成功并非一个唯一的、强有力的特殊变量。在2015年的裁决中，法院指出："尽管有证据表明高水平的天然睾酮可能会提升运动成绩，但专家组驳回了'睾酮带来的优势比众多其他已得到各方认可的影响女性运动员成绩的变量（比如营养、专业训练设备的可获得性、教练及其他的基因和生物学变异）带来的优势更显著'这个起诉理由。"[2]

最后一点尤其值得注意。顶级运动员，包括男性、女性和双性人，通常携带了有助于提升运动成绩的基因变异。一个像迈克尔·菲尔普斯一样刻苦训练但只拥有一般体型的游泳运动员不太可能战胜由菲尔普斯的修长手臂和硕大脚掌赋予的身体优势。目前我们还没识别出让菲尔普斯拥有如此不同寻常的生物学特征的基因变异，但这些变异很可能对他的运动生涯的成功做出了极大贡献。

然而，在一些罕见案例中，我们能看到基因与顶级运动员的成

1 Handelsman, D. J.（2017）. Sex differences in athletic performance emerge coinciding with the onset of male puberty. *Clinical Endocrinology*, 87, 68-72.

2 当我在2019年11月写这本书时，规则又发生了变化。在2019年7月，国际体育仲裁法庭维持了国际田径联合会对于女性运动员的睾酮限制的新规则，即必须低于5 nmol/L，才能参加400米、1英里的赛事。为了满足这个标准，卡斯特尔·塞门娅需要服用荷尔蒙抑制药物，而她拒绝服用。结果，她未能在2019年9月的世界锦标赛上卫冕800米冠军。

绩之间存在关联。在1960年代，芬兰运动员埃罗·门蒂兰塔在北欧滑雪项目中独领风骚。他在三届不同的冬奥会中获得了七块奖牌。几十年后，他的家族基因检测结果揭示了在编码血红细胞生成素的基因中产生的一个变异，这个变异促进了血红细胞的生长和存活。埃罗和其他受影响的家族成员的血液中的携氧血红蛋白含量因此增加了约50%。这让他在所从事的滑雪运动中具有明显的优势。

为什么我们的社会轻易就接受了埃罗·门蒂兰塔在运动上的基因优势是一种自然天赋，但对卡斯特尔·塞门娅却争论不休？这并不是因为我们坚信，运动员的成功只能是竭尽全力的反映，而非遗传因素的反映——比如从没有人提议过我们要禁止最高的篮球运动员参赛。这也不是因为我们坚信，对营养或专业化训练拥有同样的可获得性才算公平；在体育赛事中，我们也没看到有任何人提议为那些来自贫困地区的运动员提供补偿性的障碍赛。体育赛事中的性别分类具有如此多的争议的原因在于，有关性别和公平的根深蒂固的文化观念与复杂的生理学现象相互冲突。

* * *

并非所有的生物都来自有性生殖。[1] 通过分裂进行的无性生殖（也称为二分裂）常见于细菌、某些植物和一些无脊椎动物，

1 有时，我会幻想非人类约会网站会是什么情况：
致病性靓妹。大家好！我是大肠杆菌O157：H7。我的年龄是8小时，我既不是男性也不是女性。我没有发布照片，因为我长得与其他大肠杆菌一样。我没有宗教信仰也不属于哪个星座。我喜欢吃葡萄糖，喜欢保持暖和。生的、没煮熟的或者变质的肉是我最爱闲逛的绝佳之地！我并不期待一段性关系——当我想要后代时，我会分裂成两个来克隆我自己。我一直想交一些新朋友，然后一块儿玩，一块儿快速分裂，并分泌志贺毒素。我可能会看《权力的游戏》。今晚让我们聚一起，让某些人的肠胃不适！

比如水螅——一种生活在淡水中的小型浮游生物，是水母的近亲。为什么没有更多动物通过二分裂进行繁殖？[1] 完全不用寻找配偶，只需分裂并且制造一个与自己基因相同的复制品，这不是更简单高效吗？[2]

有性生殖的好处主要有两个。第一，当你经遗传获得一个基因的两个版本（父母各给一个），那么，即使其中一个版本出现了功能丢失的突变，也不太可能造成生物学问题。因为还有另一个完整的版本，它通常会进行功能补偿。第二，也是更重要的一点，相较于那些制造自己基因复制品的无性生殖动物（克隆动物），有性生殖动物因为拥有双亲基因变异的混合得以通过基因重组产生更多的个体特征。换一个思路来理解这个问题就是，无性动物的基因多样性只能通过DNA的变异得到，而有性生殖动物既有DNA变异，也有父母的基因变异的重组。有性生殖创造了一个更大范围的基因变异并因此形成了一个更广的基底，在此基础上，选择进化压力得以发挥作用。[3]

---

1 除了二分裂（也叫作芽殖），还有几种不同的无性繁殖方式。一些动物既可以有性繁殖，也可以无性繁殖。比如，蚜虫在大多数情况下是有性繁殖，但是当春天食物充足时，它们会转变为一种更快速的、被称为孤雌生殖的无性生殖方式。孤雌生殖是指，雌性产下卵，卵无需受精便能发育，从而得到与母体的克隆体。这种天然的雌性克隆过程也见于其他种类的昆虫，以及一些两栖动物和鱼类。

2 无性繁殖不仅消除了所有婚姻中那些关于谁来控制电视遥控器的争吵，而且即使打开电视，由于明显缺乏浪漫关系，也不会选择观看爱情类喜剧。

3 两份复制品的备份策略对某些基因并不管用。如，X染色体上的基因，它们在男性身上只有一份复制品。还有，比如之前讨论过的UBE3A基因，在这个基因上，只有母亲基因的复制品会被表达在特定细胞上（比如神经元），因此母本基因的突变不能通过一个正常的父本基因复制品得到补偿。与此相关的一点是，当带有一个重要突变的细菌分裂且其后代不断地持续分裂时，那么整个谱系都会携带这个突变。要从种群中消灭这个突变的唯一方式是使整个谱系都灭亡。这对于诸如繁衍快速的细菌和水螅来说可能不是一个问题，但是对于那些需要数月妊娠的动物而言就是一个大问题了。

如果一种生物想要进行有性生殖，就需要找到一个方法来保证，同一个体的两个细胞不会结合在一起生育后代——那会让有性生殖的全部优势都丧失掉。因此，专门的生殖细胞（也叫配子）必须发育成两种面貌，卵子和精子；并且它们需要被设计成，卵子不会与卵子结合，精子也不会与精子结合。这样的设计往往需要两种不同类型的有机体：只生产精子的雄性和只生产卵子的雌性。[1] 因此，女性和男性都需要专门生产卵子或精子的器官，分别为卵巢和睾丸。因为精子个头小且活性大，而受精卵比较大且常常是在雌性体内发育，因而男性和女性也需要分工专门化的生殖系统：子宫、阴道、阴茎等。并且，像人类这样的动物，雌性还需要乳腺来喂养幼崽。

当我们观察男性和女性时，平均而言，他们在很多方面明显不同，不仅仅包括与交配要求、孕育、分娩和哺乳直接相关的方面，而且成年男性通常更高（图10）、更重、更精干及更强壮，他们的骨骼更粗壮、颅骨更厚、面部有胡须。平均而言，成年女性体毛较少，音调更高，而且身体脂肪明显更多地分布于乳房、臀部、髋部。这些男性与女性之间的大部分差异也见于我们的古人类祖先化石记录。值得强调的是，我们此处探讨的是统计学上的差异。当然，也存在比一般男性更强壮的女性个体，和音调比

1 有一些动物（和许多植物）是有性生殖，但是它们自身既会产生精子也会产生卵子，它们被称为雌雄同体，如许多种类的蠕虫和蛞蝓，以及几种鱼类。总体而言，据估计，约860万种动物中的65 000种左右（约0.7%）为雌雄同体。雌雄同体的进一步细分还有同时性雌雄同体和顺序性雌雄同体，前者是指在同一时间生产卵子和精子，后者是指从产生精子转变为产生卵子，或者相反。

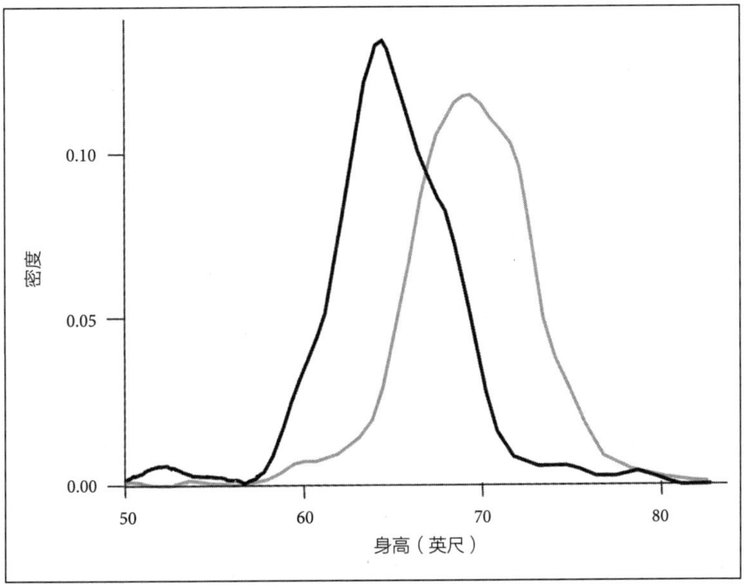

图 10　这张美国成人身高分布图显示出，男性（灰线）比女性（黑线）更高。然而这两者有较大的重叠。同时值得注意的是，男性的身高分布范围更宽，相较于女性，男性处于极端值的人更多，处于平均值的人更少。通过一个叫作标准差的统计学测量，男性和女性身高分布的重合程度可以被量化。身高的性别差异大约为 2 个标准差（d=2）。

一般女性更高的男性个体。

男性与女性的这些身体差异是如何造成的？一个主要的解释来自性选择理论。这个理论由查尔斯·达尔文首次提出，并由罗伯特·特里弗斯及其他很多人进行阐释和完善。这个理论认为，男性与女性并非随机进行交配，而是会寻找那些从基因层面看起来合适的对象进行交配，这样他们的后代就会尽可能地保持健康和成功。交配是一项巨大的投资。对大多数哺乳动物而言，交配涉及配子、怀孕、分娩，并且抚养幼儿的重任不成比例地落在雌性身上。对雌性动物而言，这项投资的另一方面就是在怀孕期间和幼儿出生后的一段时间（比如哺乳期），雌性不会进行交配。而这段时间，雄性可能会再次进行交配。并且人类和一些其他物种，雄性的生育年龄的上限要高于雌性的生育年龄上限。

所有这些意味着，在任何一段特定时间内，可进行交配的育龄期雌性要少于育龄期雄性。这个差距会导致两个主要问题。第一，雄性必须常常相互开战以争夺稀有的富有生育能力的雌性。第二，雄性必须展现出对雌性有吸引力的特征。这些特征可能包括一些相同的，能够用来打败或威慑其他雄性的特征，因此它们的体型更大、骨密度更高、肌肉组织也更强壮。在很多物种身上，同时也存在很多装饰性的雄性特征，它们看上去对雌性很有吸引力，同时也明显与战斗和威慑没有什么关联。在这些特征中最为知名也是达尔文最喜欢的便是，雄孔雀漂亮巨大、繁复精美的尾巴，但雌孔雀并没有。其他的用于求偶的雄性特征可能涉及一些复杂行为，如鸣叫、送礼物、舞蹈和筑巢行为。[1] 一般来说，雌性很少有这些装饰或行为，因为她们寻找配偶时面临的竞争更少。

性选择理论不仅被用来解释雄性和雌性的身体差异，也被用来解释性行为和非性行为。有人认为，性选择使雄性变得滥交、喜欢冒险、具有侵略性和暴力，而女性因为在抚养幼儿方面投入

1 女性为了吸引最佳配偶也会相互竞争，这种竞争会导致那些标志着健康或生育力的特质的放大。这些包括出现在性成熟时的身体特质，包括胯部、胸和臀部脂肪的累积。由于女性生育力通常随着年龄下降，这些生育力标识有时会模拟年轻时特征，比如体毛减少或高音调。

更大，她们对配偶、合作关系以及共同养育更加地挑剔。事实果真如此吗？还是这是一个为了强化传统的、社会建构的性别角色而编造的故事？不管何时，当一个理论可能被用于——实际上被用了——评判男性对女性的从过去到现在持续不断的压迫时，我们都有必要把它提出来仔细审查。[1]

想要性选择理论具有可操作性，它需要满足一条，即一些个体在求偶和生育上比其他个体更成功。因为如果所有人在繁衍上都一样成功，那么就失去了“淘汰性失败者”这个基础了。如果性选择理论是对的，那么，雄性动物繁殖成功的变化幅度要大于雌性动物繁殖成功的变化幅度。这才能反映出雄性必须竞争以实现与一群数量有限的、可接近的、适于繁殖的雌性进行交配。第一个检验该理论的实验由遗传学家安格斯·贝特曼于1940年代使用果蝇来完成。实验结果似乎表明，在繁殖成功这个指标上，雄性确实比雌性显示出更大差异。这源自以下两个原因。第一个是，雄性性伴侣数量差异比雌性性伴侣数量差异更大。第二个原因是，相较于雌性与多名雄性交配，当雄性与更多性伴侣交配时，它们以更快的速度增加每一个伴侣的后代数量。

近年来，贝特曼的实验因实验设计和统计分析上的缺陷受到

1 我们都通过自己的经验来看待世界，这也浸透着关于男人和女人、男孩和女孩的文化观念。科学寻求客观真理，但是科学在被人类实践的过程产生了有意无意的偏差，这些偏差影响我们的期望、我们提出的问题类型以及我们的实验设计。所有科学家都努力保持开放心态，并且这种努力仍在持续。我的观点是，如果性选择理论的某些方式——男人是滥交的、具有攻击性的、爱冒险的，女人是对性挑剔的、合作的、照顾人的——被证明是不对的，这并不意味着，提倡这些理论的科学家是可恶的、厌恶女人的蠢货，它只意味着他们错了，就像最优秀的科学家也会时不时犯错一样。

了一些批评，这是无可厚非的。[1] 对一些学者来说，这些评论已经足以让人抛弃性选择理论整个大厦了。因为在他们看来，贝特曼实验是性选择理论的基础，后续实验也建立在这个基础上，而实验的无效毁掉了这个根基。但真实情况并非如此。后续实验和田野观察的确受到了达尔文和贝特曼理论的启发，但它们并没有以贝特曼的实验结果为基石，因此成败应取决于它们自身的价值。

如今，人们用各类动物对贝特曼的理论进行检验，这些动物覆盖面广，从软体动物到昆虫到鱼类到哺乳动物。总结论是，在被检验的62个不同物种中，大部分（非全部）雄性在繁殖成功上表现出更大的差异，并且当性伴侣增多时，繁殖也更成功。[2] 当然在一些特殊情况下，这些结论并不成立。举个例子，那些由雄性提供亲代抚养的物种——比如海马或尖嘴鱼（雄性将受精卵放在自己身上一个特殊的育仔囊，这胜过了最具献身精神的布鲁克林的潮人老爹）[3]，以及一种叫作肉垂水雉的水鸟（雄性孵蛋并养

---

1 Snyder, B. F., & Gowaty, P. A.（2007）. A re-appraisal of Bateman's classic study of intrasexual selection. *Evolution*, 61, 2457-2468.
Gowaty, P. A., Kim, Y. K., & Anderson, W. W.（2012）. No evidence of sexual selection in a repetition of Bateman's classic study of Drosophila melanogaster. *Proceedings of the National Academy of Science of the USA*, 109, 11740-11745.
Tang-Martínez, Z.（2016）. Rethinking Bateman's principles: Challenging persistent myths of sexually reluctant females and promiscuous males. *Journal of Sex Research*, 53, 532-559.

2 这个荟萃分析在涵盖66个不同种族的72项研究中检验了贝特曼的三个性选择指标。
Janicke, T., Häderer, I. K., Lajeunese, M. J., & Anthes, N.（2016）. Darwinian sex roles confirmed across the animal kingdom. *Science Advances*, 2, e1500983.

3 Jones, A. G., Rosenqvist, G., Berglund, A., Arnold, S. J., & Avise, J. C.（2000）. The Bateman gradient and the cause of sexual selection in a sex-role-reversed pipefish. *Proceedings of the Royal Society of London, Series B*, 267, 677-680.

育小鸟）[1]——表现出对雌性更强的性选择，并且雌性往往体型更大、装扮更花哨。[2] 这些确实是例外，不能证明这个规律。贝特曼的实验可能存在不足，但是达尔文/特里弗斯/贝特曼的假设并不能被推翻，虽然存在一些注意事项。

另一个与达尔文、特里弗斯和贝特曼观点相反的例外情况是，在一些物种中，雌性通过与多位雄性交配来获得繁殖成功。[3] 在很多群居物种中，只有一个或少数几个居支配地位的雌性才拥有交配繁殖的权力。在一些例子中，比如绒猴和鼹鼠，雌性首领从生理上控制了它的下属们的繁殖周期。在另一些例子中，比如野狗和海岛猫鼬，雌性下属虽然被允许与雄性交配，但生出的幼崽会被雌性首领杀死。还有另一些动物比如草原狒狒、狮子和长尾叶猴，大部分雌性都会与多位雄性进行交配。首次描述了长尾叶猴这种繁殖行为的人类学家莎拉·布莱弗·赫迪认为，雌性滥交可能是为了混淆长尾叶猴宝宝的父亲是谁，以此来减少雄性首领识别出非它亲生的幼崽而杀掉它的可能性。[4] 近年来，随着DNA检测技术的广泛应用，人们开始清楚地认识到，许多之前被认为是一夫一妻制的物种，实际上雄性和雌性都有情人。达尔文

---

1 Emlen, S. T., & Wrege, P. H.（2004）. Seize dimorphism, intrasexual competition, and sexual selection in wattled jacana（Jacana jacana） a sex-role -reversed shorebird in Panama. *The Auk*, 121, 391-403.

2 其他的由雄性携带受精后的卵的物种有摩门蟋蟀和一直深受大众喜爱的帝企鹅等。

3 Clutton-Brock, T.（2009）. Sexual selection in females. *Animal Behaviour*, 77, 3-11. Tang-Martínez, Z.（2016）. Rethinking Bateman's principles: Challenging persistent myths of sexually reluctant females and promiscuous males. *Journal of Sex Research*, 53, 532-559.

4 Hrdy, S. B.（1981）. *The woman that never evolved.* Cambridge, MA: Harvard University Press.

最初的观点，即雌性在配偶选择上总是很挑剔，并不正确。这个观点可能对许多物种而言是正确的，但存在很多（而非少量）例外情况。更重要的是，那些达尔文/特里弗斯/贝特曼的理论模型解释不通的案例并不是毫无规律可言的，它们可以分为几种特定的情况。在这些分类中，这些例外案例可以很好地被雄性亲代投资、雌性社会结构、杀婴行为和几个其他因素解释。[1]

* * *

我们刚刚花了一些时间探讨了来自动物的支持和反对“性选择理论使得雄性动物比雌性动物更强壮”这个假设的证据。做这个铺垫自然有用，但我们真正关心的是人类。在思考性选择理论能否解释一些雄性和雌性之间的结构和行为差异时，值得注意的是，在哺乳动物大家庭中，人类展现出了长期的双亲照料、社会性一夫一妻制、精准的父性功能和隐蔽的排卵等特征，这些性特征是异于其他哺乳类动物的。

当一个人类婴儿出生时，他的大脑体积约为400立方厘米，与一只成年猩猩的大脑体积大致相当。在5岁之前，大脑的发育速度令人惊叹；直到12岁左右，大脑发育速度有所减缓；当最终达到成熟状态，大脑体积为1 200立方厘米。就像所有母亲都会证明的，400立方厘米的头颅刚好勉强通过产道，并且有时还不能成功通过。实际上，分娩死亡几乎是一个人类特有的现象。人类

1 进化生物学家称呼那些被认为是一夫一妻制，但实际上拥有多个性伴侣的动物为“鬼鬼祟祟的混蛋”。真的。这甚至出现在教科书上。

需要一个大头颅来装下我们体积庞大的大脑，并得以如此聪明。那么，为什么人类的产道没有进化得更宽一些以适应硕大的人类头颅？最有可能的原因是，这需要重新把女性骨盆设计成另一种形态，但那会妨碍到人的直立姿态，因而这在进化上行不通。

随后婴儿出生了，并在很长一段时间内都不能自立。在所有动物中人类的童年时间最长。再没有其他一种生物到了十岁，还不能在世界上有效地依靠自己独立生存。这意味着如果父亲也给予孩子照顾、保护或者资源，这会是一个极大的帮助。相反的，对大多数动物而言，雄性完全是局外人，它们在照顾后代上没有作出一点贡献，并且这没有什么问题。

很多雌性动物通过隆起、气味或其他模式化行为来彰显它们的生殖能力，而人类的排卵几乎是（但并非完全）隐蔽的。尽管香水生产商告诉我们，我们还需要寻找到人类信息素，但极少有信号让男性意识到排卵。（第5章将对此详述）这意味着，大多数人类的性行为发生在女性的生殖期之外，因此性是为了娱乐，而不是繁衍。这也意味着，如果一个男人想要对自己的父亲身份有把握，他必须在这个女性的整个生理周期内独占她。我们并非要否认异性恋中的所有浪漫，但这的确是异性恋婚姻（包括它的各种变形）在跨文化中这么普遍的部分原因。

这种一夫一妻制（或者至少连续性一夫一妻制）的安排似乎行之有效。DNA测试表明，与那些你从观看《杰瑞·斯普林格》脱口秀中得到的信息相反，如果将女人的丈夫或者长期伴侣认定为女人孩子的父亲，那么正确率会高达98%。这一发现在跨文化中也普遍存在。[1] 错误的父亲认定会发生，但并不普遍。值得记住的是，所有的这些人类婚配制度的特征（长期的双亲照料、社会性一夫一妻制、精准的父性功能和隐蔽的排卵）均为可能减少男性性选择的影响因素。[2]

通过家谱记录和调查法，我们可以算出一个人的子孙数量，并估算出繁殖成功的差异及其在男女性别间的差异。总体而言，在一个近期的包括了全球十八个不同人类群体的荟萃分析研究中，男性的繁殖成功差异确实比女性的更大，这个结果与达尔文/特里弗斯/贝特曼的理论模型一致。[3] 但如果对数据做深一步的挖掘，一些有趣的细节就会浮现出来。第一，这个效应的差异在跨人群中变化很大。男性繁殖成功的方差与女性繁殖成功的方差之比，在芬兰人中为0.70，但在非洲马里的多贡人中为4.75。第二，这个比率在诸如芬兰、挪威、美国和多米尼克这样的一夫一妻制国家的人群中大约为1。这表明，在性选择上，男性与女性没有差异。在诸如多贡人、巴拉圭的亚契人和委内瑞拉的亚诺玛米人这类一夫多妻制（一个男人，多位妻子）人群中，这个比率

1 Larmuseau, M. H. D., Matthijs, K., & Wenseleers, T.（2016）. Cuckolded fathers rare in human populations. *Trends in Ecology and Evolution*, 31, 327-329.
有人可能认为，在那些避孕更为便捷的地方，生父确认的准确率可能会更高，但情况似乎并非如此。作者写道："在过去几百年间，妻子出轨的比例都几乎不变，在几个不同人类社群中大约都为1%。"

2 Puts, D.（2016）. Human sexual selection. *Current Opinion in Psychology*, 7, 28-32.

3 Brown, G. R., Laland, K. N., & Borgerhoff Mulder, M.（2009）. Bateman's principles and human sex roles. *Trends in Ecology and Evolution*, 24, 297-304.

更高。这意味着，男性有更多的性选择。[1] 最有可能的结论是，在我们人类历史的大多数时期，性选择对男性的影响比女性的更大；并且，主要得益于男性之间的竞争，男性的身高增加了，肌肉块变得更发达，躯体攻击性也变得更强。[2]

很可能对于早期人类社群而言，同时代的一夫多妻制社会相较于一夫一妻制社会是一种更优良的社会模式，但那个差异可能随着一夫一妻制逐渐在全世界成为主流而消失殆尽。也就是说，在大多数一夫一妻制社会中，尽管男人在繁殖成功上的方差比女人高一些，但部分原因是，离异的男人比离异的女人更有可能再婚并开始建立新家庭。[3]

如果我们来看一看一个富裕的、主要为一夫一妻制并且有避孕措施的社会群体，比如美国的年轻女性，女性在选择性伴侣时是否普遍比男性更加挑剔呢？心理学家拉塞尔·克拉克和伊莱恩·哈特菲尔德以此为主题进行了一项研究。[4]通常一篇学术论文里描述研究方法的部分是枯燥无味的，但我被克拉克和哈特菲尔德的

---

1 一妻多夫制（一个女人，多个丈夫）的婚姻很少见。大约6%的社群在某些时代有某种形式的一妻多夫制婚姻，但这些社群的人口总共在世界人口中占比低于2%。
Starkweather, K., & Hames, R.（2012）. A survey of non-classical polyandry. *Human Nature*, 23, 149-172.

2 Puts, D.（2016）. Human sexual selection. *Current Opinion in Psychology*, 7, 28-32.

3 Jokela, M., Rotrirch, A., Rickard, I. J., Pettay, J., & Lummaa, V.（2010）. Serial monogamy increases reproductive success in men but not in women. *Behavioral Ecology*, 21, 906-912.

4 Clark III, R. D., & Hatfield, E.（1989）. Gender differences in receptivity to sexual offers. *Journal of Personality and Human Sexuality*, 2, 39-55.
在1989年文章被广泛引用的一年后，作者回溯并讲述了关于这篇文章的起源、出版和最终影响的故事。它读起来很有趣。
Clark III, R. D., & Hatfield, E.（2003）. Love in the afternoon. *Psychological Inquiry*, 14, 227-231.

描述逗乐了：

> 我们的同伙站在五个大学方庭[1]中的其中一个，并且接近一个陌生的异性。当一个被试被锁定时，我们的同伙走到他/她面前，说："我在校园里注意到了你，我觉得你很有魅力……"随后，请求者向被试提出三个问题："你今晚愿意跟我出去吗？""你今晚愿意到我公寓里来吗？""你今晚愿意跟我上床吗？"……请求者携带着一个笔记本，三个问题分别写在笔记本的三页纸上。哪个问题会被问到是随机决定的。在选定一个被试后，请求者会迅速翻到其中一页以确定要问的是哪个问题。请求者在两堂课之间或者下雨天会暂停实验，实验后会向被试作简要说明并表达感谢。[2]

这项被大量引用的研究于1978年完成于美国佛罗里达州立大学，并且于1982年被研究者用相同的实验设计重复验证。因为这两项研究的结论几乎一样，所以我会报告1978年这项研究的结论：50%的男性和56%的女性会同意与一个陌生的请求者进行约会；而惊人的是，75%的男性和0%的女性会同意与一个请求者上床。情况就是如此。相较于进行一次约会，更多的男性会选择与一个陌生人发生性关系。在几个不同的国家中，这个主要结论都

1 方庭是一个位于较大建筑内的封闭庭院，常见于大学校园。——译者注
2 太糟糕了。雨天是如此浪漫。

得到了重复验证。[1] 这项研究变得如此有名，以至于英国流行电音乐队Tough and Go于1988年在请求者的三个排比问句基础上创作了风行一时的歌曲《你愿意……吗？》。[2] 你可能会质疑实验设计的一些细节和男女样本量的差异问题，但总体结果很清晰：一般来说，男人显然更愿意与陌生人发生性关系。

克拉克和哈特菲尔德认为，男女之间惊人的差异的主要原因在于，尽管女人和男人都一样地对与陌生人发生性关系感兴趣，但女性出于对暴力、怀孕或者社会负面评价的恐惧，会节制她们的欲望。科学史学家科迪莉亚·法恩在她的著作《荷尔蒙战争》中阐释了这些观点，并补充道，女性拒绝与陌生男性做爱可能是理性的，因为她们在一次随意的性行为中体验到性高潮的概率比

---

1 Hald, G. M., & Høgh-Olesen, H.（2010）. Receptivity to sexual invitations from strangers of the opposite gender. *Evolution and Human Behavior*, 31, 453-458.

Guéguen, N.（2011）. Effects of solicitor sex and attractiveness on receptivity to sexual offers: A field study. *Archives of Sexual Behavior*, 40, 915-919.

奥地利的一个重复实验中，被试的年龄更大（估计年龄为35岁左右），并且只有女性被男性询问。在这个研究中，6%的被接近的女性同意与陌生男性发生性关系。

Voracek, M., Hofhansl, A., & Fisher, M. L.（2005）. Clark and Hatfield's evidence of women's low receptivity to male strangers' sexual offers revisited. *Psychological Reports*, 97, 11-20.

几年后，伊莱恩·哈特菲尔德及其同事又回到这个问题，这一次他们采用由电脑生成提问并伴随着男女不同的面孔出现。这是一个很不同的设计，因此不能被看成重复试验。这一次，25%的男人和5%的女人同意与陌生人发生性关系。而男人和女人之间的巨大差异依然存在，我们不清楚，男性同意的比例的减少是否是因为时间（2013年 vs 1978年）、使用电脑 vs 真人，或者一些其他因素。

Tappé, M., Bensman, L., Hayashi, K., & Hatfield, E.（2015）. Gender differences in receptivity to sexual offers: A new research prototype. *Interpersona*, 7, 121.

2 《你愿意……吗？》（*Would You*…？）是英国流行电音乐队Touch and Go于1998年10月26日在英国发行的一首歌曲。

较低（11%）。[1]

我们来做一个乐观的思想实验，实验中，极少发生性暴力，所谓的荡妇羞辱也不存在了，女性能规律地从随意的性行为中享受性高潮。这样的情境可以说明，平均而言，女性与男性对与陌生人性交有同样的兴趣吗？我们无法得知真相，但我怀疑男性还是会对随意性行为更感兴趣一些。毕竟，手淫对于男人和女人而言，都是一种安全、私密并且可靠的达到性高潮的方式。此外，即使是在匿名调查中，女性在其一生中比男性报告的手淫频率更少。[2] 在女同性恋中，对意外怀孕和无高潮的性的担忧减少了，但是，平均而言，同性恋女性报告了与异性恋女性同样多的、有关与陌生人发生性关系的兴趣和实践（比男同性恋少多了）。[3] 毫无疑问，我们生活在、并将持续生活在一个父权社会中，与之相伴的是女性在与陌生人发生性关系时面临的身体和社会风险。但是，有关女性手淫和女同性恋性行为的数据让我推测，男性和女性在随意的性行

---

1 Fine, C.（2017）. *Testosterone rex: Myths of sex, science, and society*. New York, NY: W. W. Norton.
法恩引用了一项关于女大学生在异性恋性行为中性高潮的发生率为11%的研究结果：
Armstrong, E. A., England, P., & Fogarty, A. C.（2012）. Accounting for women's orgasm and sexual enjoyment in college hookups and relationships. *American Sociological Review*, 77, 435-462.

2 Herbenick, D., Reece, M., Schick, V., Sanders, S. A., Dodge, B., & Fortenberry, J. D.（2010）. Sexual behavior in the United States: Results from a national probability sample of men and women ages 14-94. *The Journal of Sexual Medicine*, 7, 255-265.

3 Lyons, M., Lynch, A., Brewer, G., & Bruno, D.（2014）. Detection of sexual orientation（"gaydar"）by homosexual and heterosexual women. *Archives of Sexual Behavior*, 43, 345-352.
关于同性恋女性与同性恋男性在随意性性行为上的结果并非莱昂斯等人研究的主要结果，但这是他们检验问题中的一个结果。
Bailey, J. M., Gaulin, S., Agyei, Y., & Gladue, B. A.（1994）. Effects of gender and sexual orientation on evolutionarily relevant aspects of human mating psychology. *Journal of Personality and Social Psychology*, 66, 1081-1093.

为上存在显著的生理学差异，这是由性选择所驱动的；并且即使这些有关女性的传统风险因素被消除了，它仍将会持续存在。

男性和女性在非性行为领域也存在统计学上的差异，但这种效应通常较小，只有中等大小。大部分人格特质、社会互动和认知的测量没有表现出显著的男女差异。[1] 同样地，就像特克拉 · 摩根罗斯和她的同事提出的，对于悄悄潜入这类评估的文化假设，我们需要保持谨慎。比如，男性在文化中的刻板印象为更爱冒险，并且这个观点被调查数据所支持。[2] 但如果为了评估冒险行为而选择测量的行为指标都是男性相关的——比如赌博、吸毒和参与危险运动——但没有包含女性相关的危险行为——比如分娩（从统计学上看，它比极限运动高危多了）和器官捐赠（进行此项行为的女性比男性更多）——那么，我们就已经使结果产生偏差了。[3]

实验室中的观察研究和人格评估都发现，男人通常在身体上和言语上都比女人更具攻击性。但是这个效应比较小，约为0.6个标准差。[4] 调查和观察性评估结果显示，女性通常看上去更有

1 有关这个令人担忧的观点的异常清晰、中立、细致入微的评述可参见：
Hines, M.（2010）. Sex-related variation in human behavior and the brain. *Trends in Cognitive Sciences*, 14, 448-456.
Hines, M.（2020）. Neuroscience and sex/gender. Looking back and forward. *Journal of Neuroscience*, 40, 37-43.

2 Hartog, J., Ferrer-i-Carbonell, A., & Jonker, N.（2002）. Linking measured risk-aversion to individual characteristics. *Kyklos*, 55, 3-26.

3 Morgenroth, T., Fine, C., Ryan, M. K., & Genat, A. E.（2019）. Sex, drugs, and reckless driving: Are measures biased toward identifying risk-taking in men? *Social Psychological and Personality Science*, 9, 744-753.

4 Hyde, J. S.（1984）. How large are gender differences in aggression? A developmental meta-analysis. *Developmental Psychology*, 20, 722-736.
Archer, J.（2009）. Does sexual selection explain human sex differences in aggression? *Behavioral and Brain Sciences*, 32, 249-311.

同理心（约为0.8个标准差）。想到在平均身高上的性别差异大约为2个标准差，通过这些方法测量出的攻击性和同理心都是很小的效应。然而，心理学家们做出的评估可能低估了真实世界中男女在攻击性方面的性别差异。因为全世界96%的杀人案由男性犯下，并且78%的凶杀案受害者是男性（不算战争）。[1] 这不太可能简单地归因为男人的社会化，因为一项以18个大猩猩群体为对象的研究也发现了相似的性别差异。在这个研究中，92%的谋杀由雄性大猩猩所犯，73%的受害者为雄性。[2] 在认知领域，尽管男性和女性的IQ测验分数总体上不存在显著差异，但女性在言语流畅性测验上比男性表现更好（0.5个标准差），男性在空间感知和客体心理旋转上比女性表现更好（0.6个标准差）。[3]

到目前为止，男人和女人在非性行为上的最大差异在儿童游戏中可见。儿童清醒时大部分的时间都花费在玩耍上。平均而言，男孩喜欢玩卡车这类实物玩具，而女孩喜欢布偶这类社会性

---

1 United Nations Office on Drugs and Crime.（2013）. *Global study on homicide 2013*. Vienna, Austria: United Nations.

2 Wilson, M. L., et al.（2014）. Lethal aggression in Pan is better explained by adaptive strategies than human impacts. *Nature*, 513, 414-417.

3 尽管女性和男性在IQ测验得分的平均值没有差异，但在分布上有一个有趣的差异：处于平均值附近的男性比女性少，处于极端值的男性比女性略微多一点，最低和最高的得分都是男性。这个结果在不同群体中均被多次重复验证；目前，这个结果仍是一个谜，还没有得到令人信服的解释。我猜测，这是由社会因素造成的：最聪明的男孩比最聪明的女孩得到了更多鼓励和支持；最笨的男孩比最笨的女孩遭受了更多挫败。一种生物学上的解释是，男性比女性表现出更多的基因变异。背后的理论是，对于X染色体上基因的变异，女性可以用第二套正常复制品来平衡第一套出错复制品上的效应。男性只有一个X染色体，没有这个安全保障机制。这揭示了为什么平均而言男性比女性在面部非对称上表现出更大的变异。当然，目前这些都是推测——在男性和女性的X染色体基因变异和IQ测验成绩变异之间还没有找到明确的相关性。

Johnson, W., Carothers, A., & Deary, I. J.（2008）. Sex differences in variability in general intelligence: A new look at the old question. *Perspectives on Psychological Science*, 3, 518-531.

玩具。这些差异在生命早期即出现了，也存在跨文化的普遍性；并且与男性和女性之间的大部分行为差异不同，这些差异非常大。一个有关儿童游戏的综合性测量结果显示，性别差异达到了大约2.8个标准差——甚至比成人身高的性别差异更大。在儿童的玩具上表现出来的显著差异由什么造成？来自发展心理学的传统解释认为，儿童通过社会学习获得性别角色类型。实际上，已有研究发现，儿童倾向于选择那些由成人依据儿童的性别而选定的玩具，或是选择那些他们见过的同性伙伴选择的玩具。从出生的那一刻开始，男孩被蓝色、恐龙和卡车包围，而女孩被粉红色和布偶包围。毫无疑问，社会学习在儿童玩乐上发挥了重要影响。但这是全部的真相吗？

对于"儿童行为的性别差异也存在内在的生物学成因"这个假设，有几种方式可以来验证。其中一种方式是观察还未受到社会学习影响的新生儿。在一个著名的由詹妮弗·康奈兰及其同事开展的研究中，给102个婴儿（平均年龄=37小时）分别呈现一个真实的人脸（康奈兰的脸）或一个风铃，这个风铃由康奈兰的人脸肖像照片碎片拼成并带有一个小球，将他们的反应进行录像。这些录像带被剪辑成只露出婴儿的眼睛，并由不知道这些婴儿性别的独立的实验人员进行分析。结果是，男孩比女孩更多地注视风铃，女孩更多地关注人脸而非风铃。[1] 这个结果被看作是，一

1 Connellan, J., Baron-Cohen, S., Wheelwright, S., Bakti, A., & Ahluwalia, J.（2000）. Sex differences in human neonatal social perception. *Infant Behavior and Development*, 23, 113-118.

些行为上的平均性别差异至少部分地存在生物学起源。这是个重要的论断，亟须谨慎的重复实验。[1]

如果观察到的儿童游戏上的性别差异存在生物学上的原因，那这很可能源于雄性神经系统在母亲子宫内被暴露于高水平的雄激素。实际上，儿童期（青春期之前）时，个体体内几乎没有性腺类固醇激素的循环流动，因此事情在儿童期之前就被决定了。仅仅为了研究目的而在发育早期操纵胎儿激素是不符合伦理的，因此应变之道变成了研究自然出现的胎儿激素信号传导疾病。那些在母亲子宫内就被暴露于高浓度雄激素的、患有先天性肾上腺增生的女孩对典型女性化游戏兴趣降低，对典型男性化游戏兴趣变高。与此类似，那些母亲孕期由于医学原因服用了雄激素相关药物的女孩也表现出更多的对典型男性化游戏的兴趣，包括玩具的选择。显然，这种在游戏上表现出的相反的效应是由胎儿被暴露于雄激素阻断剂造成的。[2]

这些发现有力支持了，早期雄激素暴露对行为性别差异发挥了重要的作用。但是我们知道，那些胎儿期雄激素信号传导增强

---

1 随后一个研究发现，新生儿在面部凝视时间上，不存在性别差异（在康奈兰等人的实验中，对照组不存在刺激物）。有趣的是，当其中一组孩子在13—18周大时再进行测验，女孩比男孩表现出更多的眼睛接触。这个发现的解释还不明确。它可能代表最初几周生命的社会学习的差异，或者它可能代表了男孩和女孩的一种天生的，但并没有立即表现出来的差异。

Leeb, R. T., & Rejskind, F. G.（2004）. Here's looking at you, kid! A longitudinal study of perceived gender differences in mutual gaze behavior in young infants. *Sex Roles*, 50, 1-14.

2 Hines, M.（2009）. Gonadal hormones and sexual differentiation of human brain and behavior. In D. W. Pfaff et al.（Eds.）, *Hormones, brain and behavior*（2nd ed.）（pp. 1869–1909）. Cambridge, MA: Academic Press.

的女孩通常具有部分男性化的外生殖器。有人认为，这样的外表会导致父母对待他们的女儿更像儿子，因此通过社会学习影响了她们的游戏行为。[1] 然而，观察性研究表明情况并非如此：实际上，如果真的有什么不同的话，那就是父母往往会更大程度地鼓励他们生殖器模糊的女儿去尝试典型女性化行为，以此作为一种补偿机制。[2]

如果正常的胎儿激素暴露影响游戏类型，那么我们也许能在其他的哺乳类动物的游戏行为上看见这种性别差异。实际上，在老鼠和恒河猴身上，雄性表现出多得多的打闹行为，这符合雄性为以后的竞争作准备。而且，在这两种动物中，对位于子宫内或刚出生不久的雌性进行雄激素治疗，会导致它们的游戏行为如同雄性那般。[3] 引人注意的是，对长尾黑颚猴的研究发现了它们与人类儿童类似的典型性别玩具偏好，即雌性的游戏似乎涉及为今后的育儿行为作准备（图11）。长尾黑颚猴即使缺乏在人类身上表现出的玩具偏好的社会观察学习，也呈现出了性别偏好。实际上，当年幼猴子在第一眼看到这些玩具，且在没有与其他猴子的互动和观察

1 Jordan-Young, R. M.（2010）. *Brainstorm: The flaws in the science of sex differences*（pp. 246-255）. Cambridge, MA: Harvard University Press.

2 Pasterski, V. L., Geffner, M. E., Brain, C., Hindmarsh, P., Brook, C., & Hines, M.（2005）. Prenatal hormones and postnatal socialization by parents as determinants of male-typical toy play in girls with congenital adrenal hyperplasia. *Child Development*, 76, 264-278.

3 Hines, M.（2010）. Sex-related variation in human behavior and the brain. *Trends in Cognitive Sciences*, 14, 448-456.

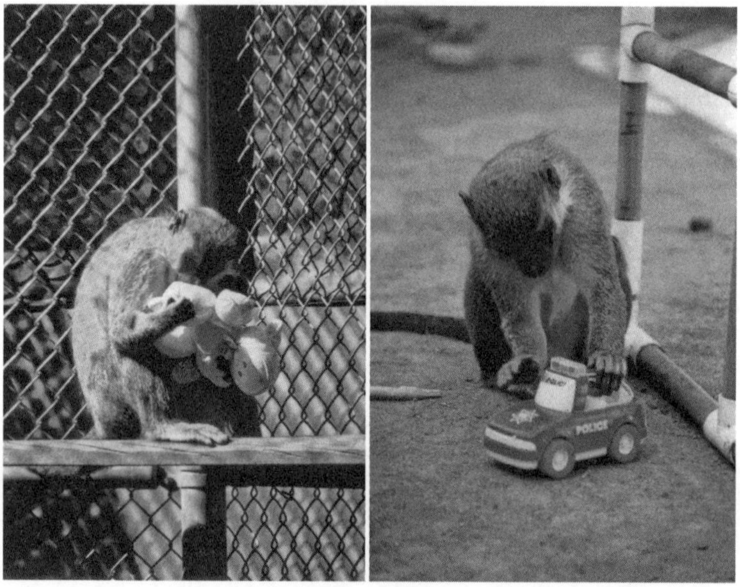

图 11　这个情景让人联想到人类儿童。雌性长尾黑颚猴喜欢玩布偶（左），雄性长尾黑颚猴喜欢小汽车这样的实物玩具（右）。雌性长尾黑颚猴似乎正在给布偶做肛门检查，手法与母猴给它们的幼崽所做的一致。图片出自亚历山大和海恩斯（2002），使用已获爱思唯尔出版公司授权。

学习的情况下，它们就表现出了非常显著的基于性别的偏好。[1]

这些发现与长尾黑颚猴研究结果一致，其中一个解释是：早期雄激素暴露改变了大脑，导致了对典型男性游戏的偏好。然而，我们也知道，男孩以其他男孩和男人为标准来塑造自己的行为，女孩以其他女孩和女人为标准来塑造自己的行为。所以，雄激素真正做的事可能是使大脑关注并模仿雄性行为——激素—社

1　Alexander, G. M., & Hines, M.（2002）. Sex differences in response to children's toys in nonhuman primates（Cercopthecus aethiops sabaeus）. *Evolution and Human Behavior*, 23, 467-479.

会经验互动的一种方式。[1]

* * *

多种神经系统疾病在男性和女性之间的发生率或严重程度存在差异。这包括了在生命早期出现的疾病，比如自闭症谱系障碍、早发性精神分裂症、阅读障碍、口吃、注意力缺陷障碍、图雷特综合征及相关抽搐障碍。有时，这些差异效应很大：男孩患自闭症的风险是女孩的五倍，患图雷特综合征的风险是女孩的三倍。其他的带有性别差异的神经性精神疾病通常在青春期显现出来，这包括神经性厌食症、多发性硬化症、晚发性精神分裂症、帕金森病和重度抑郁症。同样地，性别相关的疾病发生率波动幅度可以从大（厌食症患病率，女性比男性高十四倍）到中（平均而言，帕金森病的发病年龄，女性比男性晚两年左右）。而且，情况可能很复杂：多发性硬化症的发病率，在女性身上高出四倍，但往往男性患者病情更严重。这种模式并不能用一个简单的解释说清楚，比如被编码在Y染色体上的一个多发性硬化症保护性因子。[2]

---

1 Arnold, A. P., & McCarthy, M. M.（2016）. Sexual differentiation of the brain and behavior: A primer. In D. W. Pfaff & N. D. Volkow（Eds.）, *Neuroscience in the 21st century*（pp. 2139-2168）. New York, NY: Springer.
巧的是，在潜在的激素—社会化互动中，梅丽莎·海因斯及其同事发现，那些由于先天性肾上腺皮质增生症而在出生前暴露于高浓度雄激素的女孩，在选择特定物体时，更少表现出模仿女性模式的行为。
Hines, M., et al.（2016）. Prenatal androgen exposure alters girls' responses to information indicating gender-appropriate behavior. *Philosophical Transactions of the Royal Society of London, Series B*, 371, 20150125.

2 Arnold, A. P., & McCarthy, M. M.（2016）. Sexual differentiation of the brain and behavior: A primer. In D. W. Pfaff & N. D. Volkow（Eds.）, *Neuroscience in the 21st century*（pp. 2139-2168）. New York, NY: Springer.

与所有特质一样，我们不应该假定神经性精神疾病的性别差异都是由内在的生物学原因造成的。真实情况极有可能是，比如，女性的厌食症相较于男性发病率高得多，很大程度是由社会对女性身体的物化造成的。而像帕金森病这类成年发作的神经性精神疾病，男性之所以发生率这么高，可能是因为更多男性过多地暴露于存在环境毒素的工业性工作场所。[1]

同样地，我们用来计算这类疾病发生率的测量方法依赖于人们寻求治疗的意愿，只有人们去治疗才能被算进统计中。女性求治抑郁症的比率远高于男性，但是我们并不清楚这是因为女性更多地受困于抑郁症，还是因为她们更愿意向医生或心理治疗师寻求帮助。并且女性（及双性人）的抑郁症患病率更高，很可能是因为持续的压力，就像相比于中产阶级，穷人的抑郁症发病率也更高一样。[2]

自闭症谱系障碍在男孩身上的发病率是女孩的五倍，并且通常发病于童年早期。这使一些心理学家，尤其是西蒙·巴伦-科恩想到，子宫内雄激素暴露是自闭症谱系障碍的一个高危因素。实验人员对被试进行告知，测量羊水样本中的睾酮水平，随后跟踪这些儿童的整个早期发育。他发现，当子宫内的雄激素水平异常高时，就会出现自闭症谱系障碍，导致一种“极端男性大脑”的

1 诸如口吃、图雷特综合征及阅读障碍等神经系统疾病在男孩中的发病率高于女孩两至三倍，并且不同于帕金森病，这些疾病与激素、环境因素之间并不存在任何关联。它们也不像ADD和ADHD那样容易受到诊断怀疑偏倚的影响。

2 Heflin, C. M., & Iceland, J.（2009）. Poverty, material hardship and depression. *Social Science Quarterly*, 90, 1051-1071.

情况。[1] 然而，目前重复这项基础发现的研究都失败了。[2] 可能巴伦-科恩的观点仍然是对的，但是在单个时间点测量的睾酮水平并不是一个好的衡量发育中的雄激素暴露的指标。[3] 或者还有可能是，Y染色体的其他基因（SRY-和睾酮非依赖性）的突变是导致男孩自闭症风险增高的最重要的影响因素。但最新研究进展显示，诱发自闭症的候选基因突变并不位于Y染色体上。

* * *

综合来看，这些结果——从性行为到儿童游戏到神经性精神疾病易感性——表明，一些疾病和行为在男性和女性之间存在显著的统计学上的差异，并且有一部分疾病和行为似乎有很强的生理成分。如果这是真的，那么我们会期待发现一些重要的、有关男性和女性的大脑在功能和结构上的差异。目前，限制所有人类大脑研究的一个问题是，我们极少对活人做侵入性研究。[4]我们可以从面颊拭子获取DNA样本，仔细观察死尸大脑的细胞结构，用大脑扫

---

1 Baron-Cohen, S., Lutchmaya, S., & Knickmeyer, R. C.（2004）. *Prenatal testosterone in mind: Amniotic fluid studies*. Cambridge, MA: MIT Press.
Auyeung, B., Ahluwalia, J., Thomson, L., Taylor, K., Hackett, G., O'Donnell, K. J., & Baron-Cohen, S.（2012）. Prenatal versus postnatal sex steroid hormone effects on autistic traits in children at 18 to 24 months of age. *Molecular Autism*, 3, 17.

2 Kung, K. T., et al.（2016）. No relationship between prenatal androgen exposure and autistic traits: Convergent evidence from studies of children with congenital adrenal hyperplasia and amniotic testosterone concentrations in typically developing children. *Journal of Child Psychiatry and Psychology*, 57, 1455-1462.

3 Rodeck, C. H., Gill, D., Rosenberg, D. A., & Collins, W. P.（1985）. Testosterone levels in midtrimester maternal and fetal plasma and amniotic fluid. *Prenatal Diagnosis*, 5, 175-181.

4 在少数几种情况下，对人类大脑进行侵入性研究是可能的，但是这些情况很少，并且只有在有疾病的情况下才可行。比如，一些病人同意在进行神经手术过程中，在他们大脑中插入电极并进行短时记录。还有一些疾病是需要移除大脑组织的，比如难治性癫痫，移除后的大脑组织可以存活几个小时，可以用电极或其他技术进行研究。

描仪研究活人的大脑，但这些设备是非常粗糙的工具。它们既不能观察单个神经元，也不能测量单个神经元的电学活性或神经元之间的连接强度。对于那些重要实验，我们需要实验室动物。

我们有充足的证据表明，就小鼠、大鼠和猴子而言，它们的很多不同脑区在神经回路功能上确实存在重要的性别相关的差异。比如，雌性的一些神经元脉冲的频率近乎为雄性的两倍。雄性一些种类的突触比雌性的更容易被经验所改变。其他神经元具有它们的电学性能或化学性能，并在整个雌性发情过程以雌激素依赖的方式发生变化。随着研究者开始关注到性别差异，这些例子逐渐增加，并越来越多。[1] 重要的是，这些性别相关的差异不仅在被公认为影响性行为的脑区中被发现，也在涉及多种功能的神经元回路上被证实，包括运动控制、记忆、疼痛、压力和恐惧。有时，这些差异可以通过脑区的大小观察到：一个叫作内侧视前区（MPOA）的脑区与性行为有关，雄性的内侧视前区平均面积比雌性的大。另一个叫前腹侧的脑区（AVPV），雌性的面积更大。前腹侧受到一个叫纹状体基底核（BNST）的临近脑区的电抑制，而雄性的纹状体基底核向前腹侧发射的抑制性神经纤维是雌性发射的十倍之多。抱歉我在这里用了代号语言。这些脑区的准确名称并不重要。关键点在于，在雄性和雌性哺乳动物身上，有很多脑回路在功能上存在差异，而且这些差异在发育过程

1 Shansky, R. M., & Woolley, C. S.（2016）. Considering sex as a biological variable will be valuable for neuroscience research. *Journal of Neuroscience*, 36, 11817-11822.

中能够被实验操作改变：雄激素信号传导受损的男性会有一个更小的、如女性般的内侧视前区。雌激素信号传导紊乱的女性会有一个更小的、如男性般的前腹侧。重要的是，尽管大脑的很多区域在它们的电学、化学或连接图特性上表现出性别差异，但还有很多其他脑区并没有性别差异。这一类的实验相当新颖，我们对大脑功能在精细尺度上的性别差异的理解还处在一个令人兴奋但很早期的阶段。[1]

当前的技术不能让我们对人类的完好无损的大脑进行这些细胞水平的测量，但我们完全有理由相信，情况大致相同。比如，与MPOA对应的人类脑区被叫作下丘脑第三间位核（INAH3），并且男性的这个脑区也大于女性的（在男性和女性中，它都非常小，小到只能在人类尸检组织中被测量）。在近期一项2 838名成人的大脑扫描研究中，平均而言，杏仁核（情感过程中心）和海马（事实记忆和事件记忆中心，尤其是空间记忆）中的灰质容量在男性身上略大于女性，而前额皮层（包括自我控制和执行功能）和后脑岛中的灰质容量在女性身上略大于男性[2]。这些研究的一个重大局限是：大脑具有可塑性，一些特定经验可以引起脑

1 Arnold, A. P., & McCarthy, M. M.（2016）. Sexual differentiation of the brain and behavior: A primer. In D. W. Pfaff & N. D. Volkow（Eds.）, *Neuroscience in the 21st century*（pp. 2139–2168）. New York, NY: Springer.
Hines, M. （2009）. Gonadal hormones and sexual differentiation of human brain and behavior. In D. W. Pfaff et al.（Eds.）, *Hormones, brain and behavior*（2nd ed.）(pp. 1869–1909）. Cambridge, MA: Academic Press.

2 Lotze, M., Domin, M., Gerlach, F. H., Gaser, C., Lueders, E., Schmidt, C. O., & Neumann, N.（2018）. Novel findings from 2,838 adult brains on sex differences in gray matter brain volume. *Scientific Reports*, 9, 1671.

区轻微的缩小或扩大（正如我们在第3章中讨论过的）。因此，成人脑区大小的这些性别差异反映了天生的性别差异，并交织着作为一个女人或一个男人的不同生命经验的塑造效应。这就是研究胎儿大脑特别有用的原因，胎儿的大脑还未被无处不在的文化所影响。一个近期研究扫描了118个孕晚期胎儿大脑（孕26~39周），并且发现了男性和女性在静息状态时的大脑连接存在重大差异。[1]这个有趣的发现还需要重复验证。

最近，神经科学家达夫娜·乔尔及其同事提出了一个问题：如果男性和女性的大脑真的不同，我们能否凭借浏览大脑扫描图来准确判断性别？毕竟，除了一小部分双性人情况，我们可以轻易地通过外生殖器判断性别。为了回答这个问题，他们检测了大样本的成年男性和女性的大脑扫描图。他们测量许多大脑结构及结构间的连接的大小，发现女性和男性的大脑分布存在广泛的重叠。此外，他们发现大部分人的大脑扫描图都由独特的镶嵌图形组成，其中一些镶嵌图形在女性身上更常见，另一些在男性身上更常见，还有一些是普遍存在的。他们得出结论："人类大脑并不属于两种显著分类中的任何一种：男性大脑/女性大脑。"[2]

在我看来，这个结论存在一些问题。第一，基于分辨率如此差的成像技术来对大脑研究得出的基本结论，显然是个错误。他

1 Wheelock, M. D., Hect, J. L., Hernandez-Andrade, E., Hassan, S. S., Romero, R., Eggebrecht, A. T., & Thomason, M. E.（2019）. Sex differences in functional connectivity during fetal brain development. *Developmental Cognitive Neuroscience*, 36, 100632.

2 Joel, D., et al.（2015）. Sex beyond the genitalia: The human brain mosaic. *Proceedings of the National Academy of Sciences of the USA*, 112, 15468-15473.

们的结论并非“由于当前大脑扫描仪所能提供的有限视图，我们不能准确地将人类大脑划分为男性或女性”，而是一个对潜在生理学的明确表述。第二，正如其他学者所指出的，乔尔及其同事通过扫描结果无法分辨出男性和女性的大脑，是因为各种大脑测量的对照不充分，导致了统计设计效力不足。当亚当·切克劳德及其同事处理了一个相似的大脑扫描数据集，并采用合适的多元统计，他们能够以93%的准确率将扫描结果区分出男性或女性大脑。[1] 凯文·米歇尔指出，这个问题近似于面部识别。[2] 如果我们获取一张脸的任一特定特征——鼻子的大小或形状，或眉毛的浓密度——你无法区分男性的脸和女性的脸。即使好几个这类测量结合起来，也可能不足以做出准确的判断。但是，当我们观察一张人类的脸，将许多不同参数纳入考虑，我们可以很好地确定性别——与切克劳德的方法中93%的准确率相似。它没有扒开内裤偷窥那么准确，但十分接近了。

第三，可能也是最重要的，我发现问题的整个建构是无益的。结果表明，我们可以很好地通过个体的大脑扫描图来判断性别（以及未来一些高分辨率的大脑扫描无疑会更好）。但是，即使我们不能，又怎么样？重点是，平均而言，男女之间在行为和大脑功能上存在一些真实的性别差异，并且一部分的性别差异可

1 Chekroud, A. M., Ward, E. J., Rosenberg, M. D., & Holmes, A. J.（2016）. Patterns in the human brain mosaic discriminate males from females. *Proceedings of the National Academy of Sciences of the USA*, 113, e1968.

2 Mitchell, K. J.（2018）. *Innate: How the wiring of our brains shapes who we are*（pp. 196–198）. Princeton, NJ: Princeton University Press.

能受到生物学上的影响，因此受到进化动力的制约。基于采用当下或未来脑成像技术测量的个体大脑扫描而得来的性别判断准确率，对于人类大脑中的性别差异这个大问题，并不重要。

* * *

到目前为止，我们已经探讨了由性染色体、激素信号变异和发育的随机性所决定的生理学性别：女性、男性和双性人。现在，让我们转到社会性别这个话题。根据世界卫生组织的定义，“社会性别是指一个特定的社会认为适合于男性和女性的、社会建构的角色、行为、活动和属性”。因为社会建构的特点，性别认同在跨文化和跨时代上差异很大——男性在当代日本的含义与在中世纪时期西班牙的含义是不同的。生理性别是一种并不能总是简单划分为男性和女性的生理现象，而社会性别则更加复杂多变。[1]

大部分人是顺性别者，意思是他们的生理性别与社会性别一致。让我们回想一下，男性和女性在身高上的差异平均而言为2个标准差，而男性和女性在性别认同上的差异大约为12个标准差。换种说法就是，大部分人认同了他们出生时被指定的生理性别。但是大约0.6%的美国成人（167人中有1个）[2] 的情况更复

---

1 这在那些信奉非二元性别的文化中最为常见，比如美洲原住民的双灵人和波利尼西亚的*Mahu*（兼具男性精神和女性精神的人）。

2 Flores, A. R., Herman, J. L., Gates, G. J., & Brown, T. N. T.（2016）. *How many adults identify as transgender in the United States*? Los Angeles, CA: The Williams Institute.
这个分析可能也反映了自我报告在获取准确数据方面的局限，即使是使用匿名调查。在美国一些被认为接受度更高的州，更多成人自我认同为跨性别者；而在一些被认为更保守的州，更少的成人有这种认同。自我认同为跨性别者的成人比例在美国不同的州之间是不一样的，从北达科他州的0.30%到夏威夷州的0.78%。重要的是，调查中最年轻的一组人，即18—24岁的青年是最有可能认同为跨性别者的群体，这表明了一种社会转变。目前对于青少年或儿童跨性别者的数目，我们还没有可靠的测量数据。

杂，这种情况被称为跨性别。一些跨性别者感觉他们自己的性别是与出生时被指定的性别相反的。另一些跨性别者感觉自己没有特定的性别，或者与不同性别都保持联系，因此自我认同为非二元性别者、无性别者、性别流动或某个其他术语（包括现在在社交网站注册页上性别方框中可见到的大约70个）。

如果一个人的性别认同与他的生理性别不一致，这通常（但并不总是）会导致性别焦虑。大部分跨性别者报告了在儿童期某些时刻感觉到性别焦虑，尽管另一些跨性别者的性别焦虑是在青春期或成年期显现，或者完全没有。性别焦虑的严重程度从中等到强烈（后者通常伴随抑郁症或自残想法）。根据个人倾向、机会和文化习俗，性别焦虑可能促使患者去寻求变性手术或激素治疗。[1]

20世纪90年代中期，当神经科学家本·巴雷斯开始转变为男性时，他在一封写给我和许多其他同事的信中，描述了自己患性别焦虑的经历：[2]

从我几岁开始，我就已明显感觉到，我生错了性别。幼儿时的我玩男孩的玩具，并且几乎只和男孩玩耍。少年时，当我穿裙

---

1 变装（穿异性服装）可能是一种性别焦虑的表现，或者可能是一种更微妙的个体身份的表达——你不一定要感觉到性别焦虑才需要变装。你可能只是享受变装的艺术性，或者乐于改变人们的社会期望。

2 本·巴雷斯在1998年变性，并且我很高兴地说，在他变性后，他继续从事着神经科学的研究，他在神经科学领域中取得的辉煌成就得到了朋友和同事的广泛认可，他于2017年去世。
他的故事在该书中有记载：
Barres, B.（2018）. *The autobiography of a transgender scientist*. Cambridge, MA: MIT Press.

子、剃毛、戴珠宝、化妆或做任何稍微女性化的事，我都会感觉极度不舒服。我惊讶地看着我的姐妹们轻松地做所有这些事情。相反，我想穿男性的衣服，加入童子军，购物，和男生们一起运动，修理汽车……这不是我希望我是男性，更准确地说，我感觉我已经是男性了。

因为这些术语可能令人混淆，我认为给出一个清晰的说明很重要：大约0.03%的人是双性人，但是大约0.6%的成人自我认同为跨性别者。这意味着那些自我认同为跨性别者的人中大约95%拥有正常的外、内生殖器。然而，他们感觉，那些生殖器与他们出生被指定的性别身份不相匹配（或一致的匹配）。因此，如果大部分跨性别者拥有典型性别的生殖器，那么性别焦虑是如何发生的呢?

一个可能的线索来自相反的统计：尽管只有5%的跨性别者是双性人，双性人极有可能在他们一生中的某个时间节点转变性别认同。回想一下5α-还原酶缺乏症，XY染色体的人因为此病在胎儿时期无法产生关键的男性化信号二氢睾酮，导致了其中一些人发育出典型女性的外生殖器，并被当成女孩抚养，直到经历典型男性的青春期发育。值得注意的是，在那些被当作女孩抚养的人中，大部分人（一个研究显示占比17/18）在经历了典型男性青春期后转变为以男性身份来生活。然而，这不是绝对的。比如，一对携带了相同基因突变并因此酶功能同样受到损害的同胞手足，选择了以不同性别生活，一个作为男性，另一个作为女性。[1]

因为大部分双性人源于类固醇激素信号传导的改变，那么性别焦虑可能是源自（至少部分）大脑中这些过程中的一些改变。一种可能性是，的确存在遍布胎儿全身的类固醇激素信号传导的改变，但这个改变低于阈限值，不足以改变外生殖器或内生殖器，但足以改变影响性别认同的大脑回路。另一种可能性是，类固醇激素产生于胎儿或新生儿大脑，因此具有局部效应。实际上，雌二醇（一种雌激素）被发现可以局部起作用，但脑源性雌二醇对身体其他部位作用很小或没有。[2]

来自双生子研究和同胞研究的一些证据表明，性别焦虑有遗传成因，预估63%的变异归于基因。[3] 然而，由于样本量相对于性别焦虑的发生率而言太小，这个数值应当被看作一个粗略的近似

1 Imperato-McGinley, J., Peterson, R. E., Gautier, T., & Sturla, E.（1979）. Androgens and the evolution of male-gender identity among male pseudohermaphrodites with 5-alpha-reductase deficiency. *The New England Journal of Medicine*, 300, 1233-1237.
在全世界范围多处地方出现了5α-还原酶缺乏症，如土耳其南部的托罗斯山脉、多米尼加共和国西南部分以及巴布亚新几内亚东部高地地区的辛巴里·安加人。

2 Brocca, M. E., & Garcia-Segura, L. M.（2018）. Non-reproductive functions of aromatase in the central nervous system under physiological and pathological conditions. *Cellular and Molecular Neurobiology*.
芳香酶是一种将睾酮转变为雌二醇（一种雌激素）的酶。它在大脑中的存在意味着大脑雌激素信号作用在女性身上并没有完全消除，即使卵巢被手术移除。它也意味着雌激素信号作用也存在于男性大脑中，尽管这个效应并不总是相同的。

3 Coolidge, F. L., Thede, L. L., & Young, S. E.（2002）. The heritability of gender identity disorder in a child and adolescent twin sample. *Behavioral Genetics*, 32, 251-257.
Heylens, G., et al.（2012）. Gender identity disorder in twins: A review of the case report literature. *Journal of Sexual Medicine*, 9, 751-757.
Gómez-Gil, E., Esteva, I., Almaraz, M. C., Pasaro, E., Segovia, S., & Guillamon, A.（2010）. Familiality of gender identity disorder in twins. *Archives of Sexual Behavior*, 39, 546-552.

值。到目前为止，还没有令人信服的证据表明任何一个特定的基因变异与性别焦虑密切相关。就像大多数的行为特质，性别焦虑的遗传成因可能源于许多不同基因共同作用或者以特定方式结合导致的变异。

性别焦虑的潜在神经基础研究具有挑战性。对实验室动物的研究不易操控。很多志愿成为实验研究对象的性别焦虑症患者已经接受了激素治疗或手术治疗，所以我们并不清楚，比如他们的大脑扫描的差异是这些治疗的结果还是早于治疗就已存在了。一个实验显示，性别焦虑可能与纹状体基底核（BNST）脑区的大小有关。成年男性的BNST体积更大。研究者通过对一个小样本的尸体解剖组织的研究发现，相比于顺性别男性，从男性到女性的跨性别者的BNST要更小。[1] 但这个理论有一个问题就是，男性和女性的BNST的大小差异是直到成年后才出现，而大部分跨性别者早在儿童时期就报告经历了性别焦虑。[2] 此外，这些有趣的结果还有待其他实验重复验证。也有一些大脑扫描研究考察了成年跨性别者，但是结果并不一致，并且被试样本都很小。[3] 在我看来，可能大脑功能的变异导致了性别焦虑的发生，但是不能解

---

1 Zhou, J. N., Hofman, M. A., Gooren, L. J., & Swaab, D. F.（1995）. A sex diference in the human brain and its relation to ranssexuality. *Nature*, 378, 68-70.
一个特殊的BNST亚型表现出男女两性形态：中央综合体，被称为BNSTc。

2 Chung, W. C., De Vries, G. J., & Swaab, D. F.（2002）. Sexual differentiation of the bed nucleus of the stria terminalis in humans may extend into adulthood. *Journal of Neuroscience*, 22, 1027-1033.

3 Smith, E. S., Junger, J., Derntl, B., & Habel, U.（2015）. The transsexual brain—a review of findings on the neural basis of transsexualism. *Neuroscience and Biobehavioral Reviews*, 59, 251-266.

释全部，目前我们不知道这些变异是什么。

* * *

性别是一种压倒性的文化力量，它渗透到了人类生活的各个方面，从出生到死亡。而且，就如我们在第2章和第3章讨论过的，我们天生会被经验改变，所以生活在一个文化性别化的世界里，我们的身体和大脑会不可避免受到影响。即使到现在，在标榜人人平等的社会里，女性、双性人和跨性别者常常被物化、被剥夺机会平等，这不是什么秘密。通过宣称男性和女性的大脑及思维上的先天差异来剥夺女性的机会平等，由来已久。这些言论不只是维多利亚时期的艺术品，它们持续到今天。所以，作为一个政治手段，如果一个如白板的头脑仅仅被铭刻入父权文化里男性和女性行为上的差异，这是一个很有吸引力的想法。正如一位终身坚定的女权主义者所言，如果那是真的，我会非常开心。但它不是。

关于男人来自火星、女人来自金星等诸如此类的说法都是经不起检验的，站不住脚的。在大多数的认知和人格测量中，男性和女性是无法区分的。但是，正如我们讨论过的，男性和女性在大脑和行为上仍然存在生理上的统计学差异，这些差异是真实的、显著的，并且其中一部分是先天的。关于人类大脑的先天性别差异还有很多有待探索，并且这类工作必须被评判、讨论并且坚持采用最高标准。但是趋势很明确：随着我们能够探测越来越精密的标度，到细胞、生化和电信号水平，更多的大脑功能上的性别差异将被揭示。

重要的是，这些差异，不管是神经的还是行为的，都是基于人群的效应。即使像身体暴力倾向或自闭症发生率这样显著的性别差异，都不能让我们对具体的个体进行预测。世界上存在着个别暴力的女性，也有患自闭症谱系障碍的女孩，尽管她们没有男孩那么普遍。世界上也存在着多发性硬化症的男性。尽管我们（及其他动物）天生就对性别有固定看法，并基于人们的性别预判一个人（就像内隐偏差实验所揭示的），但我们所有人都需要努力去消除我们头脑中的针对个体的这些偏见。

以下所述是我所真心实意相信的。支持包括双性人和一系列性别认同在内的性和性别平等的争论，无论是人类还是生物，必须是一个关于事情应当如何的伦理道德上的争论，而不是一个关于事情本身如何的生物上的争议。如果将来有可靠的证据表明，女性、双性人或跨性别者在脑功能上存在一定的先天差异，那么保证给予他们平等机会的体系将变得无可争议。有关所有人机会均等的争论可以并且应当顾及到性选择理论及女性、男性和两性人在大脑和行为上的特定先天差异。实际上，对于一个没有经验的新生命，这个目标太重要了，不能陷入到本质上无法辩护的争论中。

5

你喜欢的是谁？

20世纪70年代，那时我正在上高中，有一个关于我们社团中一位很受欢迎的成员的神秘谣传流传甚广，它是这样说的：

问：为什么简是双性恋？

答：因为只有两种性别。

显然，这个对话暗含了简敢于直面自己的性偏好，并且如果有三种性别，那么她会是三性恋。[1] 我提到这个笑话是想强调，我们称之为性取向的东西——分为同性恋、异性恋或者双性恋——其实是一种粗糙的分类方法。如果一个男人早前曾与另一个男人有过性关系，但是此后只与女人有恋爱和性关系，我们是叫他异性恋还是双性恋？如果要分类，他会把自己划分到哪一

1 为了保护当事人，此处不是真名。这个笑话表明了它的年代（大约1978年），因为现在我们认识到了性别是一个范围,而不仅仅是男女,更不应该对立。用现在的话来说，简可能最好被描述成“泛性恋”和“智性恋”，后者是指喜欢高智商的人。就像她跟我解释过的一样：“如果我遇到一个言谈聪慧的人，我就可能爱上他/她。”

类？1997年，女演员安妮·海切开始了与女同性恋喜剧演员埃伦·德根勒斯的一段广为人知的恋情，此前海切只与男人谈过恋爱。这段关系两年后结束，随后海切与一个男人结了婚。这种经历会使她现在是异性恋还是双性恋？如果一个女人一直以来都只与男人发生性关系，但是喜欢看女同性恋色情片，那她属于哪一类呢？进一步说，这些分类重要吗？

一个变性人，他从男人变成了女人，但是喜欢女人，尽管他变了性，仍然符合男性的生理性别认同，这种情况或者类似的情况其性别应当按照他出生时的生理性别去定义吗？我可以直接说出来，但可能引起其他人的争议。为了避开这个问题，一些研究者抛开了生理学性别或者想要的性别认同，采用了术语"喜欢男人""喜欢女人"和"两性都喜欢"来代指一个人的欲望对象。以上强调的是，人们并不是因为"那些人和我有相同的性别认同"而被吸引，也不是因为"那些人和我有不同的性别认同"而被吸引——人们可能被男性吸引，也可能被女性吸引或者两者都可能。当人们改变他们的性别认同时，他们几乎从不会同时改变他们被哪一类人吸引，同性恋或异性恋的性取向都维持一定的稳定性。

对大多数人来说，他们的恋爱兴趣和性兴趣是一致的，但这不适用于所有人，也不适用于所有时候。举个例子，监狱里的一些男人为了发泄性欲会与其他男人发生性关系，但他们不认为有任何浪漫的感觉。我们中的很多人有性幻想，但无论在想象的世界里，它们能带来多大的欢愉，我们都无意，也没有欲望去实现它们。还有一些人既没有被爱吸引的经历，也没有被性吸引的经历，或者有其中一项。我们有必要问一个问题，即性取向术语是否应当反映出幻想、欲望、外显行为或它们的结合。这些问题的答案并不是显而易见的，也不是直截了当的，而是容易引发争议的。

* * *

在巴布亚新几内亚的南部低地及一些邻近岛屿，有一种传统的观念是，人体内有两种必要的液体：乳汁和精液。生活在那里的人们认为，所有婴儿的生长都需要乳汁，同时男孩如果不获得来自成年男性的精液就无法成为男人。在10岁左右，男孩从母亲身边被带走，并被安置在一个离村庄较远的男孩们专属的房子，在那生活数月至数年。在这个强制隔离期，成年男性，尤其是身为舅舅的男人有责任把自己的精液提供给男孩以帮助他们度过青春期的成长。在一些群体中，这一仪式通过男人接受男孩的口交来完成；在另一些群体中，完成方式是将精液涂抹在男孩的身体上；还有一些群体中，完成方式为男孩接受肛交。这一性启蒙是强制性的，并且必须包含男孩接受来自男人的精液这一仪式（如果反过来，将会阻碍男孩的发育和成熟）。

在经历了成为男人的启蒙仪式后，男孩会有一个转变期，那时他与男性和女性都会发生性关系。但是几年后，他被鼓励与女性结婚，并且最终只与妻子发生性关系。[1] 这个例子告诉我们，根深蒂固的文化观念如何深刻地影响了性行为。践行这一性行为的原住民们头脑中并没有同性恋、异性恋或双性恋这些词汇或概念。我们可以采用其他文化语言来强行建构这一传统，把这些男孩的发育描述为“从同性恋进展到双性恋再到异性恋”。但这一做法对他们毫无意义，因此其有用性和有效性微乎其微。

* * *

当今，一些人因为传统的异性恋、同性恋和双性恋的性取向分类过于粗糙而感到被冒犯。他们可能会采用新术语，比如泛性恋（无论生理性别、社会性别和性别认同方面为何，在性选择上没有限制），半无性恋（只会对那些与他们产生了情感吸引和共鸣的人有性欲），或者弹性型异性恋（一个本质上是异性恋取向的人，同时有极少的同性恋行为），或者拒绝任何对他们的性欲或恋情的单一词汇的描述。心理学家莎莉 · 凡 · 安德斯提议以矩阵理论来替代性取向，其中一个维度是认同/性取向/身份，另一

---

1 Herdt, G. H.（1984）. *Ritualized homosexuality in Melanesia*. Berkeley, CA: University of California Press.

有证据表明，近年来，美拉尼西亚境内仪式性的、两代男性之间的同性恋现象在那些与西方和基督教有广泛接触的社群中已经大面积消亡，比如巴布亚新几内亚的戈布斯人。

Knauft, B. M.（2003）. What ever happened to ritualized homosexuality? Modern sexual subjects in Melanesia and elsewhere. *Annual Review of Sex Research*,14, 137-159.

当然，仪式性的两代男性之间的同性恋不仅存在于美拉尼西亚，还有一些来自澳大利亚和亚马孙流域原住民群体。

遗憾的是，我们对于仪式性的女性之间的同性恋现象知之甚少。当然，有关性取向及两代男性之间的同性恋的观念在许多文化中已随着时间发生了变化，古代希腊和中世纪的日本就是典型的例子。

个维度是社会性别/生理性别/伴侣数量。[1] 这是一种有用的尝试，应该因其准确性和包容性而获得掌声。但在我看来，这个理论在日常谈话中使用不太方便。在这里，我将使用异性恋、同性恋和双性恋的术语，同时也请读者理解这些术语并不能完美地完全展现出人类性情况的微妙、范围和动力。

目前已有几个有关性取向的大规模匿名调查采用随机样本法在美国和欧洲完成。这些调查表明，大约有3%的男性和1%的女性的性取向为坚定的同性恋，大约0.5%的男性和1%的女性为双性恋，剩下的为异性恋。尽管这几个调查的研究结果相当一致，但仍需说明的是，人们在调查中并不会完全诚实，因此结果中可能会有一些系统性误差。此外，这些调查大多数是在高收入、基督教为主的国家中完成的，因此结果可能会与其他人群中的情况有些不同。[2]

* * *

如果询问一个异性恋男人："你是什么时候决定成为异性恋男人的？"他可能会说，那根本就不像是个决定，而更像是一种强烈的欲望，在青春期或之前就已日渐分明。男同性恋和双性恋

1 Van Anders, S. M.（2015）. Beyond sexual orientation: Integrating gender/sex and diverse sexualities via sexual configurations theory. *Archives of Sexual Behavior*, 44, 1177-1213.

2 Laumann, E. O., Gagnon, J. H., Michael, R. T., & Michaels, S.（1994）. *The social organization of sexuality: Sexual practices in the United States*. Chicago, IL: University of Chicago Press.
有趣的是，近期进行的多项随机匿名调查表明：虽然现在社会对同性恋的接受度显著增加，但是同性恋和双性恋的发生比率并没有显著提高。

也会给出同样的答案：美国的一项调查显示，男同性恋和双性恋人群中只有4%的男人称他们的性取向是他们的选择——剩下的人都感觉，他们“天生就那样”。[1] 2019年，美国总统候选人皮特·布蒂吉格强调说：“如果成为一名同性恋是一个选择，那这是个远远超出我的薪资等级的选择。我希望麦克·彭斯可以理解这点：如果你觉得我的身份有问题，那这是你的问题，不在我。先生，你应该和我的创造者去争论。”

科学问题“性取向是一成不变的吗？”变成了一个政治议题，这不足为奇。很多右翼人士认为，同性恋是经自由意志作出的有害的、不道德的选择，因此在他们看来，同性恋不值得受到公民权利保护。相反，大多数左翼人士基于“性取向是一种天生的、稳定的特征”这一观念而为同性恋和双性恋群体的权利呼吁，因此要求公民权利保护。实际上，在美国最高法院就奥贝格费尔诉霍奇斯案给出的里程碑式的判决中，大法官写道：“精神病学家和其他人（已）认识到性取向是人类性的一种正常表达，也是不可改变的。”法院继续声明，因为性取向是固定的，同性恋人群不得不进入稳固的同性关系中：“他们不可变的本性决定

---

1 Lever, J.（1994, August 23）. Sexual revelations: The 1994 Advocate survey of sexuality and relationships: The men. *The Advocate*, 17-24.
神经科学家西蒙·乐维曾简要地就此评论过：“如果他们的性取向真的是一种选择，那么同性恋者应该记得他们做出这种选择的过程。但总体看来，他们没有。”
LeVay, S.（2010）. *Gay, straight, and the reason why: The science of sexual orientaion*（p. 41）. Oxford, UK: Oxford University Press.

了同性婚姻是他们通往这种长久稳固关系的唯一真实可行的路径。”[1] 这一判决为同性婚姻赋予了宪法上的权利。

尽管男人的自我报告表明，性取向几乎总是在生命早期就已被决定，并且在整个成人期保持稳定，但女人的情况没有这么清晰。尽管很多女同性恋报告说，她们从早年开始就感觉到孤独，并且总是被女人吸引，但有相当一部分人拥有更自由的性和恋爱经历（比如安妮·海切和埃伦·德根勒斯）。当心理学家丽莎·黛尔蒙德持续十年访谈了39名女同性恋和双性恋女性后，她发现大约三分之二的女性改变了她们曾宣称的性取向，大约三分之一的改变了两次或两次以上。重要的是，与一些普遍流行的文化观念不同的是，在从异性恋到同性恋的转变过程中，双性恋是极少出现的一个阶段。黛尔蒙德发现，在很多案例中，之前只被男性吸引过的女性突然发现自己从感情到欲望都被女性吸引，或者倒过来。[2] 在很多情况下，她们反常的爱慕只针对特定的某个人。比如，一个自我认同为同性恋的女性发现自己被某个特定的男人吸引，但不可能变成普遍意义上的异性恋者。黛尔蒙德把这种吸引

1 奥贝格费尔诉霍奇斯案（Obergefell v. Hodges, 2015）的判决可参见：Diamond, L. M., & Rosky, C. J.（2016）. Scrutinizing immutability: Research on sexual orientation and U.S. legal advocacy for sexual minorities. *Journal of Sex Research*, 53, 363-391.
黛尔蒙德和罗斯凯的文章在总结性取向的不变性这个认知状况上做得相当好，并且提出性取向的不变性不应该一开始成为支持同性恋和双性恋公民权利的基础。

2 Diamond, L. M.（2008）. Female bisexuality from adolescence to adulthood: Results from a 10 year longitudinal study. *Developmental Psychology*, 44, 5-14.
Diamond, L. M.（2008）. *Sexual fluidity: Understanding women's love and desire*. Cambridge, MA: Harvard University Press.

可塑性称为“女性性取向的变动性”[1]。

性取向变动性的存在使得迄今为止已制定的同性恋和双性恋公民权变得更复杂。它显然质疑了性取向不可变性论点，而后者奠定了奥贝格费尔案判决关于同性婚姻的基石。然而，我赞同丽莎·黛尔蒙德和法学家克利福德·罗斯凯的观点，性取向的不可变性不应该一开始成为支持同性恋公民权利的争论焦点。在公民权利上，那些拥有稳定的性取向的人——不管他们是同性恋、异性恋还是双性恋——都不应当比那些经历了性取向变动的人拥有更多特权。对于同性恋和公民权的基本伦理道德争论应该是个体的自由，而不是不可变性。与此形成对比的是，在美国，已经有法律来保护避免宗教歧视，即使宗教习俗显然不是一个不可改变的特质，法律也保护那些改变了自己宗教的人的权利。性取向有时会变动，这在女性身上更常见，但这不是一个否定性少数群体公民权的正当理由。

* * *

人们有一种根深蒂固的观点，即身体不会撒谎。面对压力，你可能努力保持外表的冷静和泰然，但是你出汗的腋窝和加速的心跳会出卖你。关于男人及阴茎勃起，人们还有一个相似的看法。

---

1 性取向的变动性的存在是否意味着，至少对女性来说，性取向可以像原教旨主义宗教团体有时提倡的那样，通过所谓的矫正治疗被改变？答案似乎是否定的。美国心理学会的一个专门工作组在研究了科学文献后给出的结论是：无论男女，在经过这类治疗后，“个体的性取向不可能发生持久的变化”。

APA Task Force on Appropriate Therapeutic Responses to Sexual Orientation. (2009). *Report of the Task Force on Appropriate Therapeutic Responses to Sexual Orientation.* Washington, DC: APA Press.

需要说清楚的是，这并不意味着人们不能改变他们的行为以与宗教或文化观念保持一致。相反，这意味着一个人不可能凭空产生异性吸引力，也不能通过训练消除同性吸引力。与此很相似的是，罗马天主教牧师通常是禁欲者，尽管他们也体验到性冲动。

作为一个异性恋男人，我可能要抗议，当观看电视上女子奥林匹克沙滩排球赛时，我不会有性兴奋。但是当我的妻子指着我裤子里的“帐篷”，说道：“你被抓现行了！”我必须羞怯地承认。

这种尴尬可以在实验室中进行研究，只是有些呆板。一种用来测量顺性别男性的勃起的设备叫作阴茎体积描记器。这是个繁复的术语，它其实是一个里面带有应变计的宽幅橡皮筋。当阴茎勃起、尺寸变大，应变计就被激活并发送信号至记录仪。给志愿者装上尺寸合适的这个小玩意，随后让他们观看一段视频，同时通过电脑记录就可以知道他们的性唤起程度。情欲刺激物是各种不同的色情电影。对照组观看的是有关自然和运动的视频。你可以想象得到，用来测量男性的异性性欲的理想色情电影会涉及异性伴侣。显然这类视频以涉及一个男人和一个女人的性行为为特色。实验发现，对于异性色情片，单纯的同性恋男人和单纯的异性恋男人都会有勃起反应。与此形成对照的是，对于男同性恋色情片，大部分异性恋男人既没有报告性唤起，也没有产生勃起。类似的，对于女同性恋色情片，大部分同性恋男人既没有性唤起，也没有勃起反应。最近，人们发现，至少有一些双性恋男人对于男—男和女—女性爱视频会报告性唤起和勃起反应。[1] 一个

1 Rosenthal, A. M., Sylva, D., Safron, A., & Bailey, J. M.（2012）. The male bisexuality debate revisited: Some bisexual men have bisexual arousal patterns. *Archives of Sexual Behavior*, 41, 135-147.

这个报告与来自同一个群体的其他研究结果一致，它发现大部分双性恋男性要么有男同性恋唤起模式，要么有异性恋唤起模式，但是没有一个真正的双性恋唤起模式。这个差异可能源自这个2012年的研究所采用的更为严格的纳入标准：“双性恋参与者被要求拥有至少男女各一个性伴侣，以及与这男、女伴侣之间至少有持续3个月的恋爱关系。”

共识性的发现是，包括双性恋、同性恋和异性恋在内的男人，他们的自我报告和勃起之间有高度的一致性。通常而言，如果男人说有东西让他们产生了性兴奋，那他们就会产生勃起反应；如果他们说没有，那他们也不会勃起。[1]

顺性别女性的情况不太一样。有几种方式来测量女性生殖器的性反应。使用最为广泛的一种叫作阴道光体积描记法。它使用一个卫生棉条大小的、带有光源的探针和一个光电管测量阴道壁反射的光的颜色。其原理是，女性的生殖器唤起包括天然的来自血浆的阴道润滑剂的产生和分泌。当女性被性唤起时，流向阴道壁的血液增加，从而改变了阴道壁的颜色。这是阴道润滑剂产生的前奏，可以被探针检测到。女性性唤起的同时也伴随流向外阴的血液增加，这可以用一种叫作外阴激光散斑成像的技术或者另一种叫作外阴热成像的技术来进行测量。

女性某些方面的回应与男性类似：女性报告有性唤起的刺激物也会引发阴道反应。不同之处在于，大部分女性也会对一些（或所有）她们自陈没有性唤起的性爱视频产生阴道反应。大部分异性恋女性对男—男、女—女和男—女性爱视频产生了阴道反应，即使她们自陈只对其中的一些刺激有唤起。在一个研究中，大部分女性甚至对两只倭黑猩猩（矮黑猩猩）的性交视频产生了阴道反应，即使几乎所有人都报告说对于这样的活

1 Bailey, J. M.（2009）. What is sexual orientation and do women have one? In D. A. Hope（Ed.）*Contemporary perspectives on lesbian, gay and bisexual identities*. New York, NY: Springer.

动没有性唤起。

总体而言，女性的生殖器反应和她们报告的性唤起没有男性的一致性高。然而，有两个有趣的细节。第一，同性恋和双性恋女性比异性恋女性的一致性更高。换言之，那些对于男—男或男—女性爱视频自陈没有性唤起的同性恋和双性恋女性产生阴道反应的可能性也更低。[1] 第二，对所有女性来说，相比于阴道血流量测量，外阴血流量测量与自陈性唤起更匹配。对于自陈没有性唤起的刺激，外阴血流量也相应地更少。[2]

为什么大部分女性会对她们自陈没有性唤起的刺激产生阴道壁血流反应呢？一种可能是女性的自陈不可靠，她们实际上从心理上被那些她们否认的性场景唤起了。[3] 我认为这种解释不能让人信服。要记得，这些实验的被试是志愿者，她们知道自己会带着内置于阴道的探针来观看性爱视频，并且自发地对性持积极态度。一个更有可能的解释是，因为阴道壁会产生润滑剂，它是一种对于快速或非志愿阴道插入（这些可能在人类进化史上比如今更为普遍）性场景的适应性反应。性研究者梅雷迪斯·奇弗斯曾

---

1 Suschinsky, K. D., Dawson, S. J., & Chivers, M. J.（2017）. Assessing the relationship between sexual concordance, sexual attractions and sexual identity in women. *Archives of Sexual Behavior*, 46, 179-192.
这并不是说，所有女同性恋对男同性恋或异性恋色情片都报告没有性唤起。实际上，在一些女同性恋中，似乎特别喜欢前者。
Neville, L.（2015）. Male gays in the female gaze: Women who watch m/m pornography. *Porn Studies*, 2, 192-207.

2 Bouchard, K. N., Chivers, M. L., & Pukall, C.F.（2017）. Effects of genital response measurement device and stimulus characteristics on sexual concordance in women. *The Journal of Sex Research*, 54, 1197-1208.

3 举个例子，我觉得那些倭黑猩猩的性爱视频很性感。

认为，由一系列性刺激诱发的反应性阴道润滑剂可以减少疼痛、损伤或感染概率。[1] 这个解释与实验结果一致，即阴道反应与自陈性唤起的一致性比外阴反应与自陈性唤起的一致性更低，因为流向外阴的血液不太可能具有保护性。

人们可能很想把女性性取向的变动性与女性不一致的阴道反应联系起来。两种现象都表明，对于与自己公布的性取向不吻合的性经验，女性一般比男性更为开放。就是说，这可能也属于“两者都对，但并不相关”的情况。女性（尤其是自我认同为异性恋的女性）认知与阴道反应之间更低的一致性，以及女性比男性更大的性向变动性可能均源自一个共同的神经起源或进化适应，但目前没有证据支持或否定这个假设。

* * *

性取向有可能是由早期社会经验（甚至在明显的性感受产生之前）所决定的吗？[2] 由单亲母亲抚养大的儿童的异性恋的倾向并不比那些由异性恋父母抚养大的儿童的更大或更小。同样地，由女同性恋伴侣抚养大的儿童的异性恋的概率也没有增加或减

---

1 Chivers, M. L.（2017）. The specificity of women's sexual response and its relationship with sexual orientation: A review and ten hypotheses. *Archives of Sexual Behavior*, 46, 1161-1179.
关于女性不一致的阴道反应的解释，除了“准备假设”，奇弗斯还提出了另外9个有趣也有用的假设。

2 关于性取向的决定因素这部分内容选自Linden, D. J.（2018）. Human sexual orientation is strongly influenced by biological factors. D.J. Linden,（Ed.）*Think tank: Forty neuroscientists explore the biological roots of human experience*（pp. 215-224）. New Haven, CT: Yale University Press.

少。[1] 值得注意的是，一项由美国心理学会主持的大型荟萃分析研究没有发现清晰的证据来表明任何一种儿童养育方式——从宗教到管教到教育——会影响成年后性取向。[2] 从这个角度来说，性取向与大多数人格特质一样：养育方式（反映在共享环境数据中）对儿童早年行为确实有一些影响，但到成年早期时，影响几乎所剩无几。如果你在一个污名化同性恋的家庭或社群中长大，那么你选择出柜并作为同性恋或双性恋生活的可能性会更低，但那并不意味着你不会被同性吸引。

一些研究者主张，童年期的情感虐待或性虐待可以导致男性和女性的同性恋倾向。关于该主题一直都充满了争议，在阅读了相关的文献后，我认为两者的因果关系并没有令人信服的证据。第一，研究结果存在争议。一些研究发现情感虐待或性虐待与后期的同性吸引之间存在正相关，但是另一些研究没有发现任何统计学上的相关性，或者发现在女性群体中存在相关性但在男性群体中没有，或者发现性虐待有影响而情感虐待没有。[3] 即使存在相关性，相关系数往往很低。比如，一个研究发现，性虐待经历

---

1 Tasker, F. L., & Golombok, S.（1997）. *Growing up in a lesbian family: Effects on child development*. New York, NY: Guilford Press.
Green, R., Mandel, J. B., Hotvedt, M. E., Gray, J., & Smith, L.（1986）. Lesbian mothers and their children: A comparison with solo parent heterosexual mothers and their children. *Archives of Sexual Behavior*, 7, 175-181.

2 Patterson, C. J.（2005）. *Lesbian and gay parents and their children: Summary of research findings*. Washington, DC: American Psychological Association.

3 Brannock, J. C., & Chapman, B. E.（1990）. Negative sexual experiences with men among heterosexual women and lesbians. *Journal of Homosexuality*, 19, 105-110.
Stoddard, J. P., Dibble, S. L., & Fineman, N.（2009）. Sexual and physical abuse: A comparison between lesbians and their heterosexual sisters. *Journal of Homosexuality*, 56, 407-420.

导致了成年后同性伴侣发生率的增加，但是只有1.4%。第二，即使我们假定，童年期虐待与成年后同性恋之间有微弱统计相关，但那也不意味着前者导致了后者。一种可能是，自我报告的童年期虐待的差异并非源自虐待的发生率更高，而源于在同性恋男性和女性的回忆中，发生率更高。对于这种弱相关，我认为最有可能的解释是，由于在童年期更少地展现性别相关的典型行为，那些年幼的同性恋者遭受虐待的可能性稍微变高了。

西格蒙德·弗洛伊德有一个广为人知的假说，即男同性恋是由疏远的父亲和联系紧密的母亲导致的（对于女同性恋，他说的不多）。你可能会用“他的病人并不是男同性恋的典型代表”来质疑弗洛伊德的结论；更准确地说，他们是一群倍感困扰而寻求心理治疗的人。确实如此，但有更多的调查证据显示，相较于异性恋男性，同性恋男性自述与他们的母亲有强的联结，而与他们的父亲联结更弱。[1] 但就像儿童性虐待与同性恋之间的所谓的相关，真相藏在细节中。可能并不是儿童的养育情况强烈影响了性取向，而是影响典型性别行为的大脑回路的变异（在年幼孩子身上最为明显），影响了父母及其他成人回应他们的方式。让我们来看看这是如何发生的。

如果你是个男人，有一个同性恋兄弟，那么你成为一名同性恋的概率大约是22%（而在一般人群中这个概率是3%）。如果你

1　Isay, R. A.（1999）. Gender development in homosexual boys: Some developmental and clinical considerations. *Psychiatry*, 62, 187-194.

是个女人，有一个同性恋姐妹，那么你成为一名同性恋的概率大约是16%（相较于一般人群的1%）。[1] 然而，对于异性同胞，还没有这样的统计数据。如果一个女人有一个同性恋兄弟，这种情况不会让她喜欢女人的可能性增加。相似的，如果一个男人有一同性恋姐妹，那也不会让他喜欢男人的可能性增加。对于同性恋或异性恋，并没有兄弟姐妹绑在一起的家族性共病现象。我们讨论的相关特质并不是“被同性吸引”或者“被异性吸引”，而是“被女人吸引”或者“被男人吸引”。

这些统计数据告诉我们，性取向在家庭中聚集，但没有告诉我们原因。比如，两兄弟一般情况下共享了50%的基因变异，但他们也可能共享了相似的养育。所以，举个例子，如果弗洛伊德是对的，即一个联系紧密的母亲导致男孩变成了同性恋，那么这个效应应该可以在被共同养育的兄弟身上发现。如我们前面讨论过的，将基因从养育中分离出去的一种方法是分析同性别双胞胎。如果性取向没有遗传成分，那么我们可以预期同性别双胞胎两个人都是同性恋的比例在异卵双胞胎和同卵双胞胎中应该大致相当。相反，如果性取向完全由基因决定，那么对于一对同卵双胞胎而言，如果其中一个是同性恋，那另一个也一定是同性恋。

1 Bailey, J. M., & Pillard, R.C.（1991）. A genetic study of male sexual orien-tation. *Archives of General Psychiatry*, 48, 1089-1096.
Bailey, J. M., & Benishay, D. S.（1993）. Familial aggregation of female sexual orientation. *American Journal of Psychiatry*, 150, 272-277.

目前为止，最佳的估计来自瑞典的一个包含了3 826对随机选择的双胞胎样本的研究，结果表明，女性的性取向有20%的变异由基因决定；而在男性的性取向中，这个概率大约为40%。[1] 以往的一些双生子研究得出了更高的有关男性和女性性取向的遗传率估算——两个群体均为50%左右——但是这些研究使用的是自愿样本（部分是通过女同性恋和男同性恋媒体上的广告，以及在同性恋集会中），而非随机选择的双胞胎，研究设计可能会使结果产生偏差。

结论是，基因变异是决定性取向的一个因素，但它并非唯一的因素，并且它在男性中比在女性中的影响力更强。有一个重要的点，我们需要再次提醒自己，这些遗传率估算是针对群体而非个体。可能有一些女性和男性携带了基因变异，因此他们的性取向完全由遗传决定；另外一些人，他们的性取向丝毫没有遗传的作用。就像与所有的行为特质一样，决定人类性取向的基因不是一个单个基因，而是许多个不同的基因，每一个似乎都发挥了一

---

1 Långström, N., Rahman, Q., Carlström, E., & Lichtenstein, P.（2010）. Genetic and environmental effects on same-sex sexual behavior: A population study of twins in Sweden. *Archives of Sexual Behavior*, 39, 75-80.
这项研究因其样本量大以及对双生子是随机取样而十分出名。
另一项使用了随机、大样本英国女性双生子的研究得出了相似的结论，女性性取向遗传率的估计为：25%。
Burri, A., Cherkas, L., Spector, T., & Rahman, Q.（2011）. Genetic and environmental influences on female sexual orientation, childhood gender typicality and adult gender identity. *PLOS One*, 6, e21982.

点作用，并且关于这些基因，我们目前还不完全清楚。[1] 缺乏完全作用于性取向的单个基因，并非一个可以用来对抗“这个特质的变异含有遗传作用”的证据。不妨想一想，身高是一个高度遗传性的特质，但是它的遗传性由上百个基因的微小变异决定。

* * *

如果儿童的抚养情况对性取向具有微弱（或没有）作用，基因变异也只有局部作用，那么为什么有一些人是异性恋而另一些人是双性恋或同性恋？那些消失的变异用什么来解释？对顺性别男性来说，兄弟出生顺序似乎是一个有影响的因素。这是什么意思呢？就是说，如果你是男性，拥有一个哥哥会增加你成年后喜欢男性的概率。这个效应尽管微弱，但在许多不同的文化和地区中被证实。拥有姐姐、妹妹或者弟弟则没有这个效应。拥有一个生物学上的哥哥会增加男性同性吸引的概率，即使这个哥哥是在另一个家庭成长，这似乎并不是儿童抚养的结果。类似的，拥有一个被收养的哥哥也没有影响。[2]

有趣的是，研究发现，有哥哥的男性如果出生时体重低于

---

1 近期，在欧美男性和女性中开展的一项大规模的GWAS研究希望可以识别可能引起同性吸引的基因变异。作者发现，基因变异可以解释这个特质变异的1%。然而，在我看来，这个研究是有瑕疵的，因为它采用“你是否和与你性别相同的人发生过性关系”这个问题作为被试分类的基础。这是一个比自我认同为一致性同性恋或双性恋的群体更宽、更具有变化性的人群。

Ganna, A., et al.（2019）. Large-scale GWAS reveals insights into the genetic architecture of same-sex sexual behavior. *Science*, 365, eaat 7693.

2 Blanchard, R.（2018）. Fraternal birth order, family size, and male homosexuality: Meta-analysis of studies spanning 25 years. *Archives of Sexual Behavior*, 47, 1-15.

拥有多个哥哥并没有在只拥有一个哥哥的基础上进一步增加同性吸引概率，但它确实增加了其他非典型性别行为。

预期值，就表明兄弟出生顺序效应可能在产前就起作用了。对于这种兄弟出生顺序影响性取向和出生体重，一个潜在的生理学解释是，它们反映了针对外来的男性蛋白质（这些蛋白质可能由Y染色体进行编码）的母体免疫反应。这个观点认为，进入了母体循环的男性蛋白质（或可能整个细胞）被当作是外来的，并且指导母体抗体的产生。在下一个怀着男性胎儿的孕期，这些抗体穿过脐带，影响胎儿身体和大脑的发育。最近，一项有趣的研究发现，在同性恋儿子的母亲（尤其是那些有哥哥的）的体内，针对一种叫作神经元Y连锁蛋白（neuroligin-4 Y-linked）的抗体水平明显高于对照组的女性（包括异性恋儿子的母亲）。[1] 这一令人振奋的发现有待重复验证。

另一个比较可行的解释涉及子宫内和产后早期生命中的激素暴露。这个观点认为，当女性胎儿和婴儿被暴露于高水平的睾酮时，她们的大脑呈现出部分的男性化，这增加了她们后期对女性产生性欲的概率。类似的，当男性胎儿和婴儿被暴露于低水平的睾酮时，他们的大脑会逐渐地部分女性化，因此增加了他们最终对男性产生性欲的概率。人类因类固醇激素信号传导改变而致病的证据支持这个观点。比如，正如我们讨论过的，患有先天性肾上腺皮质增生症的女性还在胎儿时期，睾酮水平就较高。即使这些女孩一出生就开始接受睾酮阻滞剂治疗，她们的大脑似乎也部

1 Bogaert, A. F., et al.（2018）. Male homosexuality and maternal immune responsivity to the Y-linked protein NLGN4Y. *Proceedings of the National Academy of Sciences of the USA*, 115, 302-306.

分地呈现出男性化特质。大约21%的患先天性肾上腺皮质增生症的女性自称喜欢女性（相比于普通女性群体中1.5%的概率）。[1]

这个结果与一些在实验室动物身上开展的实验一致：当增强豚鼠、大鼠或绵羊的胎儿睾酮信号传导后，雌性动物们长大后表现出典型的雄性性行为。即这些雌性动物会骑在其他雌性动物身上，而自己不能摆出一种叫作脊柱前弯的姿势。这个姿势用于鼓励雄性骑在它们身上。与此类似，发育中的雄性大鼠和绵羊的睾酮信号传导被减弱后，会减少它们成年后的典型雄性性行为。对于这些观察，需要声明的一点是，我们并不总是清楚地知道这些行为的意义。当一只雌性绵羊骑在另一只雌性绵羊身上，那是在表达对于雌性的性兴趣还是一种社会性攻击，或者两者均有？类似的，当一只雄性老鼠脊柱前弯，那是在表达对雄性的性兴趣，还是一种社会性臣服，或者两者均有？或者可能这些行为具有一种在人类身上没有出现过的含义。

我们可以使用异性恋男性和异性恋女性的大脑结构平均差异来检验一个假设，即同性恋男性的大脑更有可能部分地呈现出女性化特征，而同性恋女性的大脑更有可能部分地表现为男性化吗？相关的大脑区域包括了被称为下丘脑第三间位核（INAH3）的部分海马和一束连接大脑左右半球的神经纤维（即前连合）。INAH3在异性恋男性大脑中的体积更大；而前连合在异性恋女性

1 Meyer-Bahlburg, H. F., Dolezal, C., Baker, S. W., & New, M. I.（2008）. Sexual orientation in women with classical or non-classical congenital adrenal hyperplasia as a function of degree of prenatal androgen excess. *Archives of Sexual Behavior*, 37, 85-99.

大脑中的体积更大。尽管已有一些广为人知的研究报告显示，同性恋男性的前连合和INAH3大小倾向于女性化[1]，但仍有待对这些结果进行独立的重复实验以进一步确定。[2]这并不意味着同性恋与异性恋的大脑之间不存在重要的差异，而是就像我们前面讨论过的性别差异，大部分的变异不太可能以脑区大小的变化为表现形式——这类测量可以用大脑扫描仪来完成或者通过尸检脑组织来测量。举一个假设的例子，当比较同性恋女性和异性恋女性时，同性恋女性在特定的一些神经元上编码电压敏感性钾通道的基因表达可能更低，而它的作用原本是帮助指导女性性行为。它会使这些神经元电学活动更加兴奋，但是不会改变承载它们的脑区的形状或者体积。[3]

从童年最早期开始，平均而言，女孩与男孩之间就存在一些行为上的差异。就像我们前面讨论过的，男孩更喜欢参与到粗野的、打闹的游戏，与无生命的玩具物体互动。而女孩的游戏攻击性更少，她们会选择布偶或者小动物作为玩具。[4] 有研究考察

---

1 Allen, L. S., & Gorski, R. A.（1992）. Sexual orientation and the size of the anterior commissure in the human brain. *Proceedings of the National Academy of Sciences of the USA*, 89, 7199-7202.
LeVay, S.（1991）. A difference in hypothalamic structure between heterosexual and homosexual men. *Science*, 253, 1034–1037.

2 Byne, W., Tobet, S., Mattiace, L. A., Lasco, M. S., Kemether, E., Edgar, M. A., Morgello, S., Buchsbaum, M. S., & Jones, L. B.（2001）. The interstitial nuclei of the human anterior hypothalamus: An investigation of variation with sex, sexual orientation, and HIV status. *Hormones and Behavior*, 40, 86-92.

3 我们不再对此进行赘述，但是在成人身上测得的任何差异都可以是先天的，或者是来自生活经验，还可能是出生时相关因素与生活经验的互动。

4 Connellan, J., Baron-Cohen, S., Wheelwright, S., Batki, A., & Ahluwalia, J.（2001）. Sex differences in human neonatal social perception. *Infant Behavior and Development*, 23, 113-118.

了男孩群体和女孩群体的典型性别行为并追踪至成年期，发现了惊人的结果。那些早期即频繁表现出典型的女性行为的男孩更有可能发展为长大后对男性产生性欲（75%，相比于普通人群的3.5%）；那些表现出典型的男性行为的女孩更有可能长大后对女性产生性欲（24%，相较于普通人群的1.5%）。[1] 然而，这不是一个普遍性的结论；并非所有的假小子都会变得爱慕女人，也并非所有的女性化的男孩都会变得爱慕男人。还有当然，并非所有的女同性恋都具有男子气，也并非所有的男同性恋都具有女子气。但这些发现依然令人震惊，它提供了一个普遍性的解释：大脑功能变异产生了一系列可能或多或少表现出典型性别的行为，性取向只是其中一方面。比如，没有确定性别的女孩会喜欢参与一些粗野的、打闹的活动，更少加入到合作性社会游戏，成长中也更可能被女性所吸引。最有可能的解释是，社会经验、基因、胎儿信号（比如循环激素和免疫分子）和可能其他一些我们至今没有理解的生理因素相互结合，影响了典型性别行为的相关大脑回路，性取向只是其中的一部分结果。

* * *

除了性别认同和性取向，还有一个更棘手的问题是，为什么我们会被特定的一个人吸引。从网络交友得到的大数据清晰地

---

1 Green, R.（1987）. *The sissy-boy syndrome and the development of homosexuality*. New Haven, CT: Yale University Press.
Drummond, K. D., Bradley, S. J., Peterson-Badali, M., & Zucker, K. J.（2008）. A follow-up study of girls with gender identity disorder. *Developmental Psychology*, 44, 34-45.

显示了一点：无论男性或女性、跨性别者或非二元性别论者、同性恋或异性恋或双性恋，我们所表达的求偶要求，在遇到一个真实的对象后大多时候就变得没那么重要了。一个异性恋女孩可能会说，她需要一个个高的、喜欢歌剧的男子，但如果遇上一个中等身高、宁愿看死亡金属乐队演出也不愿看歌剧的男子，她可能也会开心。一个寻求外向的、黄皮肤伴侣的同性恋男人可能深深地爱上一个害羞的、金发碧眼的人。尽管一些特质会真的成为交友的不利因素——如今，政治派别是一条很多人都不会跨越的界限——通常，我们预测心仪对象的能力不如想象的那么好。

香水产业希望你能相信，吸引力是一件完全有关人类信息素的事。他们很乐于向你兜售旨在使你的恋人被你吸引的昂贵的调配品。“信息素”这个术语于1959年被创造出来，它是指为特定物种（或者，比如，仅仅是特定物种的雌性）所独有的、且能在同种目标群体（比如繁殖期的雄性）中激发某种模式化行为的信号分子。[1] 人们发现的第一个信息素是由雌性蚕蛾（家蚕）分泌的一种性引诱剂，叫作蚕蛾醇。极其微量的蚕蛾醇可以将几英里外的雄性蚕蛾吸引过来。重要的是，在细枝上抹一点点蚕蛾醇（浓度与雌性蚕蛾自然分泌的性诱醇相似），即使周围没有雌性蚕蛾，仍然会吸引雄性蚕蛾，并且它对其他任何物种（昆虫或其他的）都没有作用。[2] 这就是定义一种信息素的要点：这个物种

---

1 Karlson, O., & Lüscher, M.（1959）. “Pheromones”: A new term for a class of biologically active substances. *Nature*, 183, 55-56.

2 对蚕蛾醇的分离和鉴定真是付出了巨大努力，它花费了近20年时间，使用了超过50万只蚕蛾。

同一类群体的每一个成员都能产生它，它能作用于相同物种的一个目标群体。尽管许多信息素对性行为很重要，但它们也能被用于标识社会等级、个体或群体领土，或食物或危险的出现。[1]关键的是，信息素不是个体的气味；一个物种同一类群体的每个成员都能利用它们，目标群体中的每个成员也都会进行回应。[2]

从昆虫到鱼类再到哺乳动物，许多动物都使用信息素。有些信息素能在空中、水里自由飘散到很远的地方，而另一些则十分黏稠，得把它们抹到受体身上。[3]我们现在知道了，原始信息素蚕蛾醇是一种单一化学物，而有一些信息素是由几种不同化学物质组成的混合物。一些特定的信息素，比如一种存在于雄性家鼠（西欧家鼠）尿中的信息素既可以诱发快速的模式化行为（比如对其他雄性的攻击和对雌性的性吸引），也可以诱发发育效应（比如加速年幼的雌性家鼠青春期的萌发）。[4]

我们的哺乳类表亲，比如羊、老鼠和兔子会使用信息素，所以没有明显合理的原因解释为什么人类不是同样如此。我们的鼻

---

1 Wyatt, T. D.（2014）. *Pheromones and animal behavior: Chemical signals and signatures*（2nd ed.）. Cambridge, UK: Cambridge University Press.

2 用于描述有机体之间的化学信号的首要术语是“信息化合物”。相同物种成员之间的信号要么是信息素，如果它们产生一种本能的固有反应（一种行为或一个发育过程）；要么是标志性混合物，而这必须要被接受者感知到以识别出一个个体或一个社群（比如一个家庭或聚居区）中的成员。不同物种成员之间的信号被称为“化感物质”。

Wyatt, T. D.（2014）. *Pheromones and animal behavior: Chemical signals and signatures*（2nd ed.）. Cambridge, UK: Cambridge University Press.

3 还有些信息素根本不是通过化学感觉（鼻子、触角）而起作用，而是通过喂食（比如蜜蜂中的蜂王浆）或交配时接受精液（比如一些蛇和苍蝇）来传递的。

4 Wyatt, T. D.（2014）. *Pheromones and animal behavior: Chemical signals and signatures*（2nd ed.）. Cambridge, UK: Cambridge University Press.

子有精细、敏感的气味检测器，它是接受信息素的主要方式。通常在寄居于皮肤的细菌代谢的帮助下，我们分泌各种类型的、包含多种化学类别的气味分子。男性和女性产生的气味分子不同，任何只要上过中学的人都知道，它们从青春期萌发时开始变化。

人类是否也存在信息素，一个令人鼓舞的研究结果是关于韦尔斯利学院住在同一宿舍的女生的月经同步现象，它在1971年发表后得到广泛关注。[1] 其中一个解释认为，生活在一起的女性会相互发射信息素信号，导致了她们的月经同步（人们还没有完全弄清月经同步有什么好处）。1998年的一个后续实验显示，将处于排卵前（卵泡后期）女性腋窝的汗液涂抹在被试女性的上嘴唇，尽管她们没有感觉到任何气味，但结果依然加速了她们的月经周期（通过增加排卵期前的促黄体生成素）并导致月经同步。[2] 遗憾的是，排卵前女性腋窝分泌的是哪些化学物还有待确认，以及更为重要的是，整个月经同步现象在后续几个研究中均没有得到重复验证。[3] 尽管基于信息素的月经同步效应仍经常被媒体提及，但目前生理学家们认为这仍然未被证实。

另一个寻找人类信息素研究的灵感受到猪育种的启发。在公

---

1 McClintock, M. K.（1971）. Menstrual synchrony and suppression. *Nature*, 229, 244-245.

2 Stern, K., & McClintock, M. K.（1998）. Regulation of ovulation by human pheromones. *Nature*, 392, 177-179.

3 Wyatt, T. D.（2015）. The search for human pheromones: The lost decades and the necessity of returning to first principles. *Proceedings of the Royal Society, Series B*, 282, 20142994. 观点引用自这篇文章："如果我们打算找出信息素，我们需要像对待一个新发现的哺乳动物一样对待我们自己。"

猪唾液中含有雄烯酮激素，当发情期的母猪嗅探到时，就会条件反射地做出性接受者的姿势。这种激素被杜邦公司当作产品“猪欲灵”卖给猪农，猪农用它来测试母猪的发情期，为育种做准备。人们发现，雄烯酮和一些相关的化合物——雄性的雄烯二酮和雌性的雌甾四烯——也存在于人类腋窝中；这一发现促使了几个研究者团队开始了一系列研究，以评估它们是否就是我们人类的信息素，但这些研究存在理论基础不足、控制不良的缺点。其中一个研究涉及将这些化合物喷射在等候室的椅子上，随后观察女性和男性会选择哪一把椅子。这里主要的问题是，一直没有可靠的理论依据表明为什么仅检测这些特定化合物，而不是人类腋窝中上百种其他化合物。尽管有众多关于这些化学物的研究，但目前还没有令人信服的证据表明这些是人类信息素。

我们可以从英国利物浦大学的简·赫斯特近期对雄性小鼠尿液中的一种信息素的描述中获得一些对寻找人类信息素的研究启发。雄性小鼠的尿液对雌性小鼠而言是一种性诱剂，从尿液中分离出的一种特定蛋白质：达西——其命名源于简·奥斯汀的《傲慢与偏见》中将爱意闷在心中的万人迷达西先生——可以完全对雌性小鼠模拟出这种效应，这表明达西是一种鼠类信息素。对于这种解释的一种可能的反对意见是，也许研究中的雌鼠仅仅是通过重复学习而将它与有魅力的雄鼠产生了关联，而不是对达西信息素进行直觉式的回应。为了澄清这一点，赫斯特及其团队在一种“严格的女生寄宿学校”中饲养雌性小鼠，不允许它们与雄性小鼠接触。结果发现，当性发育成熟时，这些“天真的、完全不了解雄性”的雌性小鼠也会对纯粹的达西信息素或雄性小鼠尿液产生性兴趣。[1]

就像一些人可能想的那样，我们不太可能在人类身上复制这类实验。对于人类这个物种，为了将人类固有行为和学习区分开来，可能最好的选择就是考察新生儿的本能行为，新生儿还没有机会去学习太多。当母亲哺乳时，她们的乳晕会扩大，被称作“蒙哥马利腺”的乳头四周的凸起也会分泌非常小滴的非乳汁液体。当这种分泌物被抹在出生三天的新生儿的上嘴唇时，他们会噘嘴、吐舌并且寻找乳头（图12）。重要的是，一个哺乳母亲的乳晕黏性物质可以诱发一个完全不相关的婴儿做出这种摄食反应。[2] 就像一个真正的信息素效应，“将摄食与母亲的个人气味相关联”并不依赖于婴儿的学习。

为了验证人类哺乳妈妈的乳晕分泌物确实存在摄食反应的信息素，需要以下步骤：为了完全复制对婴儿摄食行为（频次为自然出现的频率）的影响，一种化学物（或一小组化学物）要被分离出来并给婴儿使用。接着，理想情况下，考察减少这些化学物的使用是否可以降低由乳晕分泌物激发的新生儿摄食反应。

---

1 Roberts, S. A., Simpson, D. M., Armstrong, S. D., Davidson, A. J., McLean, L., Beynon, R. J., & Hurt, J. L.（2010）. Darcin: A male pheromone that stimulates female memory and sexual attraction to an individual male's odor. *BMC Biology*, 8, 75.

2 Doucet, S., Soussignan, R., Sagot, P., & Schall, B.（2009）. The secretion of areolar（Montgomery's）glands from lactating women elicits selective unconditional responses in neonates. *PLoS One*, 4, e7579.

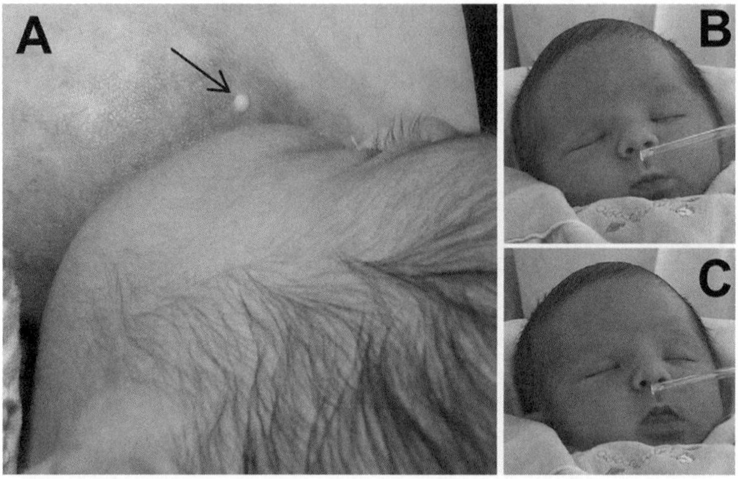

图 12　蒙哥马利腺分泌物诱发了新生儿的模式化摄食反应。A：分娩三天后的哺乳妈妈的乳晕和一滴蒙哥马利腺分泌物（如箭头所指）。B 和 C：把分泌物装在一根干净的玻璃棒内呈现给新生儿，新生儿产生了噘嘴和吐舌反应。来源：Doucet, S., Soussignan, R.,Sagot,P., & Schall, B.（2009）. The secretion of areolar（Montgomery's）glands from lactating women elicits selective unconditional responses in neonates. *PLoS One, 4*, e7579. 此处在知识共享署名许可下再次使用。

所有这些意味着，与香水产业和流行杂志的大肆宣传相反，当前还没有一种人类信息素被证实。最有可能的一种人类信息素便是上述哺乳期乳头的分泌物，它会诱发新生儿进食。但是，它与性无关。这是否意味着，与老鼠或者飞蛾或者山羊不同，我们人类没有作用于性行为的信息素？一些科学家认为是这样的，他们注意到一些其他哺乳动物的鼻子的一个特定部分负责信息素的探测，这就是犁鼻器，而残留在人类（和类人猿）身上的犁鼻器已高度退化，没有与大脑联结。但在我看来，这像一个空洞的论点。我们知道，兔子和老鼠会使用主嗅觉系统（不是犁鼻器）来探测它们自己的一些信息素，人类和其他哺乳动物都有主嗅觉系统。[1]因此，我不会排除人类信息素存在的可能性。更多关于这个主题的内容会在第6章介绍。

来自英国牛津大学的信息素研究者崔斯特瑞姆·怀亚特指出，如果我们要寻找人类的性信息素，一个好策略可能是比较男性和女性在青春期开始之前和之后分泌的分子，聚焦于那些仅仅出现在青春期之后的分子。[2]他进一步提议道，我们可能在身上找错了地方。怀亚特提醒了我们一个在第1章就提及过的事实——那些拥有ABCC11基因变异而致干性耳屎的人大部分生活在东北亚地区，他们的顶泌汗腺分泌物减少了，因此他们的腋窝气味很少，但他们依然能完美地吸引伴侣。所以，性信息素可能并非源于顶泌汗腺分泌，而是源于皮脂腺分泌。皮脂腺遍布全身，于头皮、脸、胸和胯部处尤甚。可能腋窝并非寻找人类性信息素的最佳位置，而那些身上令人尴尬的位置需要被勇敢的研究者用拭子采集并研究。

* * *

目前还没有证据支持人类性信息素的存在，但这并不意味

1 Charra, R., Datiche, F., Casthano, A., Gigot, V., Schall, B., & Coureaud, G.（2012）. Brain processing of the mammary pheromone in newborn rabbits. *Behavioral Brain Research*, 226, 1790188.

Matsuo, T., Hattori, T., Asaba, A., Inoue, N., Kanomata, N., Kikusui, T., Kobay-akawa, R., & Kobayakawa, K.（2015）. Genetic dissection of pheromone processing reveals main olfactory system-mediated social behaviors in mice. *Proceedings of the National Academy of Sciences of the USA*, 112, E311-E320.

2 Wyatt, T. D.（2015）. The search for human pheromones: The lost decades and the necessity of returning to first principles. *Proceedings of the Royal Society, Series B*, 282, 20142994.

着个体气味对于性吸引不重要。近期有人声称，吸引力可以被一类叫作主要组织相容性复合体（MHC）的分子所影响。人类的MHC也被称作人类白细胞抗原（HLA）。人类MHC基因位于人类6号染色体上，指导在免疫识别上发挥了重要作用的一组蛋白质的表达：结合外来的蛋白质片段，并将其呈现于细胞表面，然后提呈给一类重要的免疫细胞——T淋巴细胞。MHC是基因组的一个部分，这个部分在个体之间差异尤其大。它有成千上万种的变异情况，因此有更多可能的组合。因为你有两个版本的6号染色体，所以对于MHC区域内编码的任何蛋白质，你可能都有两个相同的版本或两个不同的版本，这取决于你从父母那里继承到的是什么。

有一个假设通过其他众多的动物（鱼、鸟、老鼠）实验研究得到了支持，这个假设是：我们往往选择那些MHC分子不同于我们的伴侣，并且我们可以通过嗅觉系统探测释放出的MHC分子。这样选择的原因被认为是，与亲生父母拥有不同的MHC分子变异的儿童将会有一类混合免疫系统，由于MHC多样性的增加提高了对各类病原体的免疫反应，因此个体对感染更有抵抗力。

这个假设理论想要奏效，人类需要具备通过嗅觉来探测和区分MHC分子的能力。为了验证这个想法，嗅觉研究者埃弗里·吉尔伯特及其同事在人类心理物理学领域中开展了一项十分有趣的实验。他获得了多组被基因工程编码的小鼠，这些小鼠的差异仅在于MHC基因上，接着他考察了人类是否可以通过气味来将这些小鼠区分开。[1]用吉尔伯特自己的话来描述：

我让蒙住眼睛的人嗅探装在塑料容器里的活老鼠，容器的侧面有若干洞口。老鼠的尾巴偶尔会竖起碰到人的鼻子。这似乎对一些人造成了干扰，但另一些人不受影响。判断者也会嗅探装着老鼠尿液或干粪丸的小试管……对于每一种气味来源，结果很清晰：未经训练的人类可以仅靠气味来区分出老鼠的类别。[2]

随后的研究发现，反过来，老鼠也能区分人类MHC的不同。这些相关发现促使克洛斯·韦德金德及其同事在1995年开展了一项后来广为人知的"脏T恤实验"。让男生连续两晚穿上同一件T恤，第三天让女生评定六件不同T恤的气味。结果发现，如果与这些T恤气味相对应的男生拥有的MHC类型不同于她们自己的，她们会将该男生的体味评定为更加令人愉悦。[3]

"脏T恤实验"得到了多次重复和拓展研究。一些研究者发现，男性也偏好那些与他们自己的MHC变异不同的女性体味，[4]

---

1 Gilbert, A. N., Yamazaki, K., Beauchamp, G. K., & Thomas, L.（1986）. Olfactory discrimination of mouse strains（Mus musculus）and major histocompatibility types by humans（Homo sapiens）. *Journal of Comparative Psychology*, 100, 262-265.

2 Gilbert, A.（2014）. *What the nose knows: The science of scent in everyday life*. Fort Collins, CO: Synesthetics, Inc.

3 Wedekind, C., Seebeck, T., Bettens, F., & Paepke, A. J.（1995）. MHC-dependent mate preferences in humans. *Proceedings of the Royal Society of London, Series B*, 260, 245-249. 有趣的是，这个偏好在那些使用口服激素避孕药的女性身上发生了逆转。

4 Wedekind, C., & Furi, S.（1997）. Body odour preferences in men and women: Do they aim for specific MHC combinations or simply hetrozygosity? *Proceedings of the Royal Society of London, Series B*, 264, 1471-1479.

而其他研究没有发现在气味偏好上存在这样的差异。[1] 在这个科学领域里，一直存在着持续不断的激烈争论，有些研究者将重复实验的验证失败归因于剃光毛的与未剃光毛的腋窝、新鲜的与冷冻的T恤等条件。就我所知，所有这些实验都是在异性恋、顺性别男性和女性群体中进行，因此我们不清楚在同性恋、双性恋和跨性人群体中，结果会怎样。

让我们暂时假设一下，"脏T恤实验"是对的：异性恋男性和女性都更喜欢携带不同于他们自己的MHC变异的异性体味。那仍然不意味着，他们会继续与他们喜欢的体味的人生儿育女。为了检验是否真的如此，我们可以考察配偶的DNA序列，通过分析母亲和父亲的染色体来验证MHC变异是反映了MHC的配对随机性，还是人们是否倾向于选择那些与自己MHC变异不同的人。目前为止，这类研究中规模最大、质量最高的研究来自荷兰人基因组计划，它以239对荷兰血统的人为样本。他们的研究结果是清晰的：MHC变异的分布反映了伴侣选择与MHC无关——在选择伴侣时，既不偏好相似的MHC，也不偏好不同的MHC。随机分

---

1 Probst, F., Fischbacher, U., Lobmaier, J. S., Wirthmüller, U., & Knoch, D.（2017）. Men's preference for women's body odours are not associated with human leukocyte antigen. *Proceedings of the Royal Society of London, Series B*, 284, 20171830.
Wedekind, C.（2018）. A predicted interaction between odour pleasantness and intensity provides evidence for major histocompatibility complex social signalling in women. *Proceedings of the Royal Society of London, Series B*, 285, 20172714.
Lobmaier, J. S., Fischbacher, U., Probst, F., Wirthmuller, U., & Knoch, D.（2018）. Accumulating evidence suggests that men do not find body odours of human leukocyte dissimilar women more attractive. *Proceedings of the Royal Society of London, Series B*, 285, 21080566.

配的配对样本结果显示，不存在统计学差异。[1] 开展相关研究来验证这个结果能否被重复以及能否适用于其他群体，很有必要。

一个有趣的可能性是，人类确实倾向于选择那些携带了不同于他们自己的MHC变异的对象，但仅发生在那些病原体危害很高的疾病中。在跨文化研究中，有研究者认为，那些病原体高发地区的人比那些生活在病原体危害更少的地区的人更看重伴侣的身体吸引力。[2] 可能这也同样适用于MHC变异。也许只是由于荷兰气候温和、公立卫生条件良好以及国民出了名的爱干净，所以生活在荷兰的人并不适合用来考察与通过气味探测到的MHC差异相关的求偶行为。

* * *

性专栏作家丹·萨维奇曾写道:“当谈论人类的性时，差异是常态。”他说得完全正确。除了性取向，甚至除了个体特定的性伴侣选择之外，还有整个其他方面的性行为上的个体差异。我们几乎不理解为什么人们有特定的性偏好——快或慢、粗暴或温柔、不同的性交部位。各种非主流性行为的形成几乎都是习得的，莫名地偶然的。没有证据表明恋足癖或皮革内衣喜好、异类性活动或者色情撒尿这些性偏好有基因的作用。然而，像新异寻求、冒险和成瘾这样一些人格特质的确有基因的作用，所有这些

1 Cretu-Stancu, M., Kloosterman, W. P., & Pulit, S. L.（2018）. No evidence that mate choice in humans is dependent on the MHC. *BioArXiv*. Advance online publication.

2 Gangestad, S. W., & Buss, D. M.（1993）. Pathogen prevalence and human mate preferences. *Ethology and Sociobiology*, 14, 89-96.

特质都可以反映在性行为领域，即使它们并不直接影响人们的特定性行为偏好。

我们可能能解释一些个体由于触觉基因变异而对特定性行为产生偏好的现象。生殖器和其他性感区神经支配的精细模式确实存在个体差异。[1] 也就是说，一些顺性别女性可能比平均水平有更多的神经末梢（或者更多的某种特定类型的神经末梢）分布在阴道，更少的分布在小阴唇和阴蒂。一些顺性别男性可能有更多的神经末梢分布在阴茎体，更少的分布在龟头和肛门。但是我们还不知道这些解剖学差异是否实际上导致性感或性行为偏好的变异。也有可能，在与性有关的感知觉背后存在着神经和脑区方面的先天差异；但这种差异不是结构上的，因此不能被医学扫描仪器，甚至显微镜探测到。这样的差异只能通过测量相关个体神经元的电学或化学信号来揭示，这些神经元转换并处理与性有关的感知觉。通过这种方式，生物对个体的特定性活动偏好的贡献不仅存在我们大脑中，也存在贯穿我们的皮肤和内脏的神经中。

1 Winkelmann, R. K.（1959）. The erogenous zones: Their nerve supply and significance. *Proceedings of the Staff Meetings of the Mayo Clinic*, 34, 39-47.
Krantz, K. E.（1958）. Innervation of the human vulva and vagina: A microscopic study. *Obstetrics and Gynecology*, 12, 382-396.
Martin-Alguacil, N., Pfaff, D. W., Shelly, D. N., & Schober, J. M.（2008）. Clitoral sexual arousal: An immunocytochemical and innervation study of the clitoris. *BJU International*, 191, 1407-1413.
Halata, Z., & Munger, B. L.（1986）. The neuroanatomical basis for protopathic sensibility of the human glans penis. *Brain Research*, 371, 205-230.

6

我们与熊猫不一样

6

对年幼儿童的父母来说，最好的一件事便是孩子们有时可以忘记你的存在。他们认为汽车后座是一个私人空间，他们可以在那与朋友聊天，毫不担心父母偷听。

娜塔莉（8岁）：你最喜欢的食物是什么？泡菜是我的最爱！我喜欢泡菜！

雅各布（娜塔莉的双胞胎兄弟）：娜塔莉，泡菜真难吃。我最喜欢的是法国吐司。

娜塔莉：我也喜欢法国吐司，但是比不上泡菜。泡菜是最美味的！

莎拉（娜塔莉的朋友）：法国吐司令人恶心。它闻起来就像含蛋味的臭屁！我喜欢芒果！

雅各布：恶心！芒果黏糊糊的！

娜塔莉：不，芒果不黏。雅各布，你个蠢货！

雅各布：错，你喜欢那么蠢的，你才是蠢货！泡菜咸死人！

你可能认为这段对话到此就该结束了。毕竟它没有对错，人们只是喜欢不同的食物而已。并且你很难通过争论或羞辱而劝说一个人改变他对一种特定食物的偏好。但是从学校到家的一路上，关于食物偏好的后座谈话依然可以轻轻松松持续三十分钟，并伴随着表达厌恶的高声喊叫。

多年后，当我自己在OkCupid上寻找伴侣时，我惊讶地发现，为了表现出自己的独特品位，网站上的几乎每个女性都写了好些话来表达自己的食物偏好。[1] 我理解为什么当人们在表达自己的独特性时，会将食物作为一个话题。每个人都有一组不同的食物偏好，而且很容易表达。尽管如此，我还是会忍不住想："你好，迷人的都市甜心！你喜欢辛辣食物和印度艾尔啤酒，但讨厌蛋黄酱、芥末和流心蛋。好吧。但是这又怎样？如果你喜欢斯蒂尔顿奶酪，而我喜欢切德干酪，那我们就注定不会结为夫妇了吗？"我的思维习惯性地开始发散，我开始想象其他生物的交友网站：

大熊猫辣妹：我喜欢竹笋。真的没有其他的了。只有竹笋。

四川熊猫魔王国姑娘：我也一样。你想吃竹笋吗？你想放松一下吗？

---

1 这使我好奇：这只是女性才会有的事吗？我做了一个简短的、女性找男性的简历，因此我可以考察异性恋男性的信息。他们也倾向于列举他们最喜欢和最不喜欢的食物，有时写得很详尽。通过进一步询问，我得知男性和女性、同性恋和异性恋以及双性恋在寻找约会对象时，都会谈论他们个人的食物偏好。

当谈到食物时，人类和熊猫不一样。大熊猫居住在一小块生态地——中国西南的云雾林中——而且它们以竹子为食。而人类分布在地球各处，从极地到热带；身为人类这个物种，我们吃多种不同的植物和动物。我们成功地变成了食物方面的通才。但身为人类，我们也不能完全事先确定哪些可以吃。我们必须通过学习来适应当地可以获得的食物，这导致了大量的个体差异。这就是食物偏好被认为是人类个性标志的主要原因。

在一些日常用语中，我们可以看到这个观点。“品味很好”意思是拥有令人羡慕的喜好和厌恶，包括那些从未进到嘴巴的东西——衣服、音乐、书或者你有的东西。品味逐渐代指一般的个人偏好，而不仅是与食物有关。这个含义不仅是英语特有的。比如在西班牙语中，动词*gustar*意思是“喜欢”，它源自意思为“品尝”的拉丁词根*gustare*。这个词根也衍生了英语词汇“味觉的”（与味觉有关）和“兴致”（食欲、热情）。

要理解个体的食物偏好是如何变得如此丰富的，我们需要探索味觉的神经生理学基础。在日常交流中，当我们说一样东西很好吃，我们不仅指舌头传感器感知到的五种基本味觉（甜、咸、酸、苦和鲜），也是指混合了气味、口味和触觉的一种综合的风味，以及嘴里的感知觉。当我们说“味道”时，我们是指“风味”，我们常常交换使用这两个术语。[1]在这里，为了避免混乱，我会使用“味道”（taste）这个词代表狭义意思，仅指五种基本

1　这种用法不仅仅是英语的怪癖。它在全世界许多但非全部的语言中都有出现。

味道；我会使用“风味”（flavor）这个词来代指由放进嘴里的食物产生的混合的、多感官通道的体验。

大多数跑去看医生并抱怨失去了味觉——这可能由头部创伤、药物副作用、感染或者一些其他原因导致——其实他们失去的可能是嗅觉。[1] 如果你把咸的、酸的或甜的溶液直接滴到他们的舌头上来做测试，他们可以正常地感知到这些味道，这证明他们的味觉是完好的。当你仔细想一会儿，这极不寻常。不可能出现那种情况，即你去看医生说你听不见声音，却被告知实际上是你看不见。也不可能发生——你自称感觉不到大腿，但却被告知真实情况是你聋了——是你把两种感觉混淆了这种情况。嗅觉上的缺陷通常归咎于味觉，这个事实突出了这两者在我们的体验中密不可分。

我知道它不言而喻，但不管怎样还是值得一提。当你品尝一样东西时，首先你可能已经通过嗅觉知道了它的味道并决定要放进嘴里。接着你舌头上的味觉传感器帮你进一步做出决定：我应该要咀嚼这个食物还是要吐出来？在一些情况下，这是一个事关生死的决定。几乎所有动物都需要做出这样的决定，这不足为奇。因此味觉传感器在进化上历史悠久，可能起源于5亿年前。现代海葵与一些非常早期的带有神经元的动物相似。它没有真正的嘴可以说话，也没有大脑，但是它可以探测到进入它简单的封

1 “显然，那些抱怨只丧失了味觉的病人和那些明显丧失了嗅觉或味觉的病人，患上嗅觉缺陷的概率是味觉缺陷的3倍左右。”

Dees, D. A., et al.（1991）. Smell and taste disorders, a study pf 750 patients from the University of Pennsylvania smell and taste center. *Archives of Otolaryngolgy, Head and Neck Surgery*, 117, 5190528.

闭式消化系统的苦味物质，并且使用它原始的神经系统发送指令，收缩相关肌肉，将其吐出。从某个角度来说，这种古老的行为是我们人类在跨文化均存在的“厌恶脸”的进化起源，其中包括从嘴里伸出舌头来拒绝不想吃的食物。[1]

在人类身上，有1万多个味蕾，每个味蕾都是由味觉细胞组成的，它们聚在一起组成遍布舌头的乳状凸块，称为舌乳头。味蕾也分布在柔软的上颚和被称为咽部的上气道，但在这些平滑的组织上没有聚集成的乳状凸块。每个味蕾都是一个提篮形的、聚集了50~100个细胞的细胞团，其顶部有个细孔。味蕾里每个单独的细胞都只负责感知五种基本味道中的一种。[2] 在这种方式里，没有只能感知某一种味觉，比如酸味或苦味的单个味蕾，而是每个味蕾都有不同的探测器，分别感知五种基本味道。关键的是，单个细胞被食物或饮料激活后产生的电信号在传送到大脑的过程中，似乎大部分都保持独立。[3] 细胞表面与味觉分子结合的传感

1 当然，即使最聪明的海葵也不能在表现出厌恶脸的同时，用我祖母的方式说出意第绪语“呸！”

2 除了五种基本味道——甜、酸、苦、咸、鲜——这些味道的传感器已被发现，还有观点认为，可能还有用来感受脂肪、钙和碳水化合物的口部传感器。然而，目前这种观点更偏向于这是一种假设而非事实。编码功能性碳水化合物、钙或脂肪的口部传感器的基因还有待明确识别。

3 如果你跟我一样，那你的高中科学课本上有一幅图画的是舌头被划分为不同的味觉区域：苦味在后部、甜味在前部、咸和酸在两侧。坦率地讲，这是一派胡言。舌头表面不同区域确实存在一些微妙的差异，但绝不是像那幅图描述的那样。你可以在家做一个实验来说服自己。拿一根棉签轻轻地蘸一下酸醋或甜甜的水晶方糖，随后触碰你舌头的不同部位。如果你有兴趣知道为什么这个错误的舌头地图变得如此广为人知，你可以阅读史蒂文·芒格关于这个话题的一篇好文章：

Munger, S.（2017, May 23）. The taste map of the tongue you learned in school is all wrong. *Smithsonian Magazine*.

一个观点认为，当个体的味觉细胞被食物或饮料激活时产生的电信号在被传送至大脑时，是保持独立的。这个观点在大多数情况下当然是正确的，但关于“这是否在所有情况下都如此”还有一些争论。

器是蛋白质，这些蛋白质的表达受到基因调控。目前，生理学家已识别出25种人类苦味传感器、2种甜味传感器、1种咸味传感器、1种酸味传感器和2种鲜味传感器。[1]

在评估食物并做出吞或吐的决定时，每种传感器都有其特定的作用。大部分苦味化学物来自植物，并且其中很多是有毒的，比如西兰花里的异硫氰酸盐，其目的是保护植物免受细菌或真菌的侵害，或是抵御主要是昆虫的捕食者。某种程度上，当我们品尝苦涩的植物时，我们正在偷听一场与我们基本无关的对话：我们是植物与昆虫之间持续不断的化学战争的旁观者。

还有些苦味化合物是由细菌合成的。因此，对于大部分动物来说，苦味意味着要么植物有毒，要么细菌感染，因此诱发拒食反应。[2] 这是一种天生的特质。当碰到苦味食物的一瞬间，新生儿会通过吐舌、做出厌恶的表情来拒绝食用。这不需要学习。酸味也同样是有害的。一点点酸可能还不错，但是强烈的酸味往往

---

1 你可能会疑惑为什么我使用“味觉传感器”这个术语而非“味觉接受器”。原因是，尽管苦、甜和鲜味的传感器就是接受器（它们绑定细胞外的相关化学物，并且改变它们的形状以在细胞膜之间传递信号），但酸和咸味的传感器并非接受器。它们是允许H^+和Na^+离子分别通往味觉接受器细胞而非排斥它们的离子通道。更为复杂的是，甜、苦和鲜味接受器蛋白质都是二聚体，这意味着它们是由两个接受器蛋白质组合而成的，可以是相同类型（同源二聚体）还可以是不同类型（异源二聚体）。甜味接受器可以是一个TAS1R2—TAS1R3异源二聚体，也可以是一种TAS1R3同源二聚体，鲜味接受器是TAS1R1—TAS1R3异源二聚体，苦味接受器是由TAS2R家族基因中至少25个不同基因的多种产品的异源或同源二聚体组成的。

2 苦味是一些，但非所有细菌性食物感染指标。实际上，食物中最常见的致命细菌——如沙门氏菌、李斯特菌、葡萄球菌和志贺氏菌——都是无臭无味的。

Breslin, P. A. S.（2019）. *Chemical senses in feeding, belonging and surviving: Or, are you going to eat that?* . Cambridge, UK: Cambridge University Press.

强烈的苦味可以产生恶心感，这是人们很不喜欢的。

Peyrot de Gachons, C., Beauchamp, G. K., Stern, R. M., Koch, K. L., & Breslin, P. A. S.（2011）. Bitter taste induces nausea. *Current Biology*, 21, R247-R248.

意味着发酵腐烂（如酸败的牛奶）或者难以消化的食物（比如未成熟的果实）。与苦味食物一样，新生儿生来就讨厌酸味。

甜味正好相反。我们天生以寻求甜味为乐。相较于抹了白开水的橡胶乳头，婴儿吮吸抹了糖的橡胶乳头时间更长、更用力。甜味来自自然界中的糖，也有一小部分来自含碳水化合物的食物被咀嚼后，被唾液中的酶部分分解后释放到嘴里的糖分。在整个人类进化过程中，人类逐渐习惯了享受和食用甜的、富含碳水化合物的、高热量食物，包括母乳。所以甜味与愉悦紧密相关是有道理的。

鲜味主要是“L-谷氨酸盐”的味道，L-谷氨酸盐是一种氨基酸，它存在于许多带有“肉味”的食物中，包括牛肉汤、鱼肉、蘑菇、帕尔马干酪和番茄，以及许多发酵食品，比如酱油、味噌和鱼露。母乳也有很多的鲜味物质——大致与牛肉汤相当——这可能是我们天生就喜欢鲜味的部分原因。

咸味稍微复杂一些。我们生来就乐于吃咸味食物，但咸度只能限于一定范围内。婴儿和成人都喜欢咸味食物，但如果咸度过高，就会是一种不愉快的体验。这是有生理学意义的。我们需要将体内的钠浓度保持在一个适量的、相对窄的范围内。食用的盐不足或者过量都会给多个器官系统造成问题，包括神经系统。由于拥有两类不同的味觉接收器细胞群，最佳的盐摄入量问题似乎已经部分地被解决了：一类只会被低盐激活并连接到激活愉悦的脑区；另一类只会被高咸度激活并连接到产生厌恶的脑区。目前，被称为“上皮钠通道”的低盐传感器已被发现，但高盐传感器的分子身份依然是个谜。[1]

问题是：为什么我们至少有25种专注于苦味的感受器，但感受酸味的感受器只有一种？就好像是大自然想要告诉我们一些数学方面的事情。原因是，所有的酸味都来自同一种简单的化学物H^+，一种游离质子。柠檬和醋的风味不同，是因为每种食物中含有其他的化学物。大部分的味道通过嗅觉来探测，但是使得醋和柠檬都发酸的是游离质子（释放出游离质子的分子叫作“酸”）。当酸味感受器细胞只用于检测游离质子，别无他用时，就不需要很多类型的感受器来探测酸味了。[2]同样地，所有的咸味都来自钠离子，几乎所有的鲜味都来自L-谷氨酸盐（和一些结构上相似的分子，比如L-天冬氨酸盐），所有的甜味都来自一小部分化学结构相似的糖分子（果糖、葡萄糖、蔗糖等）。所以，甜、咸和鲜味只用一两种接受器就可以很好地工作。

另一方面，苦味可以来源于上千种不同的、结构无关的苦味

1 Chandrashekar, J., Kuhn, C., Oka, Y., Yarmolinsky, D. A., Hummler, E., Ryba, N. J. P., & Zuker, C. S.（2010）. The cells and peripheral representation of sodium taste in mice. *Nature*, 464, 297-301.
关于ENaC是否也是人类的低盐传感器，还存在一些争议。

2 在写这本书时，只有一种酸味传感器已被明确识别出来，是一种被称为OTOP1的质子传递离子通道。
Tu, Y. H., et al.（2018）. An evolutionarily conserved gene family encodes proton-selective ion channels. *Science*, 359, 1047-1050.
其他人认为，其他的膜蛋白也有这种功能，但这个观点还存有争议。其他的酸味传感器可能会被识别出（在已知的OTOP家族中已有两种被识别出来）。可能就像咸味一样，用于探测中等酸和非常酸溶液的不同的传感器将会被发现。但是它们无论如何不可能接近25种。

化学物质。因此，一种叫作T2R38的味觉传感器似乎尤其适合探测由特定类型的细菌产生的苦味化学物以及一类叫作硫代葡萄糖苷的苦味化学物，硫代葡萄糖苷常见于十字花科蔬菜，比如西兰花和抱子甘蓝。[1]另一种苦味传感器T2R1被证实适用于探测被称为“异葎草酮”的化学物。异葎草酮赋予了啤酒花苦味，由此酿制的印度爱尔啤酒深受世界各地的饮酒者（包括第1章提到的迷人的都市甜心）的喜爱。一些苦味传感器能感知到众多化学物，而另一些传感器只能感受到某一种化合物。但总体目的很清晰：为了探测到我们应该避免的具有化学多样性的众多苦味物质，我们需要很多苦味传感器。

一个物种由于饮食上的变化导致某种特定的味觉传感器不再被需要时，编码传感器的基因会不停地积累变异；最终其中的一些变异会破坏整个基因以至于不能再合成具备功能的蛋白质。这些被破坏的基因被称为“假基因”。如果我们来看看特定的一些

1 如果我们退一步想，我们可以意识到，味道传感器蛋白质实际上只是化学品探测器。当它们出现在舌头的味道接受器细胞上时，由于接受器细胞与大脑的味觉中心连接，它们会促进味觉。但是当它们被用于其他地方时，它们会有其他重要功能。比如，T2R38苦味传感器可以探测由细菌团释放的化学物，并且在牙龈、肺、气管、鼻窦和肠道中均有分布。当被呼吸道激活时，它们会诱发先天免疫反应，放松气道以诱发剧烈咳嗽，从而排出细菌。在肠道、皮肤和几个其他部位也有味觉传感器。

Lu, P., Zhang, C. H., Lifshitz, L. M., & ZhuGe, R.（2017）. Extraoral bitter taste receptors in health and disease. *Journal of General Physiology*, 149, 181-197.

此外，有人认为，T2R38基因功能异常的人更容易患上严重的慢性鼻窦炎，这种病常常需要手术治疗。

Adappa, N. D., et al.（2014）. The bitter taste receptor T2R38 is an independent risk factor for chronic rhinosinusitis requiring sinus surgery. *International Forum of Allergy & Rhinology*, 4, 3-7.

食肉动物——比如家鼠、狮子、老虎、吸血蝙蝠和热带爪蟾——它们感受不到甜味；它们的甜味感受器基因T1R2，已经变成一个假基因，充满了变异点。在食物链的另一端，一些食草动物，比如大熊猫，在它们严格的竹类饮食中不会碰到鲜味，因此也失去了品尝鲜味的能力。同样地，我们可以看到大熊猫基因组里的鲜味传感器假基因T1R1已无任何生物学功能，就像一辆停在街区里的生锈的车。

在味觉丧失案例中，可能最奇特的发生在鲸鱼和海豚身上。它们大约5 000万年前从食草的陆地祖先进化为食肉的水生哺乳动物。这些海洋哺乳动物不仅丧失了感受甜味的能力，也丧失了感受酸味、苦味和鲜味的能力。[1] 乍看之下，这令人感到不可思议，因为鲸鱼和海豚可能仍然需要苦味和鲜味传感器以避免有毒物质和捕食鱼类。一个用来解释这个受限的味觉能力的假设是，因为海豚和鲸鱼是整体吞食猎物，它们不需要做出决定：哪种食物可以被消化，哪种食物要吐出去。当食物一齐进入到它们巨大的口腹时，味觉传感器也无需做出这样的决定。有趣的是，并非所有的海洋哺乳动物都丧失了它们的味觉传感器。海牛是食草动物，它们的甜味和苦味传感器还保留着并发挥作用。这进一步强化了一个观念，即在各种物种中，基本的味觉功能的保持是由饮

1 Feng, P., Zheng, J., Rossiter, S. J., Wang, D., & Zhao, H.（2014）. Massive losses of taste receptor genes in toothed and baleen whales. *Genome Biology and Evolution*, 6, 1254-1265. 研究者对7种齿鲸和5种须鲸进行研究，发现它们全都丧失了对酸、苦和鲜味的感觉。而它们的ENaC基因并没有失活，只是这个基因的功能是维持肾脏的钠平衡，目前我们仍然不清楚它是否在鲸鱼的口腔中有所表达，是否对咸味感知有帮助。

食决定的。

* * *

为了使新生儿感受到甜味是令人愉悦的，苦味是令人不愉快的，大脑中一定事先设定了一种特殊的神经电活动模式。甜味和苦味细胞各自发送电信号至位于味觉神经中枢脑区的专属神经元。电信号从味觉神经中枢进入到大脑，穿过三个加工站到达岛叶皮层的神经元，脑区负责辨识味道。[1] 重要的是，从舌头到岛叶皮层的整个味觉路径中，传递苦味和甜味的电信号几乎各自保持独立。来自老鼠的实验说明，传递苦味信息的轴突会产生突触，并激活岛叶神经中枢上的一小片神经元；而那些传递甜味信号的轴突会激活另一片临近的脑区。这种不同类型的感受信息被严格分隔开的模式被称为“标记线信号传导”。人为电激活小鼠的甜味大脑皮层会使小鼠表现得如同正在体验甜味食物，反复地舔舐水管。同样地，人为电激活小鼠的苦味大脑皮层会使小鼠表现得如同在吃苦味食物，舔舐行为被抑制。

然而，岛叶皮层本身并不产生味觉的愉悦特性。它需要标记线的进一步延续。甜味皮层发送轴突以激活前基底外侧杏仁核的神经元，而苦味皮层大部分发送到邻近的中央杏仁核。可以肯定的是，甜味皮层神经末梢的人为电活动会使实验室小鼠产生一种愉快的感觉。当阻止杏仁核的神经元放电时，小鼠仍然能区分

---

1 需要跟那些铁杆神经生物迷交代的是，味觉神经节与岛叶皮层之间的味觉通道处理中心是孤束核、臂旁核和后丘脑腹侧。

甜味和苦味（这需要岛叶皮层），但是味道不再引发愉悦或不愉悦反应——甜味和苦味都让老鼠保持中性情绪。[1] 如果运用分子遗传学技术使得老鼠的味觉系统产生信号交叉连接，这样的话，苦味细胞沿着甜味路径发送信号，甜味细胞沿着苦味路径发送信号；那么甜味将会被感知成苦的、不愉悦的；苦味将会被感知成甜的、愉悦的。[2] 该系统是模块化的，并带有位于大脑的独立区域来负责味觉识别和由味觉诱发的情绪反应。当脑科学研究者说到新生儿的“固有行为反应”，这是典型的隐喻式语言。大多时候，我们并没有实际的神经线路图来解释先天行为。但是在这里，我们有。

* * *

如果人类的味觉反应如此地根深蒂固，那么为什么我们所有人并非同样地喜欢和讨厌一种食物呢？一个原因是，我们每个人都携带了编码我们味觉传感器的基因变异。尽管几乎没有人完全失味（对味道不敏感），但实验室的严谨检验表明，个体对于直接滴到舌头的、纯粹的味觉激活化学物（采用这种实验方式的目的是尽量减少嗅觉的激活）的反应存在显著差异。比如，使用L-谷氨酸盐溶液来测试一群法国人和美国人，结果发现大约10%

1 Wang, L., et al.（2018）. The coding of valence and identity in the mammalian taste system. *Nature*, 558, 127-131.

2 Lee, H., Macpherson, L. J., Parada, C. A., Zuker, C. S., & Ryba, N. J. P.（2017）. Rewiring the taste system. *Nature*, 548, 330-333.

的人仅能微弱地感觉到鲜味，大约3%的人根本感知不到鲜味。[1]果然，当我们探究DNA时发现，人类鲜味传感器基因（T1R1和T1R3）存在一些微小的变异，这使得我们对L-谷氨酸盐的敏感性或强或弱。这可能是个体在鲜味敏感性上表现出差异的潜在原因。[2]编码甜味传感器的两种基因中的其中一种也发生了类似的基因变异。[3]至少有25种不同传感器的苦味，一种特定的苦味接受器的基因变异会导致个体在感受某种激活了它的特定化学物时表现出差异，但这个变异并不适用于所有的苦味物质。比如，如果你携带的某种苦味传感器变异使你对咖啡因的苦味格外敏感，那么你也会对激活了相同接受器的枯木树树皮提取物格外敏感，但你不一定会对来自黑芥末种子的苦味化学物黑芥子硫苷酸钾格外敏感，因为它激活的是另一组不同的接受器。[4]

到此为止，我们讨论的是针对五种基本味道中的某一种味觉传感器的基因变异。除此之外，还有另一类更普遍的、可遗传的

---

1 Lugaz, O., Pillias, A. M., & Faurion, A.（2002）. A new specific ageusia: Some humans cannot taste Lglutamate. *Chemical Senses*, 27, 105-115.

2 Shigemura, N., Shirosaki, S., Sanematsu, K., Yoshida, R., & Ninomiya, Y.（2009）. Genetic and molecular basis of individual differences in human umamitaste perception. *PLoS One*, 4, e6717.

Raliou, M., et al.（2011）. Human genetic polymorphisms in T1R1 and T1R3 taste receptor subunits affect their function. *Chemical Senses*, 36, 527-537.

3 Fushan, A. A., Simons, C. T., Slack, J. P., Manichaikul, A., & Drayna, D.（2009）. Allelic polymorphism within the TAS1R3 promoter is associated with human taste sensitivity to sucrose. *Current Biology*, 19, 1288-1293.

相比于鲜味接受器，甜味接受器有些略微不同的情况。在鲜味接受器中，基因变异引起了传感器蛋白质自身结构的变化。而甜味接受器的基因变异位于基因的启动子区，这意味着它影响的不是甜味传感器的结构，而是产生于甜味接受器细胞中的甜味传感器的数量。

4 Roura, E., et al.（2015）. Variability in human bitter taste sensitivity to chemically diverse compounds can be accounted for by differential TAS2R activation. *Chemical Senses*, 40, 427-435.

基因突变：有更多味蕾舌乳头的人对苦味更敏感，尤其是对一种叫作PROP的人工化学物产生的苦味。[1] 这些人被研究者琳达·巴托舒克称为超级味觉者，占据人群中的25%。相反，另有25%的人完全不能品尝到PROP，他们因此被称为味盲者。尽管味盲者可以品味到一些其他的苦味化学物，但他们整体上对多数苦味化学物的敏感性都更弱。剩下50%的人位于中间，简单地被称为味觉者：对他们而言，PROP是苦的但没有那么极端。[2] 超级味觉者对于甜味、咸味和鲜味以及一些非味觉的口部刺激物（比如辣椒的灼烧或酒精）的敏感性也更高一些。味盲者对于这些不同的口部感觉的敏感性均相应地下降。[3]

我不喜欢这些术语，因为它们都带有积极和消极的含义。谁不想成为一个超级味觉者呢？它听起来很酷，就像超人听起来一样。另一方面，被贴上味盲者的标签就像是一种侮辱——极乏味

---

1 PROP是6-丙基硫氧嘧啶的缩写。它是一种用于治疗甲状腺功能亢进症（简称甲亢）的药物。当用于味觉实验时，剂量要比临床使用小得多。

2 我们仍不清楚菌状乳头密度的潜在遗传学信息。在超级味觉者的高密度味蕾和T2R38基因的特定变异之间存在统计相关，但这只能解释部分变异。同样地，对于为什么T2R38变异可以导致发育出更多菌状乳头，还没有分子学或细胞学解释，因此这二者之间可能是统计相关而非因果关系。

Hayes, J. E., Bartoshuk, L. M., Kidd, J. R., & Duffy, V. B.（2008）. Supertasting and PROP bitterness depends on more than the TASR38 gene. *Chemical Senses*, 33, 255-265.

还有一个问题。虽然菌状乳头的密度与个体对 PROP 的敏感性呈正相关，但它并不能预测个体对另一种苦味化学物质奎宁的敏感性。

Delwiche, J. F., Buletic, Z., & Breslin, P. A. S.（2001）. Relationship of papillae number to bitter intensity of quinine and PROP within and between individuals. *Physiology & Behavior*, 74, 329-337.

3 Bartoshuk, L. M., Cunningham, K. E., Dabrila, G. M., Duffy, V. B., Etter, L., Fast, K. R., Lucchina, L. A., Prutkin, J. M, & Snyder, D. J.（1999）. From sweets to hot peppers: Genetic variation in taste, oral pain, and oral touch. In G. A. Bell & A. J. Watson（Eds.）, *Tastes and aromas*（pp. 12-22）. Sydney, Australia: University of New South Wales Press.

的胆小鬼。实际上，大部分超级味觉者往往是挑剔的食客，他们会回避强烈的风味以避免过度刺激。通常，他们不喜欢蔬菜，因为蔬菜是很多苦味化学物的来源。那些典型的喜欢各种食物的强烈风味爱好者，更有可能是味觉者或味盲者。但这也很难说，因为还有人格特质的交互作用。一小部分在生活各方面都寻求新异和喜欢冒险的超级味觉者往往喜欢强烈味道的食物，即使他们认为这些食物对他们的刺激过大。

目前，我们所探讨的基因都是味觉接受器细胞中表达出来了的，但它们肯定不是故事的全貌。味道处理通道后期阶段的基因变异可能也会影响味觉体验。那样的话，有必要再强调一次，味道识别和味道情绪反应的加工是分开的。尽管还没有这方面的证据，但我们很容易想到，扁桃体的味道激活神经元上的基因变异可能会导致一个人改变对某种特定味觉的愉悦或非愉悦感，但不会改变一个人对它的敏感性或识别能力。

除了基因，味觉的改变也会受到不同生命阶段的影响。比如，给被试一组12盎司的玻璃杯，里面糖水的浓度逐渐增加，请他们选出甜度最理想（被戏称为极乐点）的那一杯，大部分成人会选择加了10勺糖的那一杯。这个甜度甚至比大部分软饮料都要更甜一些，这令我十分费解。儿童喜欢更甜的——他们选择的是平均加了11勺糖的那一杯。[1] 对婴儿来说，去做一个对他们而言

---

1 De Graaf, C., & Zandstra, E.（1999）. Sweetness intensity and pleasantness in children, adolescents, and adults. *Physiology & Behavior*, 67, 513-520.

太甜的糖水溶液的实验，不太可行。他们会很乐意去舔舐厚厚的糖浆，而一个八岁的孩子会拒绝这种甜食。目前，我们不知道这些甜度感知的发展变化是否只代表了甜味敏感性的变化还是也涉及对甜味的愉悦感的变化。这个变化可能发生在舌头上或在大脑中，或两者均有。

苦味感知拥有相反的年龄轨迹：婴儿是最不耐受的，其次是儿童，再次是成人。所有五种基本味道的一般情况是：随着年纪增长，我们的敏感性逐渐降低。平均而言，在评定苦味时，女性会比男性认为其味道更苦；她们在妊娠的头三个月对苦味的敏感性会短暂增强。[1] 研究者认为，这种短暂的苦味厌恶目的在于，在关键的孕早期减少母体摄入毒素的概率。尽管这个观点看似有道理，但只是一个推测。

我们天生喜欢甜味、鲜味和中等咸味，讨厌苦味和酸味，但仍有许多成人，甚至一些儿童，喜欢苦味和酸味食物，比如西蓝花、咖啡、酸糖和酸奶。尽管基因变异和年龄相关的改变对个体的食物偏好有影响，但这并非事物的全貌。分开抚养的异卵双胞胎和同卵双胞胎被要求完成一份关于饮食的自陈量表，结果表明，成人食物偏好的变异只有大约30%具有遗传性。令人惊讶的是，在剩余的变异中，几乎没有来自共享环境的贡献，这表明，

---

1 Prutkin, J., et al.（2000）. Genetic variation and inferences about perceived taste intensity in mice and men. *Physiology & Behavior*, 69, 161-173.
尽管关于女性在怀孕的前三个月时苦味敏感性增强的证据是十分充分的，但关于苦味敏感性在卵巢周期中系统地变化的观点仍有争议。

我们成年期食物偏好的习得部分主要发生在家庭之外。[1] 实际上，其他研究已发现，即使共同抚养的同卵双胞胎，到他们成年时也会有一些差异化的食物偏好。[2]

除了基因和生命阶段对味觉的影响，影响个体食物偏好的因素还有两个。第一个是学习。当我们逐渐尝试新食物时，我们会产生好的和坏的联想。一杯咖啡是苦的，但它让我产生一种美妙的微微的眩晕。随着时间推移，我开始享受它的味道。酸奶有一点酸，但我喜欢它在嘴里的感觉，也许它也能成为我可接受的食物。我们都生活在对食物和饮食持复杂观念的社群中，作为食物方面的通才，在一定社会背景下弄清我们喜欢吃什么、喜欢做什么是我们人类毕生的任务。

影响个体食物偏好的第二大因素涉及混合味觉的非品味方面的作用：大部分是嗅觉，但也有视觉、听觉和触觉。比如，一个吃薯片的实验，让被试基于口味和嚼碎的声音来评定薯片的新鲜度和吸引力。这些多感官影响因素并不局限于食物本身。英国牛津大学的查尔斯·斯彭斯实验室开展的众多研究表明，我们对食物风味的感知受到各种因素的影响：餐厅的声音、盘或碗的颜色和大小、餐饮用具的重量等。在薯片的案例中，研究者发现薯片

---

1 Hur, Y. M., Bouchard Jr., T. J., and Eckert, E.（1998）. Genetic and environmental influences on self-reported diet: A reared-apart twin study. *Physiology & Behavior*, 64, 629-636. 当然，在食物偏好中，遗传作用近30%的比率反映的是所有的遗传性，不仅仅是那些涉及味道感知的基因的变异。

2 Smith, A. D., et al.（2016）. Genetic and environmental influences on food preferences in adolescence. *American Journal of Clinical Nutrition*, 104, 446-453.

袋皱巴巴的咔嗒声也影响了人们对薯片本身松脆的感知。在另一个研究中，他们发现，如果用白色勺子来吃白酸奶，会比用黑色勺子吃感觉更甜一些。[1] 这些效应往往较小，大约15%，但它们是显著的，也说明了风味确实是一种多感官体验，个体的食物偏好潜在地受到听觉、视觉或触觉的影响。

* * *

我们大部分的风味经验来自嗅觉。你可能认为可口可乐或七喜都没有太多的香味。但如果没有了嗅觉，它们就是难以区分的甜味汽水。同样地，一块牛排只是耐嚼的、咸中带点鲜味的东西，而柠檬水只是酸甜味的水。可以想象，丧失嗅觉的人（一种叫作嗅觉缺失综合征的疾病）很少感受到食物带来的愉悦，为了维持健康的体重，他们常常强迫自己吃足量的食物。此外，他们常常伴有睡眠困难、认知失调、动机和社交意愿缺乏等问题。最重要的是，嗅觉缺失综合征患者患抑郁症和自杀倾向的风险显著提高。由于我们也依赖气味来识别社交和性暗示，感知危险、进行学习甚至导航，因而嗅觉缺失综合征是一种严重的、威胁生命的疾病，它的影响远远超出了对食物的评估和享用。

食物的气味帮助我们做出三大决策。第一个是：我在哪里可以找到食物？第二个是：我应该把这个吃食放进嘴巴吗？第三个是借由味道得知的：我嘴里的这个吃食是应该吞下去还是吐出

---

1 关于用餐的多感官本质和精致的现代餐厅的轶事，我推荐：Spence, C.（2018）. *Gastrophysics: The new science of eating. New York*, NY: Viking.

来？如果我们想要深入理解人类的嗅觉及其为何在个体间存在差异，思考这些问题就至关重要。前面两个决策涉及在体外先评估气味分子。这些有气味的物质通过鼻孔被吸入到位于鼻部通道上壁的、一片大约有2 000万专门化的嗅觉受体神经元的区域。这种嗅探路径被称为鼻前通路（图13）。

然而当食物被放入口中时，食物释放的气味分子是由呼出的气体经过位于上颚后方、被称为“鼻咽”的通道传输至嗅觉受体

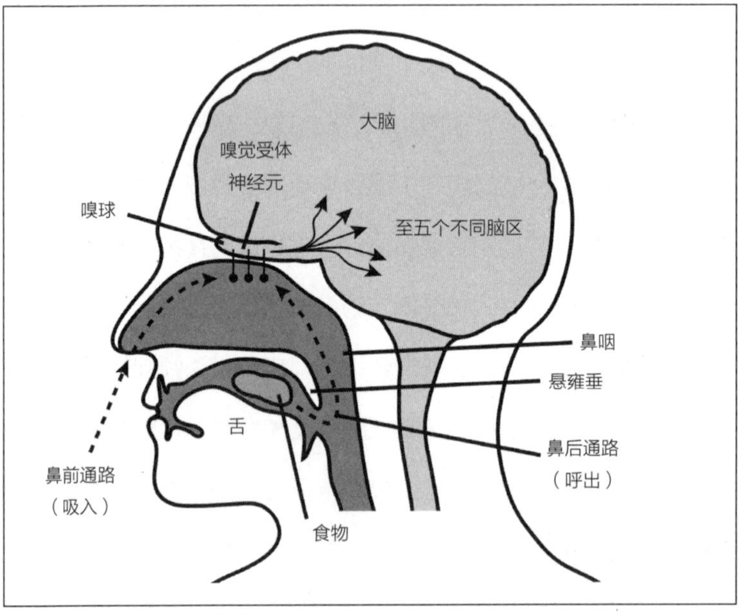

图 13　气味通过两种不同的路径到达嗅觉受体神经元。鼻前通路是通过吸入气味来体验外在世界，而鼻后通路是通过呼气将口中的食物气味途经位于上颚后方的气道“鼻咽”运输至嗅觉受体神经元。嗅觉受体神经元运送它们的电信号穿过嗅球里的局部回路，随后这些电信号分流至五个不同脑区，每个脑区对应一种不同的气味处理过程。本图来自 Shepherd, G. M. and Rowe, T. B.（2015）. Role of ortho-retronasal olfaction in mammalian cortical evolution. *Journal of Comparative Neurology*, 524, 471-495. 使用获出版商约翰威立父子出版集团授权。

神经元的后部区域。这种借由呼出的嗅探方式被称为鼻后通路，仅见于一部分哺乳动物，包括灵长类和狗。重要的是，嗅探到的气味物质和呼出的气味物质并非以相同的模式和浓度到达嗅觉受体神经元。这意味着，你闻一些食物时体验到的味道与你把食物放入口中再排出的气味是不一样的。这可能就是一些食物（比如熟奶酪），当你闻时，气味令人不适，但一旦你放入口中，味道很好的原因。[1]

我们来看看成熟番茄的气味。一个番茄由成千上万种不同的分子组成，但其中只有大约450种分子足够小，且能挥发释放到空气中。这些分子可以用一种叫作气相色谱仪的仪器进行检测和识别。在那些能在空气中传播的分子中，只有16种有足够的亲和力，能与嗅觉接受器神经元上的、专门的气味受体相结合，达到人类的感知阈值，因此产生了我们称之为“番茄味”的混合气味。[2] 即便如此，也有可能并非所有16种气味分子都是激活番茄味感觉所必需的。你可能可以用其中一部分化学物来合成出令人信服的人工番茄味。实际上，化学公司一直在这样做。比如，玫瑰释放几百种可挥发的分子，但仅需要一种，苯乙醇，就足以传

1　这也意味着，如果你使用“一尝一吐”的方法来品尝葡萄酒，你真的应该试试在嘴里含着葡萄酒，同时呼气以充分发挥效果。事实上，葡萄酒或啤酒的“一尝一吐”的品尝方法永远无法真的替代吞咽，因为在喉咙的后部存在着苦味接受器，它只能通过吞咽被激活（或者，但愿漱口时不会发生这样的事）。

2　我们只能闻到分子量低于350的化学物（相较之下，一个碳原子的分子量大约为12），但是并不是一个化学物仅仅因为分子量小、易挥发而且到了我们的鼻子里，就意味着我们能够闻到它。比如，我们闻不到CO_2，但是蚊子和其他一些昆虫可以，因为它们拥有一种特殊的接受器。

达出玫瑰般的气味。实际上，让被试通过嗅觉辨识两瓶液体——一瓶装着天然玫瑰精油，另一瓶装着苯乙醇化学物，大部分被试会将纯化学物误认为天然玫瑰产品。现代社会的大多数人都使用过诸如添加了人工玫瑰香味的洗手液等产品。

人体嗅觉受体神经元聚集在位于鼻腔上壁的一块淡黄色、黏液覆盖的组织上，总共约有2 000万个神经元，每一个神经元表达一种嗅觉受体，总共约400种类型的嗅觉受体。一种有特定气味的物质，比如上述玫瑰味的苯乙醇，会激活许多种不同的嗅觉受体——400种类型中的10~40种。另一种不同的纯的气味分子，比如闻起来像丁香的丁香酚，会激活另外一组不同的嗅觉受体，其中的一些可能与苯乙醇激活的嗅觉受体重合。当然，像刚割下的草和木材烟火这样一些自然气味由许多不同的、浓度各异的气味分子组成，所以嗅觉受体的激活模式会更复杂。这里，我们主要想表达的是，很少有对应单一气味的单个受体，即使气味来自一种单一的、纯的气味化学物。如果你携带了某种单一气味受体的基因变异，这通常不会使你对那种单一气味超级敏感或不敏感，但更有可能会影响你对一系列气味的感知，且这种影响颇为复杂。

如同某种特定的味觉接受器，比如遍布舌头表面的甜味接受器，表达某种特定气味接受器的嗅觉接受器神经元并不聚集在一起，而是遍布于一大片嗅觉接受器神经元上。然而，从所有这些分散的受体神经元发出的传递信息的轴突会在下一个处理阶段聚集在嗅球的某一点上。嗅球是大脑的一个专门化部分。这意味着，嗅球上由轴突聚集而成的不同点（叫作小球）与不同类型的气味受体相联通。更有甚者，至少在小鼠和大鼠身上，嗅球背侧部似乎会传递信号，导致产生先天性趋避反应，比如对腐肉或狐狸尿液气味的回避和对老鼠性信息素达西的趋附。来自嗅球的气味信息由轴突运载，发送至五个不同脑区（图13），包括负责气味识别的梨状皮质和需要给天生就喜爱或者厌恶的气味赋予正性或负性情绪效价的皮质杏仁核。

我讨厌说这么多神经解剖学细节，增加你们的阅读负担。但此处有一个微妙的地方在于，这些东西对于理解我们的气味体验真的很重要。当来自嗅球背侧部的轴突行至皮质杏仁核时，它们聚集在一起，这意味着一个气味受体的激活既可以激活某块特定的、嗅球上相邻神经元区域，也可以激活某块特定的、皮质杏仁核上相邻神经元区域。这正是我们会期待的关于天生就讨厌或喜爱的气味的联结标记线模式。然而，当来自嗅球其他部位的轴突行至梨状皮质时，它们不会形成区块，而是将它们的信号广泛分布在梨状皮质上。[1] 这意味着，单个梨状皮质上接受气味的神经元接受来自许许多多不同类型的嗅觉受体的信息，就像一台巨型交换机。

这个方式第一眼看上去似乎显得浪费。为什么要大费周章将

1 Sosulski, D. L., Bloom, M. L., Cutforth, T., Axel, R., & Datta, S. R.（2011）. Distinct representations of olfactory information in different cortical centres. *Nature*, 472, 213-216.

来自所有嗅觉受体神经元的信息聚集在嗅球上，结果又把它们杂乱地散布在梨状皮质上？可能的答案是，梨状皮质是一台嗅觉学习机器，其中的神经元受到输入模式的调节，这些输入源自嗅探外部世界所产生的经验。去往皮质杏仁核的气味信号天生会产生稳定的回应，但是梨状皮质就像俗话说的白板，等着被经验所塑造。

* * *

一个流行的观念“人类的嗅觉比不上大部分哺乳动物”并不正确。影响一个物种嗅觉能力的因素有几个，包括嗅觉受体神经元的数目（人类大约有2 000万，而寻血猎犬有2.2亿）和不同嗅觉受体蛋白质类型的数目（人类大约有400，狗有1 000，老鼠有900）。

尽管有一些气味是其他动物可以探测到的，而我们人类根本闻不到的，但我们在探测源自植物、细菌和真菌的大多数气味方面却出奇地好。当瑞典林雪平大学的马提亚 · 拉斯卡比较众多物种对一组不同的纯气味分子的敏感性时发现，平均而言，人类普遍地比许多被认为拥有精确嗅觉的物种都更敏感，包括兔、猪、小鼠和大鼠。然而，经常探测浓度低于人类嗅觉阈限100万倍的气味的狗，打败了我们人类。当测试分辨两种单一气味的能力时，人类的能力处于中间位置：低于狗、小鼠和亚洲象，接近于松鼠猴和海狗。[1]

1 Laska, M.（2017）. Human and animal olfactory abilities compared. In A. Buettner（Ed.）, *Springer handbook of odor*（pp. 675-689）. Basel, Switzerland: Springer International.

寻血猎犬因其探测和辨识微弱气味的超强能力而在依靠气味追踪动物方面远甚于人类。狗拥有的另一个优势是，它们鼻子的位置使其易于嗅探地面的气味。在近些年一项有趣的实验报告中，勇敢的气味研究者诺姆·索贝尔及其同事发现，戴上眼罩、耳塞和厚手套的大学生在追踪放置于运动场草地上的巧克力提取物的气味轨迹时，干得相当不错。大学生所需要做的仅仅是放下他们的骄傲，四肢朝下趴在地上，用鼻子闻。即使是第一次尝试，大学生们也表现出色；并且随着重复练习，他们学会了更快速地追踪，准确率也提高了。[1]

* * *

当我们思考不同动物的嗅觉能力时，有必要去想一想它们必须要通过气味来解决的各种问题以及这些问题如何随着进化而发生改变。海豚似乎根本没有嗅觉。[2] 这并不只是生活在水中所导致的结果。与此相反的是，在产卵期依靠气味导航来找到纳塔尔河的三文鱼，[3] 可以说是所有动物中最灵敏的嗅探者。老鼠可以闻到其他老鼠传递社交信息的尿液，但人类闻不到。即使是非常相似的气味化学物也可能对不同动物具有不同的内在意义：捕食

1 Porter, J., et al.（2006）. Mechanisms of scent-tracking in humans. *Nature Neuroscience*, 10, 27-29.
有关这个实验的精彩照片，可参阅：
Miller, G.（2006, December 18）. Human scent tracking nothing to sniff at. *Science*.

2 你会想起海豚和鲸鱼缺少甜、酸、苦和鲜味感知。这意味着，鲸鱼可能也会缺少嗅觉，但情况并非如此，至少目前发现好几种鲸鱼并非如此。为什么海豚和鲸鱼缺少大部分味觉，但是鲸鱼保留了嗅觉而海豚丢失了？我们还不清楚其中缘由。

3 Scholz, A. T., Horrall, R. M., Cooper, J. C., & Hasler, A. D.（1976）. Imprinting to chemical cues: The basis for home stream selection in salmon. *Science*, 192, 1247-1249.

者散发的气味2-苯乙胺令老鼠厌恶，但它对老虎具有性信息素的作用。腐肉的气味（比如因此得名的分子腐胺和尸胺）为老鼠所恶，但为诸如秃鹫之类的食腐动物所爱。每个物种都要基于嗅觉信息做出自己的各类决策；它们的嗅觉，从鼻子到大脑，已经进化成适应这些决策的样子了。

人类拥有大约400个编码功能性嗅觉受体的基因和600多个非功能性嗅觉受体的假基因。这些嗅觉假基因可能可以探测在我们祖先的生活中很重要、而在现今生活中不再重要的气味。如果我们从我刚提及的数目来比较跨物种间的嗅觉受体基因，我们可以计算出人类拥有60%的假基因。与人类共享了三色视觉的灵长类近亲，比如黑猩猩、大猩猩和恒河猴，具有大约30%的假基因；而两色视觉的灵长类动物，比如松鼠猴和狨猴，只有大约18%的假基因。这个比对结果让进化生理学家约阿夫 · 吉拉德及其同事提出，三色视觉的发展减轻了嗅觉的进化选择压力，因而可以允许丧失更多的嗅觉受体基因。[1] 比如，你可以想象这样一个场景，进化后的三色视觉可以帮助动物寻找到成熟的水果，而在此之前，动物得依靠数量更多、功能更强的气味受体来嗅探食物。

* * *

1 Gilad, Y., Wiebe, V., Przeworski, M., Lancet, D., & Paabo, S.（2004）. Loss of olfactory receptor genes coincides with the acquisition of full trichromatic vision in primates. *PLoS Biology*, 2, e5.
这篇文章的作者提醒读者，功能性嗅觉受体基因的功能丧失与三色视觉的出现这一巧合并不能证明这两种变化之间存在因果关系。

平均而言，人类擅长嗅探微弱的气味，我们也擅长区分出两种不同气味，但如果对一种气味进行辨识并命名，哪怕是熟悉的气味，我们还大有待提高的空间。想象一下，如果我偷偷溜进你家，把你冰箱里和浴室里那些熟悉的、能散发出气味的物品——食物、饮料、化妆品和药品——搜出来。接着，蒙上你的眼睛，在你鼻子下摇晃这些物品，让你可以好好地嗅探。你觉得你能准确识别出这些物品的比率是多少？来自实验室的答案是20%~50%，并且发现，青年人表现得更好一些，被试的总体成绩随着年纪增长而下降。如果气味不是那么熟悉的，识别率会进一步下降。[1] 与此相反，如果来开展一个相似的任务，让你通过视觉来命名熟悉的物品，你可能会100%正确。视觉可以有效地触发我们对物品名称的记忆，但是嗅觉远远做不到这样。[2]

我们识别气味的平庸能力可能与我们对气味贫瘠的描述能力有关。在大部分语言中，对于各种气味的表达只有基于来源的描述语汇：威士忌酒的香气可能被描述成烟熏或泥炭的味道。葡萄酒可能是梨、热带水果、烟草或者谷仓的香味。重点是，所有这些气味描述都指向特定的来源——一种物品或者一个过程。就像

---

1 Young, B. D.（2017）. Smell's puzzling discrepancy: Gifted discrimination yet pitiful identification. *Mind & Language*, 2019, 1-25.
这些比率是用鼻前嗅觉感知到的物体识别率。鼻后嗅觉闻到的情况可能有些不同。

2 对常常无法命名熟悉气味，一类常见的解释是，负责气味探测的脑区与负责储存物体名称的脑区之间的神经连接十分微弱或者迂回冗长。举一个例子，有人指出，不像其他的感觉信息，嗅觉信息并不到达丘脑，丘脑是一个在处理和发布感受信号方面很重要的大脑结构。尽管这是真的，但是我们仍不确定，直接的气味输入的缺乏与不能命名熟悉气味有关。

大部分语言一样，英语也没有专用于气味的抽象术语，但颜色有它的专有词汇。番茄、消防车和站牌都是红色的，颜色的命名无需用那些有共同特征的物体作为外在参照。“红色”是一个抽象的词汇，而“闻起来像香蕉”是基于来源的描述。[1] 如果我们用描述气味的方式来描述颜色，我们会将美国国旗描述成，白云色和樱桃色条纹交替出现，带有白云色的星星散布在一片长方形的夜空上。

对于“我们识别和命名气味的能力受到大脑结构和功能的内在限制”这个观点，[2] 民族志学者用已发现的例证提出质疑。塞内加尔的塞内尔—杜特人拥有五个描述气味的抽象词汇。在这些词汇中，*pirik*是指豆荚、番茄的气味和各种精神性事物，*heɲ*是指生洋葱、花生、石灰的气味和他们塞内尔—杜特人自己。[3] 一个居住在马来半岛依靠狩猎和采集生活的游牧民族，他们的语言是Maniq或Jahai语，拥有15个描述气味的抽象术语。比如，Jahai语将明显的，像肥皂、熊狸、榴莲和某些花一样的气味称为*itpit*。[4] Maniq语将描述动物骨头、蘑菇、蛇和人类汗液的气味

1 这并不意味着没有基于来源的颜色描述。比如，在叫作“橘子”的水果被引入英格兰之前，并没有特定的名称用于相应的颜色。它被称作黄—红色。

2 Olofsson, J. K., & Gottfried, J. A.（2015）. The muted sense: Neurocognitive limitations of olfactory language. *Trends in Cognitive Science*, 19, 314-321.

3 Dupire, M.（1987）. Des goûts et des odeur: Classifications et universaux. *L'Homme*, 27, 5-25.

4 Majid, A.（2015）. Cultural factors shape olfactory language. *Trends in Cognitive Science*, 19, 629.

称为*mi?*。[1] 毫无悬念地，在命名熟悉和非熟悉气味的任务中，说Jahai语的受试者比说英语的受试者表现更好。[2] 通过大量的文献阅读，我认为通过气味来识别物品和通过视觉来识别物品在大脑里是两种本质上不同的过程。尽管受到气味识别系统的约束，但像在狩猎采集族群中发现的那样，大量评估气味的经验可以扩展嗅觉命名的边界。

我们可以通过训练变得更像说Jahai的人吗？比安卡·波仕可是一名生活在纽约市的勇敢的科技记者。当她给自己设定任务要在18个月内通过以高难度而闻名的侍酒师资格考试时，她并没有特别地爱好红酒或者食物，也没有相关知识。令人惊讶的是，她成功了。她在自己那令人捧腹的、见闻广博的著作《软木塞呆子》中讲述了自己迅速成为一名红酒专家的奋斗经历。波仕可写道：

> 我对红酒的喜爱就像对西藏手工木偶或理论粒子物理学的喜爱一样，就是说，我对它们究竟是什么并没有概念，但是愿意去尝试而已。它就像那些不值得花费如此多努力去理解的事……我被那些磨练自己感觉敏锐性的人迷住了，我曾经以为那种灵敏感觉只有嗅探炸弹的德国牧羊犬才拥有。

---

1 Wnuk, E., & Majid, A.（2014）. Revisiting the limits of language: The odor lexicon of Maniq. *Cognition*, 131, 125-138.
Jahai和Maniq母语者有时也会用基于来源的描述来形容气味，但这种情况很少。

2 Majid, A., & Burenhult, N.（2014）. Odors are expressible in language, as long as you speak the right language. *Cognition*, 130, 266-270.

为了从一个葡萄酒新手成长为一名执证的侍酒师，她必须要学习大量关于酿酒厂、葡萄和酒菜搭配的知识，以及如何沉着自若地推荐和提供葡萄酒。最重要的是，为了通过考试，她必须要学会辨识两种神秘的葡萄酒，一种红葡萄酒、一种白葡萄酒。为了获得这项技能，她需要通过品饮大量的葡萄酒并尽可能保持专注，隔绝各种气味、口味、口感和视觉成分来磨练自己的酒感。她学会了关注许多个人化的感觉，从酒杯里葡萄酒的颜色到酒精度数到可能散发自俄勒冈州黑皮诺葡萄的微弱的紫罗兰气味。最重要的是，她不得不学会将她的饮酒经验言语化，因为她是一名英语母语者而非Jahai母语者，她的语汇大部分是基于来源的："热带水果和青草的气味"之类的。[1] 在某种意义上，她需要接受18个月的训练才能在嗅觉体验上变得畅通无阻一些，而一个说Jahai语的人可能在12岁时就已具备这些能力。

我们理所当然会认为，接受过训练的品酒师、调香师及其他的气味从业者在识别个人的、熟悉的气味方面会比普通人表现得

---

1 波仕可写道：

对于这些人们把鼻子贴到每个玻璃杯后可能想到的气味描述，我列出了一个持续变化的名单。它听起来像是在读一本关于爱情诅咒的巫术书上的配方："野生草莓水""干燥、再水化的黑色水果""苹果花""番红花龙虾汤""烧焦的头发""腐木""墨西哥胡椒皮""老阿司匹林""婴儿的呼吸""汗液""覆盖着巧克力的薄荷""过期的咖啡粉""泡制的紫罗兰""草莓果皮""人造皮革""新制的假阳具""马头钉""肮脏的马路""柠檬皮""指甲油去除剂""变味的啤酒""新翻的土地""新翻的红土地""梨汁""牛皮""脱水的草莓"和"诺比舒咳咳嗽液"。

Bosker, B.（2017）. *Cork dork: A wine-fueled adventure among the obsessive sommeliers, big bottle hunters, and rogue scientists who taught me to live for taste*（pp. 199-200）. New York, NY: Penguin.

更好。然而，当几种熟悉的气味相混合，即使是世界上受训最精良的鼻子也难以识别出其中的三种或四种以上，这并没有比未经训练的人好多少。[1] 在识别混合气味方面似乎存在一个硬界限，即使是接受了最高频训练的人都无法突破。这可能会让你疑惑，当品酒师写下上十种气味的品鉴评语时，他们写的究竟是什么。

当专家鉴酒时，他们会调动所有感官。令我惊讶的是，在这些评鉴中，视觉信息如何使得味道和气味黯然失色。在一个实验中，一组品酒师要评鉴两杯酒，一杯是白葡萄酒（1996年产的波尔多葡萄酒，包含长相思和赛美蓉两种葡萄），另一杯由同款白葡萄酒和无臭无味的有机干红添加物组成，因而它看上去像红葡萄酒。品酒师在描述白葡萄酒的风味时，大部分人会使用白葡萄酒描述的惯用语，比如葡萄、梨和花的香味。然而，当评鉴掺了干红的白葡萄酒时，他们几乎完全转向了红葡萄酒的惯用描述，比如烟草、樱桃和辣椒的味道。[2] 我们在这里想表达的不是贬低品酒师，而是指出气味的一个重要方面：在真实世界里，嗅觉很多时候是与其他感觉联合使用的，其他的感觉会极大地影响气味感知。

味觉里的某些东西让味觉感知产生了遐想，因此被蒙骗。我们来看看由美国怀俄明大学的E. E. 斯洛森于1899年报告的一个欺

1 Livermore, A., & Liang, D. G.（1996）. Influence of training and experience on the perception of multicomponent odor mixtures. *Journal of Experimental Psychology: Human Perception and Performance*, 22, 267-277.

2 Morrot, G., Brochet, F., & Dubourdieu, D.（2001）. The color of odors. Brain and Language, 79, 309-320.

骗实验：[1]

我准备了一瓶蒸馏水，小心地用棉花包裹着装在盒子里。在进行了一些其他实验后，我说“我想看看一种气味可以多快扩散到空气中”，并要求任何人只要感觉到了这种气味就立即举手。随后我在大厅前打开了瓶子，把水倒在棉花上。在操作过程中，我的头是抬起来的，并且打开了秒表。在等待结果时，我解释道，“我很确定观众中没有人之前闻过这种我倒出来的化合物”，并补充道尽管他们可能觉得这种气味浓烈、特别，但它不会太令人讨厌。在第15秒时，前排中的大部分人举起了手，40秒后，“气味”传到了大厅后方，并且在扩散过程中保持了非常规律的“波前”[2]。大约四分之三的观众声称他们感知到气味，在剩下“固执己见”的人群中，男人的比例高于现场的平均男人比例。多数人可能是屈服于暗示，但在最后一分钟，我不得不终止实验，因为坐在前排的一些观众心情受到影响，表现出不悦并打算离开房间。

为避免有人认为，这样的结果是由于在1899年时的观众更容易受到嗅觉暗示的影响，我们可以看看一项最近的由心理学家迈克尔·欧·马赫尼开展的实验。他在英国曼彻斯特地区设计了一个电视节目，诱导观众产生幻嗅。[3] 在节目的最后介绍味觉和嗅

1 Slosson, E. E.（1899）. A lecture experiment in hallucinations. *Psychological Review*, 6, 407-408.

2 波前。我们把波动过程中，介质中振动相位相同的点连成的面称为波阵面，把波阵面中走在最前面的那个波阵面称为波前。由于波面上各点的相位相同，所以波面是同相面。——译者注

3 O'Mahony, M.（1978）. Smell illusions and suggestion: Reports of smells contingent on tones played on television and radio. *Chemical Senses and Flavour*, 3, 183-189.

觉时，观众被告知，通过声音来传递气味是可能的。实验人员给观众呈现一个叫作“味道捕捉器”的伪造仪器，它由一个两英尺高的圆锥体组成，其中包含了一种广为人知的气味物质。这个味道捕捉器连接在一个具有科技感外观的电缆箱和闪光的电子设备上。随后实验人员有意误导观众，气味以物质分子的震动频率为特征，分子震动导致味道捕捉器中的气味被我们的感官捕捉到。与气味震动频率相同的声音随后会被播放出来。听众的大脑会将这些频率识别成气味频率，随后体验到气味。节目邀请观众打电话或写信至电视公司，报告他们是否闻到什么，如果有，那是什么气味。如果他们什么都没有闻到，也要特别记录下来。由于它是一档深夜节目，观众被告知，这种被转移的气味是一种他们通常在室内闻不到的，而是室外的乡村的味道。至此，录制现场的观众笑了，因为他们猜测它可能是肥料。因此实验人员澄清这种气味不是肥料，而是一种好闻的乡村味道。事后，130人联系电视台报告他们闻到的味道。被报告最多的味道是干草和青草，但是洋葱、白菜和土豆也出现在了这份虚幻的气味名单上。[1]

我们的感知觉不仅容易受到想象气味的影响，也深受暗示、背景、个人经验以及广告的黑恶势力的影响。如果你生活在美国或者欧洲，那么个人护理公司或所谓的芳香理疗师可能会告诉你，薰衣草的香味让人放松，橙花油（一种苦橙花提取物）的香

1 尽管只有16人写信报告说“没有味道”，但有可能的情况是，没有感受到气味的那些人中，只有少数人向电视台写信报告了。

味令人兴奋。这是真的，但前提是你已经笃信这个观念。橙花油中并不存在一种天然会令人兴奋的物质，同样地，薰衣草中也并不存在一种天然会使人放松的物质。在一个实验中，C. 埃斯特尔·坎彭尼及其同事将大学生被试暴露于薰衣草精油或者橙花油中。不需要对气味进行辨识，只是一些被试被告知这种气味会令人兴奋，另一些被试被告知这种气味使人放松。果然不出所料，那些被告知“众所周知，薰衣草令人兴奋”的大学生报告称他们感觉到了刺激，并且心率加快；而那些被告知“众所周知，薰衣草使人放松”的大学生报告称感觉到放松。橙花油实验也得到同样的效应。气味不重要，重要的是暗示。[1]

心理学家瑞秋·赫兹和朱莉娅·凡·克莱夫，也对言语暗示对于嗅觉体验的作用进行了研究，他们给被试呈现贴着使人产生积极或消极联想的标签的模糊气味。其中一种气味是异戊酸和丁酸的混合物，上面的标签为“帕尔马干酪”或者为“呕吐物”。不出所料，参与者认定帕尔马干酪的气味显然比呕吐物的气味更令人愉悦，尽管它们是完全相同的物质。实际上，83%的被试确信，他们真的闻到了两种不同的气味。[2] 尽管所有的感觉都容易受到学习、预期和背景的操纵，但气味感知似乎尤其容易被影响。

---

1 Campenni, C. E., Crawley, E. J., & Meier, M. E.（2004）. Role of suggestion in odor-induced mood change. *Psychological Reports*, 94, 1127-1136.

2 Herz, R. S., & von Clef, J.（2001）. The influence of verbal labeling on the perception of odors: Evidence for olfactory illusions? *Perception*, 30, 381-391.
有关嗅错觉和嗅觉学习的信息，参见瑞秋·赫兹的书：
Herz, R.（2007）. *The scent of desire: Discovering our enigmatic sense of smell*. New York, NY: HarperCollins.

* * *

与老鼠不同，人类几乎不具备与生俱来的对一些气味的情感反应。这对食源广泛的杂食动物来说是一个好的策略，杂食动物必须学会食用各类有气味的食物。虽然新生儿天生地讨厌腐鱼的三甲胺气味和变质肉的腐胺和尸胺的气味，[1] 喜欢哺乳妈妈乳房上的蒙哥马利腺分泌物，但是很可能是这些气味激活了从嗅球通往皮质杏仁核的通道。这些本能气味反应是例外，而不是规则。除了这几例有限的本能气味反应，我们对气味的喜欢或讨厌大部分是在一个社会背景中学习的结果。

你可能会觉得大便的气味天然地令人不悦，的确世界上大多数成人都会回避粪便的气味，但是婴儿喜欢玩他们的排泄物。他们一定会被教育说，粪便气味令人恶心。这种教导具有文化特异性。值得注意的是，非洲的一些部落，如肯尼亚的马赛和安哥拉的姆维拉，会将牛粪和其他食材（比如黄油）混合用来做头发护理。牛作为食草动物，食物中的半胱氨酸含量较少，半胱氨酸是一种身体必需的氨基酸，它在消化过程中被分解形成了天然令人厌恶的气味化学物硫化氢。食肉动物的饮食中含有大量的半胱氨酸，因而它们的屁和大便充斥着大量的硫化氢气味。因此，可能

---

1 许多天然让人喜欢或让人厌恶的气味都能被一些特殊的气味受体检测到，这些受体被称为痕量胺相关受体（TAARs）。人类拥有5种功能性接受器，而小鼠拥有14种。三甲胺气味可由叫作TAAR5的接受器探测到，大鼠和人类都厌恶这种气味，但是小鼠很喜欢。有关不同动物对气味的本能反应的更多信息，参见：

Li, Q., & Liberles, S. D.（2015）. Aversion and attraction through olfaction. *Current Biology*, 25, R120-R129.

世界上没有任何一个地方的人们会把猫粪抹在自己身上。

但是胡椒喷雾、生洋葱或者含氨根的嗅盐这些东西怎么说？这些物质难道不是普遍令人（甚至包括新生儿）讨厌吗？答案是肯定的，但原因是它们包含了易发挥的、根本不是气味的化学物。相反，它们激活了触觉的一个特殊部位。除了嗅觉受体，鼻腔里还有游离的神经末梢专用于探测特定的、令人不悦的化学物，比如辣椒素（辣椒的仿热化合物，它会与辣椒素受体TRPV1相结合）和薄荷醇（薄荷的仿凉化合物，它会与冷感受器TRM8相结合），以及辣根、洋葱、大蒜和生姜的仿温化合物（与TRPA1受体相结合）。[1] 常见于嗅盐和硫化氢中的氨以及变质的鸡蛋和食肉动物的粪便也能激活TRPA1受体。

尽管感受这些化学物的神经末梢通常见于鼻子，但也能在嘴、皮肤、眼睛和气道细胞中发现。这就是，比如，你可以从辣椒提取物中感觉到温度或者从粉碎的薄荷中感觉到凉意的原因，即便它们被抹在你手臂的皮肤上。尽管嗅觉信息是通过嗅觉受体传送至大脑，但面部的化学触感则通过一种完全不同的路径——三叉神经来传送，并且由不同脑区来进行最终处理。这些化学触感强烈地激活人们的本能厌恶感，这就是新生儿无需学习就本能

1 芥末、辣根和黄芥末都含有一种叫作异硫氰酸盐的化学物，这会激活受体TRPA1。另一种见于生洋葱和大蒜的化合物二烯丙基二硫也会激活TRPA1，从而使人唤起一种热的感觉。有趣的是，不同种类的植物都独立进化出了产生激活TRPA1的化合物的能力。如果你想要阅读更多有关化学传感和温度传感方面的资料，参见：Linden, D. J.（2015）. *Touch: The science of hand, heart and mind*（pp. 122-142）. New York, NY: Viking.

地对辣椒、生洋葱和含氨根的嗅盐产生厌恶的原因。

* * *

美国洛克菲勒大学的莱斯利·沃斯霍及其同事对来自纽约市的391名背景不同的成人开展了气味感知任务测试，发现了一些有趣的事情。[1] 气味敏感性随着年龄增长逐渐降低。平均而言，女性在探测微弱气味方面的阈限比男性更低。[2] 毫无疑问，吸烟者的嗅觉敏感性往往更差。你可能会认为盲人通过感觉补偿方式而拥有更加敏锐的嗅觉，但情况似乎并非如此。[3] 总体看来，在整个嗅觉敏锐性上出现个体差异是常态。一些人就是比另一些人嗅觉更灵敏，还有一些人甚至完全丧失了嗅觉。然而，如果让人们通过思考自己的生活经验来评估自己的气味敏感性，大部分人都认定自己的敏感性高于平均水平。[4]

尽管个体差异在所有感官敏锐性方面都存在，但在气味反应上，个体差异更大。对于某种特定气味，比如含有泥土、苔藓味道的2-乙基小茴香醇，一些人可能可以探测到浓度低于另一些人嗅觉阈限100倍的2-乙基小茴香醇，而另一些人可能根本闻不出

---

1 Keller, A., Hempstead, M., Gomez, I. A., Gilbert, A. N., & Vosshall, L. B.（2012）. An olfactory demography of a diverse metropolitan population. *BMC Neuroscience*, 13, 122.

2 Sorokowski, P., et al.（2019）. Sex differences in human olfaction: A meta-analysis. *Frontiers in Psychology*, 10, 242.
尽管平均而言，女性对气味的检测阈值小于男性，但在一些气味上，情况相反。比如，男性往往对波洁红醛（拥有铃兰的气味）更敏感。为什么会这样？目前，我们还不知道其中缘由。

3 Sorokowska, A.（2016）. Olfactory performance in a large sample of early-blind and late-blind individuals. *Chemical Senses*, 41, 703-709.

4 Wysocki, C. J., & Gilbert, A. N.（1989）. National Geographic smell survey. Effect of age are heterogenous. *Annals of the New York Academy of Sciences*, 561, 12-28.

来。对特定气味敏感性的差异在个体间普遍存在。我们每个人都似乎生活在一个不同的嗅觉世界。我尝到的草莓与你吃的草莓不一样，我吃的荷兰干酪也不同于你的荷兰干酪。

当科学家对许多人的编码约400个功能性嗅觉受体的基因进行测序后，他们发现，与基因组的其他部分相比，这些基因极易发生大幅度的功能性变化——它们更易失活，或者发生重复。此外，他们还发现了异常大数量的、微小的嗅觉受体基因变异：DNA的变化可能会改变嗅觉受体蛋白质中的单个氨基酸，使其变得对某种特定气味的敏感性更强或更弱。一项相关的研究估计，平均而言，任意两个无血缘关系的人之间，他们的嗅觉受体的功能性差异为30%。这是很大的一个差异，它可以很大程度地解释气味感知的个体差异。

有关人类基因变异与气味感知之间关联的第一个例子涉及化学物雄烯酮。它是一种睾酮代谢物，它的气味可能被感知为令人厌恶的（汗臭味、像尿液）、令人愉悦的（像花香一样的）或者没有味道，因人而异。松波广明及其同事发现，一个被称为OR7D4的特定气味受体基因的单核苷酸突变可以影响个体对雄烯酮的敏感性。[1] 从那以后，人们陆续发现了其他一些编码气味受体基因的微小的变异（单核苷酸突变）与个体对气味的感知相关。这些气味包括异戊酸（干酪味、汗臭味），β-紫香酮（像

1 Keller, A., Zhuang, H., Chi, Q., Vosshall, L. B., & Matsunami, H.（2007）. Genetic variation in a human odorant receptor alters odor perception. *Nature*, 449, 468-472.

花一样的味道），顺-3-己烯-1-醇（新割的草的味道）、愈创木酚（烟熏味）和一些其他气味。[1] 尽管目前我们的发现屈指可数，但很有可能随着研究的深入，会出现更多。

在气味感知上最为有名的一项个体差异是，一些人在他们吃了芦笋后的尿液中闻到的气味。对于一些人而言，比如马塞尔·普鲁斯特，气味是令人愉悦的。他吐露道，食用芦笋嫩茎后“把我那不上台面的尿液变成了芳香四溢的香水”。本杰明·富兰克林也能闻到食用芦笋之后尿液中的气味，但他写道：“吃几根芦笋会让尿液有一种令人不悦的气味。”尽管普鲁斯特和富兰克林对于芦笋尿气味的感受不同，但显然他们都能闻到它。另一些人不能嗅探到食用芦笋后的尿液中产生的甲硫醇和S-甲基硫酯。已有研究显示，芦笋尿嗅觉缺失症的比例因群体而异。近期一项以欧美血统的成人为样本的研究发现，大约58%的男性和61%的女性不能嗅探到他们尿液中的芦笋气味。因为大部分人都不会到处去闻其他人的尿液，因此芦笋尿嗅觉缺失症可能是因为代谢障碍而无法产生这种气味，也可能是无法嗅探到这种气味，或者两者皆有。一些“臭不可闻”的研究解决了这个问题，这些研究表明，不能嗅探到自己尿液中芦笋味道的人也不能嗅探到有芦笋味道的其他人尿液中的芦笋味道。这个结果支持了选择性嗅觉缺失症假设。检测这群人的基因组，结果显示三种不同的单核苷酸突变与芦笋尿嗅觉缺失

1 Trimmer, C., et al.（2019）. Genetic variation across the human olfactory receptor repertoire alters odor perception. *Proceedings of the National Academy of Sciences of the USA*, 116, 9475-9480.

症显著相关，这表明基因对于该特质的潜在作用。[1]

* * *

美国费城莫奈尔化学感官中心的研究员查尔斯·威索基认为自己属于那30%无法嗅探到雄烯酮的人。他可以在实验室将它量出来，装进瓶子里，拿给其他人嗅探，但他自己闻不到任何味道。但是在和它打交道几个月后，他闻到实验室里有一种新气味，而那无疑就是雄烯酮。反复地接触雄烯酮改变了他，从闻不到变得可以闻到。有趣的是，他找到了20个这样的雄烯酮嗅觉失灵者（他们对其他气味具有正常的感受力），让他们一天三次地闻一下装着雄烯酮的瓶子，持续六周。其中的10个人在1~2周内闻到了雄烯酮气味。剩下10个无嗅觉者，可能是因为关键的雄烯酮受体OR7D4受损，因此他们无法提高敏感性。重要的是，因为他们嗅探两种其他气味分子——乙酸戊酯和吡啶的能力并没有变化，因此这10个有进步的雄烯酮嗅觉失灵者在气味阈限上并没有表现出整体的下降。[2] 这个结果被其他研究者成功地重复，其他研究也发现，不仅雄烯酮嗅觉失灵者可以变得闻得到气味，那些之前只能微弱地闻到雄烯酮气味的人通过重复暴露也能进一步提

1 Markt, S. C., et al.（2016）. Sniffing out significant "pee values": Genome wide association study of asparagus anosmia. *BMJ*, 355, i6071.
这些突变没有一个是发生在基因的编码区域的，但是有些距OR2M7、OR213和OR14C36等基因非常近。有很多例子表明，即使被编码的蛋白质结构没有发生改变，但基因编码区附近的有些突变也会影响基因的表达。

2 Wysocki, C., Dorries, K. M., & Beauchamp, G. K.（1989）. Ability to perceive androstenone can be acquired by ostensibly anosmic people. *Proceedings of the National Academy of Sciences of the USA*, 86, 7976-7978.

高敏感性。[1]

对于这种致敏效应的一个可能的解释是，间歇性暴露可以在一定程度上使得嗅觉受体神经元对暴露气味的反应更灵敏，导致它们发送更强的电信号至大脑的气味评估区域。另一种可能性是气味探测神经回路（尤其是大脑梨状皮质的神经回路）具有可塑性，会受到重复暴露影响而发生变化，因此能有效地提取来自鼻子的相关气味激活的电信号。这种可能性与第一种可能性并不相斥。把一个微电极穿过鼻子以记录雄烯酮嗅觉失灵者的嗅觉受体神经元的电活动，结果发现，随着雄烯酮的反复暴露，那些后来变得能闻到气味的人体内雄烯酮激活信号逐渐增强，这表明变化发生在鼻子。[2] 一项关于小鼠的近期研究表明了这是如何发生的。对某种气味反复的、间歇性的暴露改变了嗅觉受体神经元中的特定嗅觉受体的表达模式，可能使得鼻子今后对那种特定气味的化学物更敏感。[3]

在另一个实验中，雄烯酮嗅觉失灵者的一个鼻孔被反复暴露于雄烯酮中（使用鼻塞/鼓风机从鼻前通道和鼻后通道两方面谨慎

1 情况变得更复杂了。另一个小组发现，反复暴露于苯甲醛（闻起来像杏仁）或柠檬腈（闻起来是柠檬味的）可以导致对这种气味的嗅觉阈值的灵敏度增高，但仅限于生育期女性。这个效应很大，检测阈值大约灵敏了10万倍，可与狗的嗅觉能力相匹敌。
Dalton, P., Doolittle, N., & Breslin, P. A. S.（2002）. Gender-specific induction of enhanced sensitivity to odors. *Nature Neuroscience*, 5, 199-200.
Diamond, J., Dalton, P., Doolittle, N., & Breslin, P. A. S.（2005）. Gender-specific olfactory sensitization: Hormonal and cognitive influences. *Chemical Senses*, 30, i225-i225.

2 Wang, L., Chen, L., & Jacob, T.（2003）. Evidence for peripheral plasticity in human odour response. *Journal of Physiology*, 554, 236-244.

3 Ibarra-Sora, X., et al.（2017）. Variation in olfactory neuron repertoires is genetically controlled and environmentally modulated. *eLife*, 6, e21476.

地限制一个鼻孔暴露）。经历了三周的暴露后，不管暴露鼻孔还是非暴露鼻孔，对这两个通道的单独测试都发现了它们对雄烯酮的敏感性。[1] 这个发现表明，来自两个鼻孔的信息在大脑交汇处的脑区发生了变化。[2] 这个结果与多个大脑扫描实验结果一致，那些实验表明，经过气味相关的学习后，大脑气味处理区域的电活动发生了变化。[3]

当比安卡·波仕可通过反复、细致品味发展她的葡萄酒专长时，这样的训练是否可能提高了她的鼻子对于微弱的、葡萄酒相关的气味的敏感性？可能葡萄酒中有一些诸如雄烯酮的气味物质可以通过反复、间歇性暴露而使得人们对其敏感性提高。尽管对于这个问题仍有许多工作有待完成，但已有迹象并不乐观。葡萄酒专家（和其他气味专家比如调香师）命名熟悉气味的能力较强，但他们对微弱气味，甚至是那些葡萄酒中常见的微弱气味的敏感性似乎与大街上的普通人并无二致。[4]

* * *

我们在子宫里就开始学习风味。有关这个话题的世界级专家朱莉·门内拉曾说道，一个母亲孕期食用的各种物质，从食物到烟草，都会影响婴儿早期生命的风味偏好。气味和口味分子可以

---

1 Mainland, J. D., et al.（2002）. One nostril knows what the other learns. *Nature*, 419, 802.

2 另一种（或是此外）更复杂的解释是，大脑的作用是一个通道，它可以把信号从一个鼻孔传导到另一个鼻孔，使得鼻子未被暴露的一边更敏感。

3 Gottfried, J. A., & Wu, K. N.（2009）. Perceptual and neural pliability of odor objects. *Annals of the New York Academy of Science*, 1170, 324-332.

4 Royet, J. P., Plailly, J., Saive, A. L., Veyrac, A., & Delon-Martin, C.（2013）. The impact of expertise in olfaction. *Frontiers in Psychology*, 4, 928.

穿过母体循环进入羊水，被孕期发育中的胎儿闻到和尝到。门内拉及其同事指出，如果孕妇食用胡萝卜、茴香或者大蒜，并且日后让其孩子在婴儿期或生命早期接触这些食物，就会提高孩子对这些风味的接受度。对于这个发现需要说明的一点是，并非孕期食用的所有食物都一定会如此，并且关于这种胎儿暴露是否会对个体以后生活中的食物选择产生持久影响，我们也还不清楚。[1]

对气味和口味的学习，对人类来说是一项终生的追求。我们并没有那么地被早期生命食物所影响以至于不能改变青春期和成年期的食物偏好。我们不断地学习将特定气味与口味相关联。这种共享经验甚至进入了我们的语言。大部分美国人会说，香草、草莓或薄荷的气味闻起来很甜。实际上，这说不通。甜是一种口味，不是气味。“一种物质闻起来是甜的”就像是说“某种东西听上去是红色的”。如果我们来分析一下，当我们说某种东西闻起来甜时，我们指的是，我们通过以往经验已将那种气味与甜味联系在一起了。就草莓而言，当成熟时，它们天然就是甜的。但对于焦糖、香草和薄荷来说，大部分美国人是在诸如饼干、口香糖或加糖饮料等甜食中品尝到这些气味的。这些气味自身内在没有任何甜的东西——我们只是学会了将其与甜味相关联。举一个反例，香草和薄荷在越南主要被用于开胃菜，它们的气味通常不

1 Spahn, J. M., et al.（2019）. Influence of maternal diet on flavor transfer to amniotic fluid and breast milk and children’s responses: A systematic review. *American Journal of Clinical Nutrition*, 109, 1003S-1026S.
关于婴儿的食物偏好，有一个相似但没有那么强的效应是，母乳喂养的婴儿的母亲所食用的食物风味对婴儿也有影响。

会被描述为“甜”。[1]

这种气味—口味关联效应也可以在实验室中进行研究。当理查德·斯蒂文森及其同事将香草或焦糖气味与糖水匹配，来自习惯了香草或焦糖风味甜食的人群（澳大利亚大学生）的被试评定其比单纯的糖水更甜。同样地，当把这些“甜”气味加入到一种酸味的柠檬酸水中，人们感觉到酸味变少了。将一种新气味（比如荸荠）反复地与糖水匹配，结果，相比于配对前，这种气味被认为闻起来“更甜”。[2] 这些实验强化了“我们一直在学习（和未学习）气味和口味之间的关联”这一观点。

当我们吃了某种食物并且随后感觉不舒服，我们也会形成强烈的联想。每个人都有一个这类故事。对我来说，在经历了一次童年时期与家人在一家意大利餐厅就餐后出现肠胃道不适后，我拒绝食用意大利千层面已有20年。显然，习得的强烈的食物厌恶具有适应性——如果某种东西可能会让你不舒服，你就不想再次品尝，以防被感染或中毒。

与其他动物相比，人类在食物方面展现出非同寻常的适应力，哪怕是那些会引起一定程度痛感的食物。通过学习和深刻的

1 Nguyen, D. H., Valentin, D., Ly, M. H., Chrea, C., & Sauvageot, F.（2002）. *When does smell enhance taste? Effect of culture and odorant/tastant relationship*. Paper presented at the European Chemoreception Research Organisation conference, Erlangen, Germany.

2 Stevenson, R. J., Prescott, J., & Boakes, R. A.（1999）. Confusing tastes and smells: How odors can influence the perception of sweet and sour tastes. *Chemical Senses*, 24, 627-635. Stevenson, R. J., & Boakes, R. A.（1998）. Changes in odor sweetness resulting from implicit learning of a simultaneous odor-sweetness association: An example of learned synesthesia. *Learning and Motivation*, 29, 113-132.

文化影响，人类可以享用大量食物，甚至是那些会产生轻度疼痛的食物，比如辣椒、生洋葱、被称为“哈卡尔”的含氨根的冰岛腌制鲨鱼肉。相较之下，你几乎不可能训练你的狗或猫去享用辣椒（请不要在家尝试）。即使是以食源丰富著称的老鼠也不能被训练成喜欢诸如辣椒或者山葵这类令人轻微疼痛的食物。但是人类作为几乎可以在地球上任何地方生存的终极食物通才，可以学会克服我们对这些化学刺激物、酸味和辛味食物以及那些有气味的、可能预示着细菌感染风险的食物（发臭的奶酪、啤酒、味噌和德国酸菜）的本能厌恶。

我们的个体食物偏好深受文化的影响。就当今社会而言，文化还包括了广告。民族志学者发现，纵观全世界，几乎每种文化都有一些特定、标志着文化融入的食物。它们通常作为一种排外标志：“我们吃猪肉但是邻村那些人吃鱼，他们身上有难闻的气味。”我们在食物偏好上的个性化并非无限的，而是被那些影响口味和气味学习的文化观念所塑造和制约。

这些文化观念不限于食物气味，并且它们可以非常独特。你可能会认为美国和英国在文化上有许多相似之处，但两国在气味观念上有显著差异。其中一例涉及冬青（水杨酸甲酯）气味。它在1978年美国发布的抽样调查中被列为24种最好闻的气味之一。[1]这个排名与1966年英国的调查截然相反，它被英国人认为是最难

1 Cain, W. S., & Johnson Jr., F.（1978）. Lability of odor pleasantness: Influence of mere exposure. *Perception*, 7, 459-465.

闻的气味之一。[1]尽管有一些其他类似的案例，但大部分气味排名在两国之间还是类似的。两国人民都喜欢茉莉花香味但讨厌吡啶散发的腐鱼的气味。对冬青的不同反应并非源于两个人群气味受体的基因差异，而是因为联想学习。在美国，冬青被用于糖果和口香糖。在英国（至少是在1966年），它几乎完全被用于擦在皮肤上以减轻疼痛的药物中。冬青气味的纯粹感官体验在两组中完全相同，但是习得的联想以及相应的情感反应却完全不同。

有关气味的文化观念会发生变化，这种变化不仅是当今追逐潮流的社会才有的发明。公元1世纪时，罗马的老普林尼写道：“柯林斯的鸢尾香水长期以来都十分流行，但后来被库齐库斯的香水取代。接着塞浦路斯出产的藤蔓花香受到钟爱，但随后来自阿德拉门蒂姆的、产于高斯的墨角兰花香又获得青睐，再后来温柏花膏受到追捧。”要跟上罗马香水的流行趋势不是件容易的事。有趣的是，这些被钟爱的香水没有男女之分，这一惯例基本上在欧洲沿袭了几个世纪。比如，1820—1830年间统治英格兰的乔治四世于一次皇家舞会上在一位来访公主身上第一次接触到一种香水，随后这种香水成为他自己的最爱。十五年后，流行趋势发生了变化，香甜的花香味被认为是女性专属，而男性更多使用木质香水。[2]花香气味本身并没有什么女人味的物质，但香水公司可能告诉你相反的事实。它只是当时的一种文化建构，并得到了极具可塑性的人类嗅觉系统的助推。

---

1 Moncreiff, R. W.（1966）. *Odour preferences*. New York, NY: Wiley.
冬青在测试的132种气味中排名82。排名第一的气味是玫瑰香精，排名最后的是硫代苹果酸，有人告诉我它闻起来像烧焦的橡胶。

2 Classen, C., Howes, D., & Synnott, A.（1994）. *Aroma: The cultural construction of smell*. London: Routledge.

7

美梦由此构成

我的父母对彼此都十分具有吸引力，但他们就是不能在家庭中好好相处。20世纪50年代初期，他们在芝加哥相遇，那时我的母亲是一名服务于特殊需要孩子的学校教师，我的父亲是一名医学生。他们相遇的那天，我父亲正在小儿神经内科进行临床轮转，并随主治医师一起去我母亲的学校，他们在房间两端对视了一眼，随后一起喝了一杯，接着几个月后就结了婚，但是家庭幸福并未随之而来。不到一年他们离婚了，两人都搬离了芝加哥——母亲去了纽约市从事出版业，父亲去了洛杉矶做了一名精神科住院医师。分开几年后，他给她打电话，恳求她再试一次。他一定很有说服力，因为她搬去了洛杉矶，他们快速地再次结婚，并且随后他们再次离婚。

你可能以为，这就是这个特别的爱情故事的结局。尽管两次离婚，并且分开生活，他们就是不能彼此放手。我12岁的一天，我和妈妈坐在车里，前往赛普尔韦达大街。这是一条位于西洛杉矶的满是沙砾的、无趣的商业街。“你看到那里那个很高的柱状物了吗？”她说，“那就是1961年我怀上你的地方，在一家旅店带有投币式魔指装置的床上。[1] 之后，你父亲、我和你姨妈菲丽斯、姨夫艾伦一起吃了晚餐。”

这就是我变成一个非典型离异家庭孩子的过程。我父母确实离了两次婚，但都发生在妈妈怀我之前，所以我也不存在童年期离婚创伤。学生时代，上学时我和妈妈一起生活，周末和爸爸一起生活。并且这很好，他们都是体贴、有爱的家长，我也从未希望一种更传统的家庭形式。

我从未看到我父母在一起生活，但基于他们的习惯，我想象不到还有比他俩更不合适的夫妻。他很邋遢，她爱整洁。她喜欢下厨，他爱去餐厅。她对背景噪音非常敏感，他喜欢看电视或收听收音机新闻。她甚至没有电视，直到1971年为了看尼克松辞职才买了一台。我不能想象他们共住一个屋檐下。

我时常困惑，如果生活方式上众多细微差异可以累积并导致一对夫妻无法快乐地生活在一起，那么是否事情反过来也成立呢？我觉得，最离间我父母的、也最能引发他们纷争的特质与时间有关。我的爸爸是个夜猫子，而我的妈妈往往晚上九点前上床，早上五点伴随着闹铃起床，即使她不需要上班时也是如此。她赴约从来都是早到，而他爱迟到出了名，这让她非常非常生气。现在，即使他们的内在时钟一致了，但他们仍然很可能也会

1　一些读者可能太年轻没有看到过魔指，它是一个小发明，在美国二十世纪六七十年代的汽车旅馆很常见。只要投25美分，激活发动机，它就会持续震动床架15分钟。这个装置的一侧写的文字是：“它会快速带你进入伴随着发麻的放松和舒适的天堂。”

因为各种原因而不能拥有一个好婚姻。这让那时还是男孩的我感到困惑。

* * *

我们都知道，有的人是夜猫子总是熬夜，有的人如云雀般每天早起，我们也知道大部分人在两个极端之间。然而，当研究者开展了多项以数千人为样本的睡眠调查后，一些有趣的倾向浮出水面。为了区分开人们的自然倾向与因为工作或学习而保持清醒的需要，研究者计算了周五和周六晚上的睡眠与清醒时间。这两个晚上的睡眠中点值被作为衡量个体的活动节律如何与晨昏相协调的指标，被称之为睡眠类型。图14呈现了一项以53 689名美国人为样本的调查的结果。[1] 睡眠中点范围从午夜到早晨9点半，平均值大约为凌晨3点。

如果我们分析一下就会发现，高中生和大学生在所有年龄组中拥有最迟的睡眠类型。平均而言，在四十岁之前，女性的睡眠中点比男性稍微早一些，但是过了四十岁，变得比男性的稍微晚一些。男性和女性的睡眠类型的不稳定性随着年龄下降，在年长人群中，极端的早鸟型和夜猫子型的人都更少。这可能是因为一些生理因素影响了睡眠类型，并随着年龄发生改变。这也可能是由于与老龄化相关的生活方式的变化，比如照顾孩子的负担减轻了。或者是另一个重要的可能性，极端的早鸟型和夜猫子型在某

---

1 Fischer, D., Lombardi, D. A., Marucci-Wellman, H., & Roenneberg, T.（2017）. Chronotypes in the US—influence of age and sex. *PLoS One*, 12, e0178782.
这些调查结果与德国和新西兰等其他经济发达国家之前的报告大体相似。

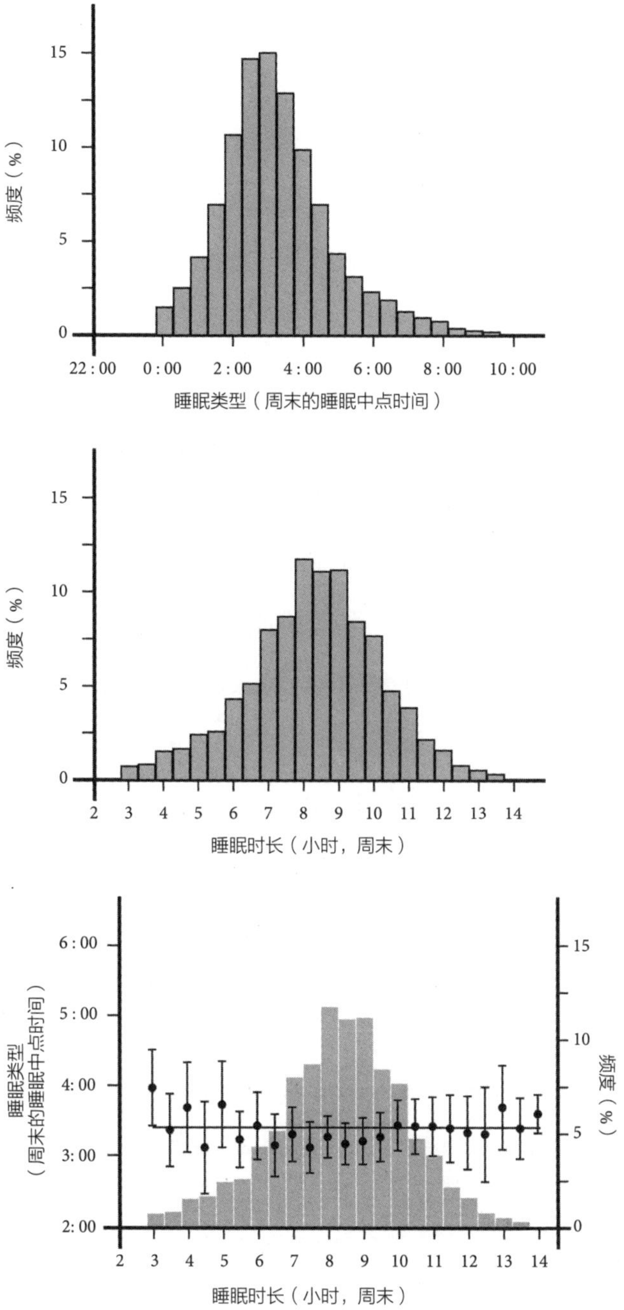

图 14　一项近期的来自美国成人的睡眠调查结果。最上面的一组显示了以周末的睡眠中点为标准而测得的睡眠类型的分布情况。中间的一组显示了睡眠时长的分布情况。最下面的一组显示了睡眠类型与平均睡眠时长的重叠，这表明睡眠的这两个方面不相关。改编自 Fischer et al.（2017）。使用已获知识共享署名许可授权。©2019 Joan M.K.Tycko.

种程度上更有可能早逝。如果你是个极端的早鸟型或者极端的夜猫子型，那么你能找到与自己睡眠类型相匹配的工作类型的可能性会减少；且有证据表明，睡眠类型和工作日程的不匹配可能会导致严重的健康问题。比如，在一项针对护士的大型研究中，这样的不匹配（夜猫子型护士值白班或者早鸟型护士值夜班）使得2型糖尿病的发病率显著增高。[1] 睡眠类型与工作日程的不匹配与癌症、心血管疾病和中风等疾病高发率显著相关。

睡眠类型也受到文化因素的影响。随便问一个曾到过西班牙并于晚上8点走进餐厅吃晚餐的美国人，你就会知道，餐厅是空荡荡的。一项近期开展的基于智能手机应用程序的全球调查显示，比利时人和澳大利亚人平均入睡时间最早（大约晚上10点半），而西班牙人、巴西人、新加坡人和意大利人入睡最晚（大约午夜）。[2] 你可能认为，睡眠类型和睡眠时长会受到人工照明和供暖的影响，更不用说这些有光源的智能手机和电脑等物品。

人们普遍认为，现代生活的科技让人们的睡眠被剥夺，但目前并没有明确的相关证据。应当注意的是，把睡眠扰乱归咎于现代生活的弊端并非是近期才出现的一个创意。当亨利·戴维·梭

---

1 Vetter, C., et al.（2015）. Mismatch of sleep and work timing and risk of type 2 diabetes. *Diabetes Care*, 38, 1707-1713.

2 Walch, O. J., Cochran, A., & Forger, D. B.（2016）. A global quantification of “normal” sleep schedules using smartphone data. *Science Advances*, 2, e1501705.
这项研究采用了智能手机的应用程序报告。重要的是，它没有局限在周末晚上，并且不能够直接与费希尔等人的研究结果进行比较。作者发现，在大多数情况下，那些平均入睡时间更早的国家平均醒来的时间也更早，那些平均入睡时间更晚的国家往往也醒得更晚。这表明，大致来说，睡眠的持续时间在不同文化中均得到了保障。

罗1845年隐居于美国瓦尔登湖的一间与世隔绝的小屋时，他的主要动机就是减轻他的失眠症，他认为是火车和工厂造成了他失眠（但这并不管用）。

为了研究人工照明和供暖得到普及之前人们是如何睡眠的，历史学家A.罗杰·埃克奇研究了欧洲进入工业时代之前的日记、书籍和旅行者游记。基于这些文字中描述的“第一次睡眠”和“第二次睡眠”，他认为，“在工业革命之前，寂静的午夜长达一小时的清醒时间打断了大部分西欧人的睡眠，这种情况不仅是出现在喜欢打盹的牧羊人和容易进入沉睡状态的伐木工身上。普通家庭成员也会起床去撒尿、吸烟，甚至拜访近邻。”在埃克奇看来，这种“分段睡眠”不仅在欧洲是常态，在前工业时代的各种社会中也普遍存在。当今社会所看重的理想休息方式——“固定的睡眠”（一觉睡到天亮），是近期才随科技出现的非自然产物。[1]

如果埃克奇的论断是对的，并且就像他认为的“它也适用于生活在热带和温带地区的人”，那么我们可以推测，那些当今还未工业化、主要生活在热带地区的人也会表现出分段睡眠。[2] 遗憾的是，在坦桑尼亚的扎哈人、玻利维亚的齐曼内人和博茨瓦纳与纳米比亚的桑人等原住民群体中开展的手腕活动测定研究并

1 Ekirch, A. R.（2001）. Sleep we have lost: Pre-industrial slumber in the British Isles. *American Historical Review*, 106, 343-386.

2 Ekirch, A. R.（2016）. Segmented sleep in pre-industrial societies. *Sleep*, 39, 715-716.

未证实这一观点。[1] 研究者在阿根廷的多巴人/库姆人，[2] 以及前工业时代居住在巴西的逃奴后裔身上发现了固定睡眠。[3] 就我所知，目前并没有研究报告称，分段睡眠在任何群体中都很普遍，不管是前工业时代还是后工业时代。由于缺乏这样的数据，我对埃克奇的论点“我们祖先的睡眠通常是分段睡眠模式”持深深的怀疑。

然而，除了这个分段睡眠模式的可疑论断，前工业化时期的人类的睡眠是否还有一些其他的不同？有一个共识是，前工业化时期人类的睡眠中点倾向于平均提早一小时，比如那时比利时人的睡眠中点比意大利人的早一小时。由于一些研究者发现前工业化时期人们的睡眠时长会多一个小时，[4] 而另一些研究者调查不同人群后发现没有显著差异，[5] 所以睡眠时长的研究结论没有那么明确。需要强调的是，除了电灯、手机和加热器，还有许多地方性因素（比如噪声和社会风俗）会影响个体的睡眠时长，并且

---

1 Yetish, G., et al.（2015）. Natural sleep and its seasonal variations in three pre-industrial societies. *Current Biology*, 25, 2862-2868.

2 De la Iglesia, H. O., et al.（2015）. Access to electric light is associated with shorter sleep duration in a traditionally hunter-gatherer community. *Journal of Biological Rhythms*, 30, 342-350.

3 Pilz, L. K., Levandovski, R., Oliveira, M. A. B., Hidalgo, M. P., & Roenneberg, T.（2018）. Sleep and light exposure across different levels of urbanization in Brazilian communities. *Scientific Reports*, 8, 11389.

4 Yetish, G., et al.（2015）. Natural sleep and its seasonal variations in three pre-industrial societies. *Current Biology*, 25, 2862-2868.
De la Iglesia, H. O., et al.（2015）. Access to electric light is associated with shorter sleep duration in a traditionally hunter-gatherer community. *Journal of Biological Rhythms*, 30, 342-350.

5 Ekirch, A. R.（2016）. Segmented sleep in pre-industrial societies. *Sleep*, 39, 715-716.

这些因素也造成了这些研究中睡眠时长的不一致性。

近年来有一个流行趋势是，一些富有进取心的政府或工业大腕自豪地宣称他们每晚只需要几个小时的睡眠。唐纳德·川普、玛格丽特·撒切尔、特斯拉创始人埃隆·马斯克和时尚设计师汤姆·福特都曾宣称他们仅需睡4个小时或者更少。那些宣称可能是真实的，但如果确实如此，他们是极个别例子。图14表明，个体的睡眠时长范围波动很大，从3到14小时，平均值大约为8.5个小时。只有一小部分美国成人报告只睡4小时或者更少。有趣的是，睡眠类型和睡眠时长之间不存在显著相关。一个早鸟型的人也可能像一个夜猫子型的人一样需要很多睡眠。这种不相关表明，睡眠类型和睡眠时长在大脑中基本上处于不同控制之下。

* * *

不仅仅是人类，动物、细菌和真菌都调整自己的生理节律以适应太阳昼夜周期，甚至许多植物会在一天中的特定时间将花瓣张开和闭合。太阳提供了能量使得植物产生光合作用，太阳也带来温暖和光线，使生物能看清周遭环境。但是这些太阳光也会损害DNA。因为DNA复制（细胞分裂的一部分）使得DNA对光线带来的损害特别敏感，所以黑夜有利于细胞分裂和细胞修复。对人类而言，与太阳活动周期相适应的不仅有睡眠和觉醒，还有体温、进食、消化、精力专注、激素分泌、生长、情绪状态及许多其他功能（图15）。甚至我们的爱情也受到太阳活动周期的影

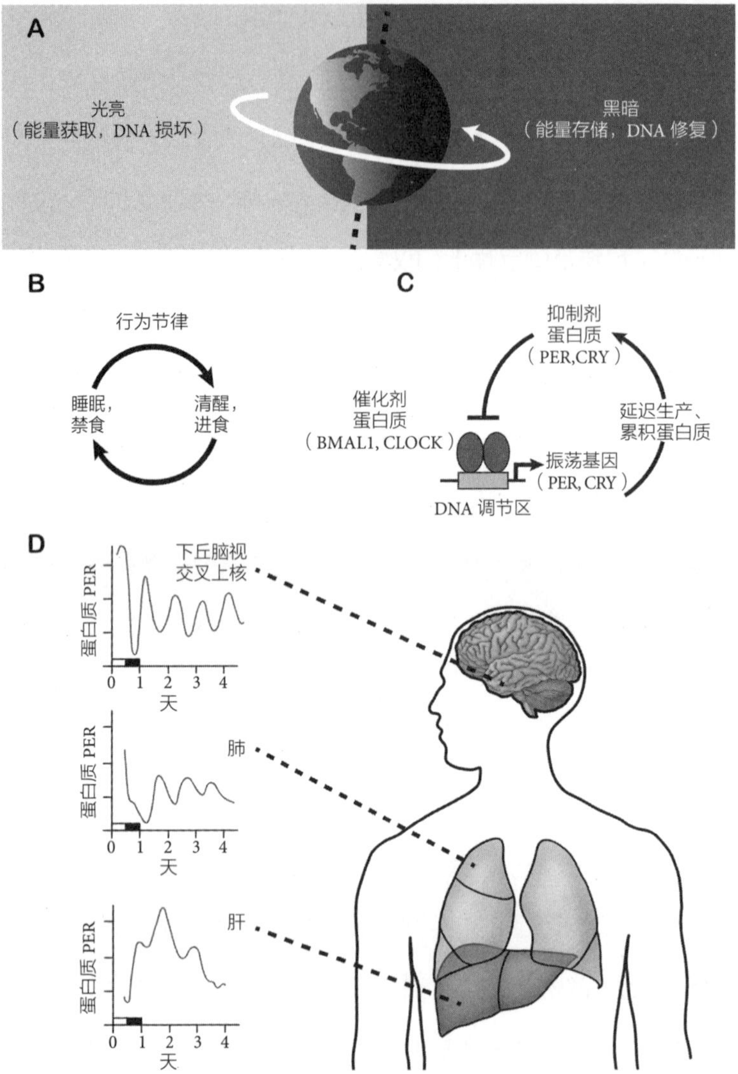

图 15　我们拥有生物钟，生物钟的作用是将我们的身体带入黑暗与光亮的日常循环。地球二十四小时的自转周期变化造成了日夜循环（A），导致了日常生物节律（B）。我们体内几乎所有细胞都有昼夜节律时钟，一种通过眼睛信号来保持与环境相协调的大约二十四小时活动节律。这个时钟依赖于调节基因表达的负反馈系统（C）。被称为下丘脑视交叉上核（SCN）的脑区充当着最主要的昼夜节律起搏器，发射出生化信号以使人体其他的生物钟保持同步。本图改编自 Takahashi（2017），使用获 Springer Nature 出版社许可。

响——有研究报告，人们最喜欢的性爱时间是晚上10点。[1]

是每日的活动循环需要体内的二十四小时生物钟，还是这些行为和心理节律完全只受外在环境（比如日光和周围环境温度）的驱动？如果你生活在一个黑暗的常温洞穴中，没有手表（或者Wi-Fi），你的日常睡眠和觉醒节律、体温等都会保持，但这种循环会逐渐变得与外在世界的时序不协调。在洞穴里每度过一个二十四小时周期，你的入睡时间都会推迟大约20分钟。同样地，如果我们从你的皮肤或肝中提取细胞并将其放入充满营养液的培养皿中，让它在黑暗中生长，它们的新陈代谢活动和特定基因表达也会表现出大致的日常节律。这些结果表明，我们的确有一个内在生物钟遍布全身，但是它需要外界信息以保持与太阳活动周期相协调。因为你的内在计时员运行时长是近似的、而非准确的二十四小时，它被称为昼夜节律（circadian）生物钟（来自拉丁文，circa意思是大约，dies指一天）。

大脑里一个叫作下丘脑视交叉上核（它的意思是视觉神经交叉处的上方，缩写为SCN）的微小结构是身体的主要计时员。那些SCN被损伤的实验室动物，比如老鼠和猴子，就不再拥有正常的睡眠—觉醒周期（或者其他任何行为或生理的昼夜节律）。相反，它们的睡眠—觉醒周期是短暂的，并且随机分布在整个日与夜中。

1 这个研究来自一本很棒的有关生物节律的书：Foster, R., & Kreitzman, L.（2004）. *Rhythms of life: The biological clocks that control the daily lives of every living thing*. London: Profile Books.

出于本书的目的，此处我们不需要深入探讨昼夜节律的分子机制细节。简而言之，它的运作机制如图15（C）所示。有一组基因指导名为PER、CRY之类的蛋白质的生产。这些基因在叫作BMAL1和CLOCK的激活蛋白共同作用下被激活。完成信号环路的关键纽带是，PER和CRY蛋白质需要反馈以抑制由BMAL1和CLOCK导致的基因激活。因为细胞需要一定的时间来累积足够的PER和CRY蛋白质，这些蛋白质的数量会上下浮动，结果这个反馈系统调谐到大约每24.3小时一个周期。关于昼夜节律生物钟，还有很多细节，但有一个基本的理念：它是通过基因表达的一个负反馈环路起作用的。[1]

太阳光通过视网膜的感光神经元使个体的内在昼夜节律生物钟的时序与外在世界保持一致。这些神经元包括一组大而细长的细胞，被称为内在光敏感视网膜神经节细胞。这些神经元发送它们的轴突至SCN，传导关于整体环境的光亮度的电学信息。来自眼睛的信息流每天在SCN的主时钟内产生微小的调整。接着SCN神经元会通过神经信号和循环激素把这个信息传递给体内的所有组织（图15）。[2] 这样，不同身体组织的活动就至少大致与太阳

1 如果你们对昼夜节律生物钟细节好奇，我推荐这两篇参考文献：
Bedont, J. L., & Blackshaw, S.（2015）. Constructing the suprachiasmatic nucleus: A watchmaker's perspective. *Frontiers in Systems Neuroscience*, 9, 74.
Takahashi, J. S.（2017）. Transcriptional architecture of the mammalian circadian clock. *Nature Reviews Genetics*, 18, 164-179.

2 重要的是，光敏神经节细胞本身不仅会被强烈的日光所激活，它们也可以被相对弱的人工光源激活，特别是如果光源含有蓝色光子。因此，当你在人工光源下熬夜，包括来自你的智能手机或台式机的光源，你就在努力强迫自己的内在昼夜节律生物钟进入一个更长的周期，打乱了自然节律。

活动周期同步了。当然这并不是完美同步：肾脏生物钟运行大约24.5小时，而角膜细胞的振荡周期大约是21.5小时。这种大致的同步对于健康的身体功能似乎已经足够好了。

* * *

二十多年前，一名成年人因睡眠障碍的问题来到美国盐湖城睡眠诊所。她起床很早以至于一到晚上就睡意来袭。她通常晚上7点半就在床上入睡了，凌晨4点就醒来。在这种作息下，她生活中的社交活动不太多。她在治疗中提到她的家族中有好几位成员存在相同的问题。没有什么陈述比那更能引起一名遗传学家关注了，因此路易斯·普塔塞克及其同事追踪了她的亲属。最终，他们在三个有这种极端早鸟型的家庭中发现了29人。他们把这种现象称为家族性睡眠状态提前综合征（FASPS）。这个稀有特质是显性基因，因此你只需从父母一方那里遗传它就能表现出性状。经过对FASPS患者的分析，人们发现，他们的身体节律提前了三到四小时，包括体温的夜间低点和激素褪黑素开始分泌的时间点。[1]

几年后，普塔塞克团队与傅英惠实验室通力合作，[2]他们发现，FASPS患者的PER2基因上携带了单个基因突变，这个突变破坏了昼夜节律生物钟的功能。[3]从那以后，研究者发现，还有的FASPS家族携带了编码部分昼夜节律生物钟的其他基因突变：

1 Jones, C. R., et al.（1999）. Familial advanced sleep-phase syndrome: A short-period circadian rhythm variant in humans. *Nature Medicine*, 5, 1062-1065.

2 他们是夫妻。

3 Toh, K. L., et al.（2001）. An hPer2 phosphorylation site mutation in familial advanced sleep phase syndrome. *Science*, 291, 1040-1043.

CRY2、PER3和CK1DELTA（它与PER蛋白质交互作用）。在另一个测试中，通过基因工程技术，将这些不同的昼夜节律生物钟基因突变引入小鼠身上，这些小鼠也表现出了提前的活动和体温节律，与FASPS患者的表现相似。这些结果令人十分满意，但我们不应该急着下结论说，所有极端的早鸟型均源于核心的昼夜节律生物钟基因发生了突变。也有一些其他拥有这个特质的人，他们似乎并没有这些基因突变。

另一种罕见的家族发病的睡眠特质是睡眠时长不足。拥有这种特质的人被称为家族自然短睡眠者。他们平均每晚睡大约6小时，也没有不利于健康的后果。研究者分析了两种不同的短睡眠家族发现，他们都携带了DEC2基因突变，DEC2基因可能是，也可能不是昼夜节律生物钟系统的监管者（文献结论相互冲突），以及该基因与大脑睡眠回路的关系也不清楚。[1] 另一个短睡眠家族被发现拥有一个ADRB1基因突变。当傅英惠实验室和普塔塞克团队通过基因工程将该基因突变植入小鼠体内，它们也变成了短睡眠者。此处，基因和大脑睡眠回路之间的关系已经得到较好理解。ADRB1指导一种叫作β1-肾上腺素能受体的神经递质，它涉及调节叫作脑桥的脑干区的电活动，脑桥在从睡眠到清醒的转变中发挥了重要作用。[2] 在睡眠时长分布的另一端，对调节生物钟

1 Shi, G., Wu, D., Ptáček, L. J., & Fu, Y. F.（2017）. Human genetics and sleep behavior. *Current Opinion in Neurobiology*, 44, 43-49.

2 Shi, G., et al.（2019）. A rare mutation of β1-adrenergic receptor affects sleep/wake behaviors. *Neuron*, 103, 1-12.

基因PER2至关重要的SIK3如果产生了一个特定的基因突变，就会导致极端的长睡眠老鼠。[1] 然而，执笔至此，我们仍不清楚SIK3基因变异是否影响人类的睡眠时长。

FASPS和家族自然短睡眠均为罕见的病症，它们属于如图14所示的睡眠类型和睡眠时长钟形分布的左尾区。基因变异也是造成发现于这两个分布图中央部分的睡眠细微变异的原因吗？有两条线索的证据表明，在自然的睡眠周期变异中存在遗传学因素。第一，一项采用菲比健身追踪器来监控同卵双胞胎与异卵双胞胎的睡眠的研究估计，睡眠时长方面50%的变异和睡眠不安发病率上90%的变异具有遗传性。[2] 第二，三项近期的大型全基因组关联分析致力于找出与早鸟—夜猫子睡眠类型连续体相关的基因变异。[3] 令人惊讶的是，三项实验均发现涉及四个基因变异。在这四个中，前文提及的PER2和另一个称为RGS16的基因是已知的昼夜节律生物钟的组成部分；第三个基因FBXL13可能是昼夜节律生物钟的监管者（关于这一点，研究还未解决）；最后一个基因AK5与昼夜节律生物钟没有任何已知的关系。在思考AK5和其他非生物钟基因（它们出现在其中的两项或三项全基因组关联分析

---

1 Funato, H., et al.（2016）. Forward-genetics analysis of sleep in randomly mutagenized mice. *Nature*, 539, 378-383.
Hayasaka, N., et al.（2017）. Salt-inducible kinase 3 regulates the mammalian circadian clock by destabilizing Per2 protein. *eLife*, 6, e24779.

2 Gehrman, P. R., et al.（2019）. Twin-based heritability of actimetry traits. *Genes, Brain and Behavior*, 18, e12569.

3 Kalmbach, D. A., et al.（2017）. Genetic basis of chronotype in humans: Insights from three landmark GWAS. *Sleep*, 40, 1-10.

调查中）时，我们应该记住，昼夜节律生物钟受到来自视网膜的光信号的调节。因此，与调节过程有关的基因变异——内在光敏感视网膜神经节细胞将来自视网膜的亮度信号传送至SCN，因而那些表达在内在光敏感视网膜性神经节细胞上的基因变异，可能也造成了睡眠类型的差异。

* * *

尤金·阿瑟林斯基是芝加哥大学纳撒尼尔·克莱特曼睡眠实验室的研究生。他在实验室里对熟睡中的成人的脑电图（EEG）进行了记录。这些记录表明，入睡之后，EEG逐渐从嘈杂、动荡的轨迹变为缓慢、幅度更大的振动。研究者认为此时已达到深度睡眠，并且它会持续至觉醒。他们的标准程序是持续记录45分钟以捕捉到这种到慢波睡眠的转变，接着关掉EEG记录仪以避免在地上堆积如山的图纸。1952年的一个晚上，阿瑟林斯基突发奇想——将他8岁的儿子阿尔芒带进实验室，作为那一晚的被试。在阿尔芒入睡约30分钟后，他的父亲观察到EEG图表记录仪的笔描绘出了大幅度、缓慢的振动。接着，令他无比震惊的是，EEG转变成看上去更像是觉醒状态的节律，即使阿尔芒显然仍在睡眠中，并且完全静止不动。这个有关快速眼动（REM）的睡眠阶段，在成人身上通常入睡大约90分钟之后才会出现。然而，在像阿尔芒这样的儿童身上，它出现得早多了。

1953年，阿瑟林斯基和克莱特曼睡眠实验室的这些研究成果的出版成为睡眠研究的分水岭。随后几年，一幅更精细的睡眠研究面貌得以呈现。当科学家将EEG仪器整夜开着（在这过程中图纸堆积如山），他们发现成人的睡眠周期大约为90分钟。这由前文提到的逐渐变得越来越沉的睡眠组成，伴随着与EEG的逐渐同步。这些睡眠阶段被统称为非REM睡眠，并且它们被细分为四个阶段，从昏昏欲睡或者打盹儿（阶段Ⅰ）到深度睡眠（阶段Ⅳ）。阶段Ⅳ之后进入REM睡眠。REM睡眠周期的结束标志着一个睡眠周期的结束（图16）。一个典型的夜间好觉由四到五个这样的周期组成。随着夜晚时间的推移，每个睡眠周期的组成部分会发生变化，因此REM睡眠的比重会增大。在觉醒前的最后一个周期，多达50%的睡眠周期可能贡献给了REM睡眠。人类的睡眠随着生命历程表现出变化，花费在REM睡眠上的时间比重从出生时的50%下降到老年时的15%。

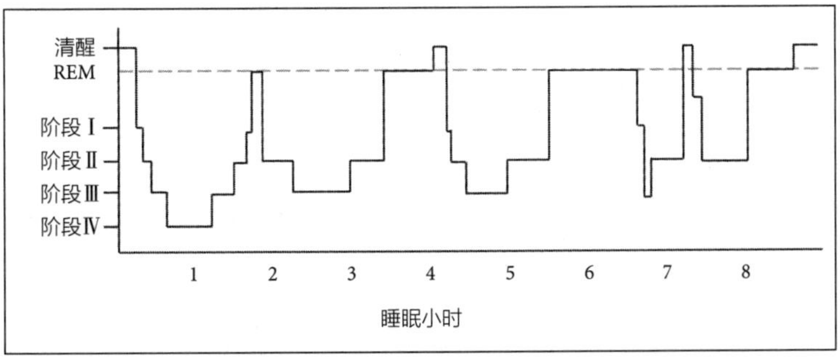

图 16　成人整夜的睡眠阶段。注意 REM 睡眠在后半夜的睡眠中占优势。这个图例显示了 4 个睡眠周期。

伴随着REM睡眠会出现许多生理变化，包括呼吸频率、心率及血压的增加和性反应——男性阴茎勃起，女性乳头与阴蒂勃起以及阴道湿润。更引人注目的是肌张力的变化。一位典型的成人睡眠者会在整个夜晚变换体位大约40次，大部分变换是无意识的。然而，身体在REM睡眠时没有任何活动，因为此时身体完全柔软无力。因此，除非处于水平体位，几乎不可能进入REM睡眠。

REM睡眠有时也被称为“异相睡眠”，因为EEG类似觉醒状态，而睡眠者基本上是瘫软的。大脑的运动指挥中心活跃地给肌肉发送信号，但这些脉冲被来自另一脑区的抑制性突触驱动阻滞在脑干层面，因此永远到达不了肌肉。这种阻塞只会影响运动指挥中心的信号向下流出至脊髓，但不会影响颅骨神经的信号流出，颅骨神经直接退出脑干来控制眼睛与面部运动（和心率，通过迷走神经）。[1] 这种阻塞失败见于一种叫作REM睡眠行为障碍的疾病中。这种疾病的特征是在REM睡眠阶段出现暴力的梦境展现行为，通常导致自伤或伤害他人，包括拳打、脚踢、跳跃甚至从床上跑下来。REM睡眠行为障碍与常见的梦游不同，梦游只发生在非REM睡眠。

* * *

发作性睡病是一种通常起病于青少年时期的罕见疾病。在几天或几周时间里，在白天想睡觉的冲动变得越来越强。尽管夜间拥有良好睡眠，醒后也很快变成正常的清醒状态，但这些孩子会在上课时、做家庭作业时睡着，更危险的是开车时睡着。有时这种白昼睡眠的发作与体重增长有关。在发作性睡病患者身上，

1　法国里昂大学的迈克尔·茹韦在猫身上发现，切断那些阻滞运动信号外流的抑制性纤维会导致怪异行为。在REM睡眠阶段，猫参与复杂的运动，但是都闭着眼睛。它们跑、跳，甚至看起来像在吃它们想象的猎物。

REM睡眠可以在任何时候突然出现，无需先经历非REM睡眠阶段。它还伴随着如梦般的幻觉。

如果此时症状停止，诊断就是Ⅱ型发作性睡病。[1] 然而，在另一种形式的疾病——Ⅰ型发作性睡病中，一种额外的、恐怖的症状会接着发展。下面的节选片段来自一个典型的案例报告：

一个18岁的男孩有两年严重的白昼过量睡眠病史，疾病始于甲型流感（H1N1）疫苗接种几个月后。由于大量的白昼睡眠，他不得不重读一学年。他体重过重，经常出现睡眠瘫痪和噩梦。在过量白昼睡眠发作后6个月，他的四肢和脖子常出现一阵阵的虚弱无力，这可由不同的情感刺激诱发，尤其是当他与他的兄弟一起大笑时。他的兄弟曾录制过一段手机视频以供神经科学家观看，由此确定了典型猝倒发作的诊断。[2]

见于Ⅰ型发作性睡病中的猝倒是一种弛缓性瘫痪，往往持续几秒至两分钟，并且通常始于面部和脖子，有时延伸至躯干和四肢。

Ⅰ型发作性睡病与大脑外侧下丘脑一小群神经元的完全丧失有关。这些神经元产生神经递质食欲肽，它在警觉和摄食行为调节方面发挥重要作用。这也解释了为什么许多病人随着发作性

1 Mahoney, C. E., Cogswell, A., Koralnik, I. J., & and Scammell, T. E.（2019）. The neurobiological basis of narcolepsy. *Nature Reviews Neuroscience*, 20, 83-93.

2 这个案例报告出自: Dauvilliers, Y., & Barateau, L.（2017）. Narcolepsy and other central hypersomnias. *Continuum*, 23, 989-1004.

睡病发展，体重也会增加。Ⅱ型发作性睡病仅涉及这些神经元的部分丧失。在这两种类型中，制造食欲肽的神经元被自身免疫攻击所毁坏。在2009—2010年H1N1流感大流行时，Ⅰ型发作性睡病的发病率出奇地增加。这表明，H1N1流感中的一些蛋白质片段，或者旨在诱发免疫力的疫苗与制造食欲肽的神经元表面的蛋白质产生了交叉反应，导致它们受到免疫系统T细胞的摧毁。

Ⅰ型发作性睡病是基因与环境交互作用的一个绝佳例子。它的可遗传性很弱，只有大约1%到10%的案例会出现家族性发病。如果你的同卵双胞胎患有发作性睡病，你患病的概率大约会是25%，这远高于总人群中0.05%的概率，但也远低于我们通常预期的纯粹的遗传性疾病的概率。[1] 然而，98%的Ⅰ型发作性睡病患者都有一个特定的免疫系统基因突变（其名称为HLA-DQB1*0602），而这种基因突变的发生率在普通人群中为12%。最有可能的解释是，Ⅰ型发作性睡病的发病有两个必要条件，既要携带倒霉的HLA基因突变，也要暴露于某些抗原中，比如H1N1流感病毒，抗原诱发了针对食欲肽神经元的自身免疫反应。[2]

* * *

在睡眠中，即使人基本上与感官失去联结，但人类大脑会产

---

1 Mignot, E.（1998）. Genetic and familial aspects of narcolepsy. *Neurology*, 50, S16-S22.

2 下丘脑泌素（也称食欲素）神经元的缺失对发作性睡病至关重要，但是它可能不是全部的原因。可能是，一些或所有下丘脑泌素神经元诱发了其他大脑系统的补偿性反应，而且那些补偿性反应可能在一些情况下是有益的，但在另一些情况下是有害的。目前，还没有办法来修复大脑中丧失的下丘脑泌素神经元，因此发作性睡病的治疗只能基于症状：通常兴奋剂（比如莫达非尼）用于白日睡眠，选择性5-羟色胺再摄取抑制剂类药物（SSRIs）用于猝倒。

生一个完全的意识经验世界。某些早晨，你可能醒来没有任何梦境记忆；而另一些时候，夜里似乎接连做梦。一般来说，除非你在梦中，或者在梦的最后几秒结尾时醒来，不然你不太会想起这个梦。只要醒来，这个梦的记忆通常会快速消失，除非写下来、记录下来或者告诉其他人。

梦主要是视觉层面的，带有全色彩和运动。它们构建于以往的清醒时的生活经验，其中有可辨识的人、地方和物体。声音和话语在梦中也很常见，但是触觉（包括疼痛和温度）、嗅觉和味觉往往少得多。大部分梦都有一种真实的感官特征——它们不是单纯的想法或反思，并且它们与清醒时的生活显著不同。

长久以来，人们以为做梦仅仅出现在REM睡眠。现在我们知道，在任一睡眠阶段醒来都可以报告做梦了，但是梦的特征和持续时间随着不同睡眠阶段而变化。在睡眠初期阶段Ⅰ出现的梦通常较短，并且尽管它们有一种强烈的感官成分，但这种感官不会进一步演变成一种连续的叙事。这些梦通常是场景片段，没有太多的细节，极少有情绪性内容。它们往往有逻辑，与清醒时的生活经验一致。重要的是，睡眠初期的梦很有可能包含以往的白天发生的事件经验。在一个经典的研究中，被试在入睡前玩几个小时俄罗斯方块游戏。当他们带上EEG记录仪，随后在阶段Ⅰ被叫醒，超过90%的被试报告了游戏场景，但这只发生在进入睡眠初期后立马醒来，而非在深度非REM睡眠（阶段Ⅲ和Ⅳ）或REM睡眠阶段。[1]

我们能记住的梦通常是叙事性的梦，以一种讲故事的方式展开，并且有丰富的细节。它们经常是熟悉人物和地点的古怪的混合和变形，并且违反物理学，比如人类飞起来了。我们在梦里可以体验一种不同的现实，但我们无法掌控它。我们不能追求目标，相反，我们被带领着，并且往往接受突然的转变和不可能的物体，认为它们是一种既定事实。我们把对那些非逻辑的或者奇怪的经验的怀疑放在一边。叙事性梦通常具有强烈的情感内容，既有积极情绪也有消极情绪，但这不是必需的。

叙事性梦是我们最有可能记得和讨论的梦。部分原因是它们讲了个好故事（尽管有时听故事的人并不会像做梦的人那样觉得有趣），但它也反映了睡眠周期的结构：你最有可能在夜晚结束时醒来，而此时也是REM睡眠占优势的时段，因此能记得你的叙事性梦。尽管叙事性梦大多时候发生在REM睡眠，但它不是这个睡眠阶段独有的。在睡眠实验室，有时被试会在睡眠阶段Ⅲ和Ⅳ醒来之后讲述叙事性梦，尤其是在下半夜时。有时被试在打盹醒来后回忆起叙事性梦，那时还没有进入REM睡眠阶段。那些因为脑干神经性损害而无法进入REM睡眠阶段的患者仍然可以有叙事性梦。[2] 反过来，在REM睡眠中的人也不是必然会做梦。平均而

1 Stickgold, R., et al.（2000）. Replaying the game: Hypnagogic images in normals and+amnesiacs. *Science*, 290, 350-353.

2 Solms, M.（2000）. Dreaming and REM sleep are different. *Behavioral and Brain Sciences*, 23, 793-1121.

言，有20%的成人从REM睡眠醒来后报告说没有做梦，即使在实验室中睡眠者被叫醒后会被立即询问是否做梦。[1]

在REM睡眠中，由于刚刚到达丘脑层面的电信号部分受阻，来自感官的信息几乎（但并非完全）可以忽略不计。因为并不经过丘脑，嗅觉信息仍然可以在REM睡眠中得以处理，因此它可以作为完全在睡眠中进行的潜意识联想学习的基础。

非嗅觉信息，比如闹钟的蜂鸣声，有时也可以进入REM阶段的梦的结束部分。而诸如脸上的一股水花或者四肢上的压力这类刺激极少能进入梦境。[2] 在一组有争议的、放在今天可能不会被允许开展的实验中，被试的眼皮被胶带粘住，眼睛睁着进入睡眠；在REM睡眠阶段，在被试眼前照亮各种物体。即使这些操作也没能侵扰梦境内容。[3]

有好几条线索的证据表明，叙事性梦与想象的关联要比与知觉的关联更大。在一些遭受了颞顶枕叶（TPO）联合区脑区损伤的病人身上，做梦的能力被剥夺了。这些病人清醒时也在心理想象方面存在严重的缺损。对成人而言，最能预测梦境回忆的认知能力是视觉空间成像。[4] 在REM睡眠期间监测脑成像的研究

1 Nir, Y., & Tononi, G.（2009）. Dreaming and the brain: From phenomenology to neurophysiology. *Trends in Cognitive Science*, 14, 88-100.

2 Dement, W., & Wolpert, E. A.（1958）. The relation of eye movements, body motility and external stimuli to dream content. *Journal of Experimental Psychology*, 55, 543-553.

3 Rechtschaffen, A., & Foulkes, D.（1965）. Effect of visual stimuli on dream content. *Perceptual and Motor Skills*, 20, 1149-1160.

4 Butler, S., & Watson, R.（1985）. Individual differences in memory for dreams: The role of cognitive skills. *Perceptual and Motor Skills*, 53, 841-964.

发现，当叙事性梦最有可能发生时，涉及心理成像和视觉或听觉记忆的脑区被激活了。有趣的是，涉及初级感觉（比如视、触和音）处理的脑区在REM睡眠期间基本上不活跃。另一些在REM睡眠期间没有激活的脑区是与自动控制（右下顶叶皮质）、自我监控和反思性思维（后扣带皮质、前额脑区底部、背外侧脑前额叶外皮）有关的脑区。总的看来，来自脑损伤和脑成像的图片表明，叙事性梦非常像清醒状态的随机性想象——即白日梦。

有些人每天早上都可以报告他们的叙事性梦，而另一些人声称他们很少做梦。然而，如果把那些自称极少做梦的人带到睡眠实验室，在REM睡眠中唤醒他们，并且立即询问，他们中的大部分人都会报告叙事性梦。正如我前面所讲的，患有特定类型的脑损伤病人缺失叙事性梦，但是这类人非常稀少。大部分报告极少做梦的人如果愿意的话，他们可以训练自己以回忆起更多的梦。一种好的开始方式是在床边放一沓纸或者一个录音笔，以便醒来记录下梦。这会导致你越来越能回忆起梦，并且随着时间推移，也会让你在下半夜时醒过来的时间更短，以为潜在的梦境回忆留出时间。

因为梦由我们的过去经验组成，所以梦的素材受到我们感官世界的限制。比如，如果你天生失明，那你就不会有视觉记忆，因此你不会做视觉方面的梦。然而，如果你生下来具有视力，在5岁左右由于眼睛受损或者大脑早期视觉处理阶段受损而失明，那么你能够拥有视觉方面的梦。这一类梦由你以往储存的视觉记忆构成，尽管有时以一种古怪的方式来变化和重组。

在大脑早期视觉通道受损之后，你仍然可以做视觉的梦，而晚期视觉处理通道受损会影响梦的内容。比如，那些因大脑损伤而损害了他们清醒时的面部感知的成人将不会梦见特定的面孔。同样地，那些涉及颜色或运动感知的脑区遭受了损害的人，他们的梦会表现出相应的缺损。[1]

睡眠阶段之间的转换受到各种神经递质之间复杂的相互作用的控制，这些神经递质包括乙酰胆碱、去甲肾上腺素、血清素、组织胺和多巴胺。我们知道，作用于这些神经递质的药物会影响梦。比如，作用于血清素和去甲肾上腺素信号传导的大部分抗抑郁药物似乎降低了叙事性梦的回忆频率；一些选择性5-羟色胺再摄取抑制剂类（SSRIs）抗抑郁药物使人回忆梦时会增加情感性内容。由于帕金森病使得多巴胺信号传导减弱，因此帕金森病患者更少报告梦的情感性内容，同时他们的梦显得稀奇古怪。[2] 这些发现可能提示着，与这些改变睡眠的神经递质相结合的受体上的基因突变——以及合成、降解和储存它们的酶——会影响梦的模式；但是目前缺乏足够多的、可靠的证据支持或反对这个观点。

尽管我们可能倾向于认为，梦中的我们与清醒时的自己基本不同，但这似乎并非完全正确。尽管梦可以融合、延伸和重组我

---

1 Nir, Y., & Tononi, G.（2009）. Dreaming and the brain: From phenomenology to neurophysiology. *Trends in Cognitive Science*, 14, 88-100.

2 De Gannaro, L., et al.（2016）. Dopaminergic system and dream recall: An MRI study in Parkinson's disease patients. *Human Brain Mapping*, 37, 1136-1147.

们的过往经验，注入奇妙的时空变换，但造梦的原始素材是我们清醒时的经验。不仅如此，在不同文化中对许多梦进行正式的内容分析，结果发现，我们的梦中自我呈现出的重大关切、心境、好奇心和认知能力与清醒时的自我呈现出的重大关切、心境、好奇心和认知能力高度相关。[1] 梦的内容的最佳预测因素是你清醒时的生活。

1 Snyder, F.（1970）. The phenomenology of dreaming. In L. Madow and L. H. Snow（Eds.）, *The psychodynamic implications of the physiological studies on dreams*（pp. 124-151）. Springfield, IL: Charles C. Thomas.
Hall, C., & Van de Castle, R.（1966）. *The content analysis of dreams*. New York, NY: Appleton-Century-Crofts.
Domhoff, G. W.（2003）. *The scientific study of dreams: Neural networks, cognitive development, and content analysis*. Washington, DC: American Psychological Association.
Foulkes, D.（1985）. *Dreaming: A cognitive-psychological analysis*. Hillsdale, NJ: Lawrence Erlbaum Associates.

8

种族纷争

在整个东南亚海域上零星生活着一些文化和语言都明显不同的海洋游牧民族。他们依靠屏气潜水来获取食物。其中一个民族的人被称为巴瑶人，他们生活在印度尼西亚、菲律宾和马来西亚。[1] 另一个民族的是莫肯人，他们居住在泰国和缅甸半岛西海岸的岛屿上。[2] 海洋游牧民族的人很早就学习游泳，有些人甚至在他们会走路前就学会了。女人、男人和孩子都经常潜水以捕食，男人大多用鱼叉捕鱼，而女人和孩子大都采集软体动物和可食用的虫子。在大多数情况下，海洋捕食潜水的深度在15英尺至25英尺之间，尽管也会有更深的潜水。海洋游牧民族的成人平均每天花5个小时潜水，在所有已知的屏气潜水者中，时间最长。他们所有的这些动作都没有紧身潜水衣、压铅或者呼吸器的帮助。尽管当前的巴瑶人已使用潜水镜，但莫肯人（尤其是儿童）

---

1 Sather, C.（1997）. *The Bajau Laut: Adaptation, history, and fate in a maritime fishing society of south-eastern Sabah*. Kuala Lumpur, Malaysia: Oxford University Press.

2 Ivanoff, J.（1997）. *Moken: Sea-gypsies of the Andaman Sea—Post-war chronicles*. Chonburi, Thailand: White Lotus Press.

经常不戴（二十多年前，海洋游牧民族都不会使用潜水镜）。16世纪，欧洲殖民者第一次遇到莫肯人和巴瑶人时，他们就在屏气潜水，因此几乎可以肯定的是，他们几百年前就已经这样做了。[1]

所有人类与水生哺乳动物，比如水獭和海豚，具有相同的一系列潜水生理反应。一进入水中，心率会变慢以减少氧气消耗，延长潜水时间。此外，血流会从可以承受暂时性缺氧的器官绕开，流向最需要它的器官：心脏、大脑和活跃的肌肉。最后，脾脏收缩以释放出大约半杯的血红细胞进入血液循环，从而提高血液的总体携氧能力。所有这些反应一起作用以延长人类屏气潜水的时间。[2]

为了探明海洋游牧民族是否已经从基因上适应了他们特殊的水上生活方式，来自丹麦哥本哈根大学的梅利萨·伊拉尔多及其同事收集了居住在苏拉维西岛贾亚·巴克迪村庄的巴瑶人的DNA样本。作为对照，他们也收集了萨卢安人的DNA，萨卢安人生活在相距巴瑶人村庄大约15英里远的同一个岛屿上的高莲。萨卢安人与水生环境关系不大，也不会屏气潜水。研究者也携带一个便携式超声仪，用于测量所有被试的脾脏大小。研究者发现，平均而言，巴瑶人的脾脏比萨卢安人的要大，叫作PDE10A的基因的突变导致了脾脏的增大。脾脏的增大让巴瑶人有一个更大的血红

1 Schagatay, E., Losin-Sundström, A., & Abrahamsson, E.（2011）. Underwater working times in two groups of traditional apnea divers in Asia: The Ama and the Bajau. *Diving and Hyperbaric Medicine*, 41, 27-30.

2 Schagatay, E.（2014）. Human breath-hold diving and the underlying physiology. *Human Evolution*, 29, 125-140.

细胞存储量以在屏气潜水时注入血液中。此外，巴瑶人往往还携带BDKRB2基因突变，这会导致由潜水引发的心率降低和血流从体表流向身体核心部位。[1]

有过水下睁眼看的经历的人都知道，此时的视野是模糊的。人类视觉对水生环境的适应很差。然而，测试莫肯儿童的水下视觉发现，他们分辨视觉细节的能力大约是同年龄的欧洲儿童的两倍——即，他们的水下视野仍然模糊，但没有像欧洲孩子那么模糊。有两种方法可以部分提高水下视野。一种方法是充分收缩瞳孔以获得更大的景深，另一种方法是使眼球晶状体弯曲以更好地集中摄入的光，这个过程叫作视觉适应。这两种策略均被莫肯儿童的眼睛所采用，提高了他们的水下视野。[2]

迄今为止，还没有发现可以解释莫肯人或其他海洋游牧民族适应增强或瞳孔收缩的基因变异。实际上，莫肯儿童水下视野的提高可能完全可以由训练来解释。在水池中进行为期1个月的11次训练后，欧洲孩子达到了与莫肯孩子一样的增强的水下视觉敏锐度。8个月后再次测试受训的欧洲孩子，结果发现他们的进步仍然很明显。[3] 海洋游牧民族给我们上了清晰的一课。生活方式和环境可以导致受到特定适应压力的当地人类族群基因的进化性

---

1 Ilardo, M., et al.（2018）. Physiological and genetic adaptations to diving in sea nomads. *Cell*, 173, 569-580.

2 Gislén, A., et al.（2003）. Superior underwater vision in a human population of sea gypsies. *Current Biology*, 13, 833-836.

3 Gislén, A., Warrant, E. J., Dacke, M., & Kröger, R. H. H.（2006）. Visual training improves underwater vision in children. *Vision Research*, 46, 3443-3450.

改变，正如巴瑶人的海洋捕食对于脾脏大小和潜水反应的选择。但重要的是，正如增强的水下视野的案例所揭示的，仅仅因为一个特定族群中的一个有用的特质存在显著不同并不代表该差异一定有可遗传的基础。

* * *

现代人类大约30万年前出现在非洲，在过去大约8万年间遍布全世界，占领了几乎所有类型的自然环境。在1.2万年内，大部分（非全部）人类族群从狩猎采集生活方式演变为驯化和培育动植物的生活方式。特定人类生活方式和地区的挑战导致对特定特质的局部选择压力，[1] 比如海洋游牧民族的增强的潜水生理反应（但水下视觉的提高不算）。

其中最著名的人类适应案例是伴随着人类对牛的驯化而发生的，牛的驯化在大约一万年前分别出现在非洲和中东。牛被驯化后，成人因需要饮用和代谢牛奶而导致了强大的选择压力，这是由于牛奶中的乳糖代谢需要乳糖酶。在大多数人身上，分解乳糖的乳糖酶在婴儿时期断奶后有所下降。然而在那些采用大规模奶牛养殖的人群中，即使成年后，乳糖酶也持续表达。编码乳糖酶的基因变异分别出现在大约9 000年前的中东和大约5 000年前的非洲。对古代人骨骼的DNA分析表明，仅用了4 000年这些基因变

---

1 Fan, S., Hansen, M. E. B., Lo, Y., & Tishkoff, S. A.（2016）. Going global by adapting local: A review of recent human adaptation. *Science*, 354, 54-59.
Ilardo, M., & Nielsen, R.（2018）. Human adaptation to extreme environmental conditions. *Current Opinion in Genetics & Development*, 53, 77-82.

异就从中东传播到了欧洲。[1] 这个例子说明了关于人类适应的一些重要事实。第一，在进化史上，新的人类特质可以非常快速地出现：在本例中，仅用了几千年。第二，经历了相同选择压力的两个单独的人类族群可以分别出现相同类型的基因变异——在本例中，影响成年期乳糖酶表达的基因变异。这个过程就是被生物学家称为“趋同进化”的一个例证。

然而，在许多例子中，我们会看到暴露于相同环境压力中的不同人群出现了不同的基因变异。一个很好的例子有关那些生活在高海拔的族群，比如埃塞俄比亚的塞米恩山脉或者青藏高原，海拔超过2 000米。这样的环境对人体供应足够的氧气至关键的器官提出了挑战。然而，在所有这样的高海拔地区生活的人类族群都在艰难的条件下生生不息。藏民已累积发展出高海拔保护基因变异EGLN1和EPAS1，而一些塞米恩山脉居住者则发展出了不同的高海拔保护基因变异VAV3、ARNT2和THRB。这些基因的名字不重要。重点是受影响的基因不同。高海拔、低氧环境的生存挑战可以有不同的处理办法——不同族群采取的有效基因变异的不同组合。[2]

高海拔、屏气潜水和食用奶制品只是一个逐渐增加的局部压

---

1 目前，在非洲的大部分地区或其他温暖地域，人们很难从古代遗骸中提取到DNA，因为在那样的气候下，DNA被降解了。因此，我们关于乳糖酶耐受性如何在非洲传播的理解非常有限。除了乳糖酶耐受性，成人分解牛奶的能力也受到肠道内微生物数量的影响。

2 在某些情况下，我们知道缺氧环境中的不同基因变异可能与生化或基因信号传导有关。比如，EGLN1和EPAS1都在相同的信号传导通路中起作用，以激活缺氧诱导转录因子（HIF）。

力名单中的三项。针对这些局部压力而发展出的人类适应性基因变异已在当地某一特定族群中被识别出。其他一些包括那些生活在阿根廷特定区域的人们对饮食中的砷的耐受；生活在中非、地中海和印度的许多居民对疟疾的耐受；格陵兰岛和加拿大原住民对基于海洋的饮食的适应和西伯利亚原住民对寒冷气候的耐受。这个名单不长，但随着族群遗传学研究增多，这个名单在不断增加。

我目前所提到的当地人类适应都是关于一个或者少量基因的变异。但是当地人类适应是否也会影响多基因特质，比如身高？在欧洲人身上，身高大约有85%的可遗传性，并且有上百个基因会影响身高。[1] 对此，答案仍不清楚。北欧人平均比南欧人高。比较北欧和南欧群体的139个已知的影响身高的基因发现，这些

---

1 一个反例来自中非西部的热带雨林地区，那里生活着身高异常矮小的俾格米人。身材矮小似乎是对雨林狩猎采集部落的一种常见的适应，这种现象也出现在亚马孙盆地和东南亚地区。我们还不清楚为什么在热带雨林的狩猎采集民族中矮个子会具有适应性。一个有趣的可能性是，身材矮小根本不是一种适应性，而只是加速出生后发育的副产品。假设是，在高死亡率的环境中，快速发育并在可能的死亡到来之前生育自己的孩子是具有适应性的。

Migliano, A. B., Vinicius, L., & Lahr, M. M.（2007）. Life history trade-offs explain the evolution of human pygmies. *Proceedings of the National Academy of Sciences of the USA*, 104, 20216-20219.

在所有这些俾格米人部落中，身材矮小是一个具有高度遗传性的特质，并且矮小不只是普遍的营养不良的结果。对生活在喀麦隆的俾格米人的DNA进行分析，研究者发现，他们的矮小可以用少量的基因变异来解释，其中一个影响了生长激素的产生。这样，身高变成了有趣的特质。世界上的大部分人，身高的变异来自上百个基因变异的微小效应。但在只占世界人口一小部分的非洲俾格米人身上，这个高度多基因过程被少数基因的强劲的作用推翻了，产生了异常矮小的身高。

Jarvis, J. P., et al.（2012）. Patterns of ancestry, signatures of natural selection, and genetic association with stature in Western African pygmies. *PLoS Genetics*, 3, e1002641.

促进身高的基因变异更多地出现在北欧人身上。[1] 一项针对英国人的相关研究表明，在过去两千年中，许多作用较弱的促进身高的基因变异一直处在强大的选择压力之下。类似的近期选择特征也见于新生儿头围的增加、女性臀部大小（有可能是为了在分娩时适应婴儿增大的头部）、空腹胰岛素水平和一些其他的多基因变异。[2] 然而在2019年，两个不同的团队发表文章质疑这个支持欧洲人身高存在多基因适应的结果的可靠性。当使用一个规模更大的、不同阶层的群体样本时，这个效应极大地降低了。[3] 目前，欧洲人的身高似乎存在多基因适应现象，但这个效应可能是微弱的。目前这个研究领域十分活跃，并且这个结果可能会随着更好的取样和统计方法的采用而进一步改变。

你可能会注意到，在当地人类近期适应名单上没有出现行为或认知特质。几乎所有行为和认知特质都有可遗传性成分——通常在50%的范围——几乎总是涉及众多基因的微小贡献。[4] 理论上，在不同族群中，多基因行为和认知特质可以受到局部选择压力，导致部分可遗传的平均族群差异。但是，当我下笔至此时，

1 Turchin M. C., et al.（2012）. Evidence of widespread selection on standing variation in Europe at height-associated SNPs. *Nature Genetics*, 44, 1015-1019.

2 Field, Y., et al.（2016）. Detection of human adaptation during the past 2,000 years. *Science*, 354, 760-764.

3 Sohail, M., et al.（2019）. Polygenic adaptation on height is overestimated due to uncorrected stratification in genome-wide population studies. *eLife*, 8, e39702.
Berg, J. J., et al.（2019）. Reduced signal for polygenic adaptation of height in UK Biobank. *eLife*, 8, e39725.

4 Chabris, C. F., Lee, J. J., Cesarini, D., Benjamin, D. J., & Laibson, D. I.（2015）. The fourth law of behavior genetics. *Current Directions in Psychological Science*, 24, 304-312.

仍然没有很好的可以说明这方面的证据。

这些当地的、近期人类遗传性适应的案例大部分接受了来自其他研究者至少一次的重复实验和挑战，并且它们整体上都很好地经受住了。一些具体的观点可能会被未来的研究工作修正或者证伪，但总趋势不可否认：许多身体特质在跨当地族群间存在显著的统计学上的基因差异。适应性特质可以涉及少量的或大量的基因改变；并且，至少在一些案例中，适应性特质可以持续几千年地出现。

虽然这些研究结果完全符合现代种群遗传学的主流思想，但描述这些结果已经足够让一个人在许多方面被抹上种族主义者的污点了。对一些善意的批评家而言，这样的工作是要被谴责的，因为它们会被其他人使用以支持种族主义者的遗传学观点。在他们看来，即使那些开展这样工作的科学家拥有良好的意图（如更好地指导医疗决策），但报告含有在当地种群中的特质背后的基因差异，这就像位于滑坡上一样站不住脚，但这条滑坡历史上充满了不法行为，因此计划最好废止。对他们而言，诸如“种群”和“祖先”这样的词汇知识只是一种政治正确的建构，以便让人来谈论种族。比如，安吉拉·萨伊尼在评论近期的人类基因组多样性计划时写道：“‘种族’这个词汇慎重地被‘种群’替代，‘种族差异’被‘人类变化’替代，但这不是换汤不换药吗？”[1]

我完全能理解这些担心。毫无疑问，人类变化的科学已经

1 Saini, A.（2019）. *Superior: The return of race science*. Boston, MA: Beacon Press.

并持续会被误用，以作为世界上种族偏见的合理依据。被曲解的科学（尤其是种族遗传学）被用于为同时代发生的或者既往发生的各种非法行径提供正当理由，包括大西洋奴隶贸易、犹太人大屠杀、卢旺达的图西人种族灭绝、殖民国家的土地掠夺和解放后对非裔美国人以法律的名义进行系统性的压迫。可悲的是，这个名单还在不断增加。多年来，人类差异研究领域的一些顶尖科学家——从“天性对教养”说法的普及者弗朗西斯·高尔顿到DNA结构的联合发现者詹姆斯·沃特森——都积极宣传种族主义者的伪科学观点。今天的种族主义者，从美国的白人至上主义者到印度的印度教民族主义者，都依赖（至少部分）基于种群遗传学的研究结果来支持他们的种族压迫的偏执和政策。

所以何不干脆就让群体间的遗传学差异探究带着政治担忧，并坚持个体差异研究好了？在我看来，种群遗传学是一个可靠而有用的研究领域，它可以帮助我们理解人类进化，可以更有效地指导我们的医疗保健。但没有不分好坏地全盘抛弃该门科学的最重要的原因是，我们目前需要，并且持续需要包括种群遗传学在内的科学研究的全部力量来驳斥种族主义者的伪科学观点。这些观点并未离我们远去，我们需要用数据来迎战它们，而不是靠单纯的论断，当然也不是通过宣称整个研究领域不合理。来自种群遗传学的研究结果正被，也将持续被需要以用来驳斥它自身的种族主义历史。

* * *

所谓的科学的种族主义的原则是什么？在白人至上主义者中流行的说法可归结为：

1. 基于大陆来划分几大类种族——比如欧洲人、亚洲人和非洲人——这反映了人种被清晰地划分为几个生理上存在明显差异的种族。这些种族上万年来保持不变、没有相互混杂，因而基因差异得以出现。

2. 与这些宽泛的种族分类相应的不同环境加强了不同的选择压力。一种有名的种族主义说法是：非洲的环境决定了非洲人的性驱力强、暴力强和智力低；亚洲人则被进化为性驱力低和智力高、道德素质低。欧洲人，尤其是北欧人，则进化得恰到好处：中庸之道，因此成为他们殖民者身份和他们抵制移民的正当理由。

3. 因为1和2的观点，你可以基于这些宽泛的种族分类来推测人类行为和认知特质。种族特质是可遗传的、不可改变的，所以会顽固地抵抗任何社会干预，因此，宽泛定义的“种族”被作为持续压迫和对教育机会与经济机会的否认的借口。

当然，伪科学种族主义者从不通过论辩来诋毁和解释他们对自己定义的种族群体的持续压迫。这种做法多荒谬！在一些案例中，这些论点被用于解释另一个群体的积极特质，但总是带着一个消极的警示。比如，一个常见的白人至上主义者的伪科学观点认为，由于世世代代被剥夺了土地所有权，犹太人转向了更高质的城市职业比如信贷和经商。在这个故事中，对犹太人土地所有权的禁令导致了对进化的智力的选择压力，但同样也逐渐灌输了一种狡猾的、没有道德的品质。相似的伪进化故事[1]也见于东亚人与工作习惯或者非洲人与运动技能。

* * *

让我们来检视一下伪科学种族主义的核心观点，来看看它们背后的支撑。首先是这个观点：

基于大陆来划分几大类种族——比如欧洲人、亚洲人和非洲人——这反映了人种被清晰地划分为几个生理上存在明显差异的种族。

如果你生活在美国，每十年进行全国人口普查时你需要填写一个表单。在这个表格上，你需要选中一个或多个方框来标明你的种族。当今，这些选择是：

黑人或非裔美国人：来自非洲的任一黑人种族的后裔。

美洲印第安人或阿拉斯加原住民：来自北美洲和南美洲（包括中美洲）和那些维持部落隶属关系的人的后裔。

白人：来自欧洲、中东或者北非的人的后裔。

1　对这样的伪进化观点的有理有据有力的驳斥，参见：
Rutherford, A.（2020）. *How to argue with a racist: What genes do*（*and don't*）*say about human difference*. New York, NY: The Experiment.

亚裔：来自远东、东南亚或者印度次大陆的人的后裔，包括，比如柬埔寨、中国、印度、日本、韩国、马来西亚、巴基斯坦、菲律宾群岛、泰国和越南等。

夏威夷原住民或者其他太平洋岛民：来自夏威夷、关岛、萨摩亚群岛或其他太平洋岛屿的人的后裔。

后面还有指导语澄清，“那些认为自己是西班牙人、拉美人或西班牙裔的人则有可能是任何种族。”[1]（如果你在英国填写一份相似的表格，分类是不同的。1991年使用的勾选框是白人、加勒比黑人、非洲黑人、其他黑人、印度人、巴基斯坦人、孟加拉人、中国人和任何其他少数民族。在巴西的人口统计中，你只能从名单中选一个种族分类，这个名单由*Branca*（白人）、*Parda*（棕色，意思是多民族的）、*Preta*（黑人）、*Amarela*（黄色、亚洲人）和*Indígena*（原住民）组成。这些术语名单并不能涵盖这些分类被使用过程中的文化差异。比如，在美国，那些自我划定为黑人的人，平均而言有80%的西非人和20%的欧洲人血统（当然，只是平均而言）。在巴西，大部分自我认同为*Preta*的人几乎完全是西非人血统。那些在美国自我认同为黑人的人如果生活在巴西，会认为自己是*Parda*。甚至，那些生活在巴西的、几乎完全是西非血统的人，如果他们是穷人，则更有可能自我认同为*Preta*，如果是富人则更有可能认同为*Parda*。

1　参见：About Race.（2018, January 23）. United States Census Bureau.

此处的关键点是，种族分类是由社会和文化建构的。它们是模糊的、可变的，因地、因文化而变化；它们反映了当地的历史和政治，尤其是殖民主义传统。这不是一种巧合，比如，英国人口调查采用印度、巴基斯坦和孟加拉血统来区分人群，这反映了世界上那个地区的英国殖民历史；而美国和巴西的人口调查把它们统归到亚洲大类中。一些分类基于当前的国家，另一些分类基于大陆。如果我们将注意力从人口调查表单转移到大街上，世界各地的人基于更多标准快速地做出种族分类，比如语言或宗教。并且重要的是，这些分类甚至可以在同一个国家或社区中发生变化。在美国政府和大部分普通百姓看来，我是白人。但在网络上的白人至上主义者看来，我肯定不是，因为我有不合格的阿什肯纳兹犹太人血统。种族分类在世界每一个地区或文化都存在，并且它们本质上带有意识形态、经济和政治色彩。任何涉及种族的科学研究必须要接受和考虑到这个事实。

并不是像一些善意、理想的人宣称的那样“种族分类并不存在”。而是，种族分类不是生理学的。它们不是人种的分类学分支。它们也不是像有些人声称的那样，类似于人类有意创造和维系的驯养猫和狗，[1] 或者，就像利乌德米拉 · 特鲁特和迪米特 · 别利亚耶夫的温顺狐狸。相反，种族分类是文化—生理分类。它们是人类生理差异和当地的、变化的关于“什么样的差异是重要

1 Norton, H. L., Quillen, E. E., Bigham, A. W., Pearson, L. N., & Dunsworth, H.（2019）. Human races are not like dog breeds: Refuting a racist analogy. *Evolution: Education and Outreach*, 12, 17.

的”的文化决策之间的碰撞。

种族不是一种生理现象，这一事实并不会使其没有研究价值。毕竟教育、金钱、社会阶层和名望全都是非自然现象，但我们能理解它们之于人类生活的重要性。人类学家乔纳森·马克斯在准确地剖析忽视种族可能带来的影响时，写道：

> 那么，我们应该谨防，仅仅因为种族不是以一种自然，或生理学，或遗传学单位的方式而存在，就认为“种族不存在”这个说法。因为如果我们承认的唯一现实是自然，那你怎么解释政治、社会或经济平等？它们是历史和社会的真实现实，而非自然现实。那么，它们会突然消失吗？如果我们将非自然的等同为非真实的，那么贫穷不会成为一个待解决的问题，而是一种会被忽视的幻象。[1]

如果真的存在与从文化上宽泛定义的种族社群相应的，并且构成特质上的平均差异的基因差异，那么我们应该可以看到它们会反映在许多个体的基因组分析上。理查德·列万廷在1972年，早于人类会使用DNA分析之前，设法解决这个问题。[2] 他检测了世界上许多人的血液蛋白质基因变异，并将被试分为七个已有的“种族”：非洲人、欧亚西部人、东亚人、南亚人、澳大利亚原

---

1 Marks, J.（2017）. *Is science racist*?（pp. 53-54）. Cambridge, UK: Polity Press.

2 从历史角度看，1973年，也就是在列万廷的报告发表一年后，第一个动物基因才从非洲爪蟾的身上克隆出来。而直到2003年人类基因组序列图才被完成。

住民、美洲原住民和大洋洲人。他发现，蛋白质类型的大约85%的变异可以归因于某种种族内的差异，只有15%的差异归因于种族之间的差异。他在这篇文章中的结论经常被引用："种族和群体彼此之间惊人地相似，绝大部分的人类变异由个体之间的差异来解释……由于（这样的）种族分类现在被认为是几乎没有遗传学或分类学上的意义，因此它的续存找不到正当的理由了。"[1]

当列万廷的研究结果被发表后，许多人争辩说，这就是"种族分类从生理学上看没有意义"的证据。但这与大部分人的认知是不一致的。如果种族没有生理学上的意义，那么我们是如何可以通过观察某些人的头像照片（没有他们的声音或服装或行为方式方面的信息），合理地将其分到某一血统大类，尽管不是完全准确？显然，我们可以基于一些外在特征，比如皮肤颜色、脸部特征、眼睛颜色和头发颜色及质地等作出推测。特质上的大部分差异总体上发生在种族内而非种族间，但是显然一些外在特征及其组合可以帮助我们形成对一个人祖先的大概估计。

在列万廷的时代，我们不可能就基因变异而对人类基因组的多处位置进行检测。30年后，2002年，马尔库斯·费尔德曼及其同事重启了这个研究问题。他们分析了来自世界各地的1 056名被试的基因组的377个不同位置，结果重复了列万廷的基本发现：就基因组的绝大部分位置而言，我们无法通过识别它们的基因变

1 Lewontin, R. C.（1972）. The apportionment of human diversity. *Evolutionary Biology*, 6, 381–398.

异而分辨出两种不同的种族，因为有明显更多的基因变异发生在种族群体的内部而非种族群体之间。然而，采用多变量贝叶斯统计法对基因组中所有377个位置的变异进行综合分析，并指定程序将数据聚类为5个组，得出的组别与美国一些主流种族大类大致一致：非洲、东亚、欧洲、大西洋和美洲原住民。[1]

这项研究及随后几项其他研究的发表带来了许多争议。一些人说它强化了一个观点，即广泛的种族分类是生理学真实存在的、持久的人种分类学划分。这是不对的。首先，这5个群体并没有什么神奇的地方。数值5是由实验人员事先指定的，而不是计算得到数据。实际上，有人争论道，如果使用更好的非洲人DNA样本，并将其划分为14个群体会更准确。[2] 实际上，这些类型的研究告诉我们的东西相当直觉：相比于那些与我们相距遥远的人，人们更有可能与那些临近的人进行婚配，婚配的可能性会随着距离增加而逐渐降低。此外，它还表明，诸如海洋或撒哈拉沙漠这样的较大的地理障碍会成为婚配的障碍。在那些障碍有可能被渗透的地方，就会出现更多的异种交配，人群聚集，就像由

---

1 Rosenberg, N. A., et al.（2002）. Genetic structure of human populations. *Science*, 298, 2381-2385.
Rosenberg, N. A., et al.（2005）. Clines, clusters, and the effect of study design on the inference of human population structure. *PLoS Genetics*, 1, e70.
2002年的文章得到的分组大体上与地理位置一致，但由于这是非随机抽样的结果，因而受到了不少质疑。2005年的文章基本解决了这些问题。
这些作者也识别出了第6组，它特指巴基斯坦的卡拉什人，这可能反映出这个群体内极高的近亲繁殖和遗传漂变。

2 Tischkoff, S. A., et al.（2009）. The genetic structure and history of Africans and African Americans. *Science*, 324, 1035-1044.

基因标记所定义的那样，边界变模糊。[1] 种族分类不是生理学上的分类，但是它们也不是完全武断的文化建构。它们是以肉眼可见的、具有遗传性的身体特质的一个微小子集为基础的、动态的、文化建构的分类。在历史上，它们曾被用来不公正地贬低和控制数百万人。

另一个伪科学种族主义的关键信条是：

几万年来，种群一直保持稳定，未被混杂。

这个论断是纳粹意识形态的支柱，它声称自己是绳纹器文化的纯种后裔。绳纹器文化因其在考古遗址发掘的具有五千年历史的陶瓷风格而得名。在纳粹神话中，绳纹器文化圈的人是深深扎根于德国的早期雅利安人。纳粹进一步主张，因为绳纹器文化时期的陶瓷于波兰、俄罗斯西部和捷克斯洛伐克的考古地被发现，因此德国人拥有这些土地的所有权。某些类型的印度教民族主义者意识形态背后有一个相似的神话，它认为，上万年以来，南亚以外的人没有对印度血统或文化做出重大贡献。

最新研究对古人类遗体进行DNA分析，并将其与现代人进行比较，得出的结果为驳斥这些种族纯洁性观点提供了明确的证

1 Tischkoff, S. A., & Kidd, K. K.（2004）. Implications of biogeography of human populations for“race”and medicine. *Nature Genetics*, 36, S21-S27.

据。[1] 在绳纹器文化的例子中，古人类的DNA清晰地显示了，他们源自大约5 000年前生活在如今的俄罗斯和中亚大草原的颜那亚人的一次大迁徙。没想到吧。

同样地，今天的印度人（即使是生活在印度南部的人）的祖先主要由生活在如今的伊朗和欧亚大草原的人的多次迁徙浪潮而形成。实际上，今天的印度人身上大约50%的基因变异源自这些始于大约5 000年前的迁移。在整个世界上，几乎所有今天还活着的种群都是数千年来不断融合的产物。正如遗传学家大卫·赖希写道的："浮现的故事与我们孩提时代听说的，或者与主流文化截然不同。它充满了惊喜：彼此相异的人群的大量融合；大范围的种群替代和扩张；以及史前时期发生的、与现存的种群差异并不一致的种群划分。"[2] 古人类的DNA分析清晰地表明了，传说中的种族纯洁性根本不存在。那些在人口普查中自我认同为白人的美国人是至少四种一万年前活跃的古代种群的混合。那些古代种群就如现在的东亚人和欧洲人那样彼此相异。换言之，我们都是杂种人。

但我们不是同种类型的杂种人。如今，你可以在试管中吐口水，花99美元将其邮寄出去，随后拿回一份自己的血统报告。比如可能会告诉你，你有33%的威尔士、42%的土耳其、20%的瑞典

1　在大多数情况下，古代DNA证据会强化来自考古学的证据，它也驳斥了历史种族纯洁性概念。

2　Reich, D.（2018）. *Who we are and how we got here: Ancient DNA and the new science of the human past*. New York, NY: Pantheon Books.

和5%的希腊血统。或者你可能得知，你是85%的西非、10%的英国和5%的法国血统的祖先的后裔。意识到这些血统估算的重要意义在于——它们只是粗略的估计——种族分类是因为人们的选择才对如今的人具有文化上的意义。[1] 这些公司追溯到大约500年前的某一时期，即欧洲殖民主义全面开启之前。欧洲殖民主义骤然导致了一些更近期的基因混合浪潮。直接面向消费者的家谱公司利用大约3 000年前的分类产生一份基因报告。这份报告可能会说，比如，你有45%的赫梯和55%的奥克苏斯血统，但那对大部分消费者不太有吸引力。或者他们会追溯到2万年前，告诉每一个人他们的祖先是非洲人。实际上，我可以免费告诉这个。你甚至不需要往试管里吐口水。

* * *

让我们继续检验种族主义者的伪科学论点：与这些宽泛的种族分类相应的不同环境加强了不同的选择压力……非洲的环境决定了非洲人的性驱力强、暴力强和智力低；亚洲人则被进化为性驱力低和智力高、道德素质低。欧洲人，尤其是北欧人，则进化

1 当你在试管中吐口水并邮寄出你的DNA样本时，直接面向消费者的家谱公司并不会分析你DNA中所有的30亿个核苷酸。相反，他们会分析一大批已知的人与人之间存在差异的核苷酸，大约为60万至100万个。然后，将其结果与世界各地的人类DNA样本相比较，世界各地的人类DNA样本的选取标准是拥有所谓的近期纯血统。比如，关于这些公司的希腊样本，他们会选取那些祖父母和外祖父母都生活在希腊的人。在这个过程中存在一些误差来源。第一，扩增你唾液中的DNA时有可能引入碱基错误。这就是为什么即使是同卵双胞胎也可能会得到来自同一家公司的两份并非完全相同的血统报告。第二，比对的数据库依赖于参考样本的准确报告，并且这并非总是准确的（可能爱尔兰祖母会与她的波兰邻居厮混而生下后代，并且没有告诉她的爱尔兰丈夫）。第三，这些估算对于那些在数据库中有许多参考样本的群体而言其准确性更好，但对于那些在数据库中样本稀少的群体而言则较差。

得恰到好处。

种族分类的一个特点就是他们太宽泛了：白人、黑人、亚洲人等。我们讨论了近期人类对诸如高海拔、寒冷气候和基于海洋的饮食等环境状况的适应例子。关键的是，它们都是当地的环境状况。当人们讨论种族时，他们通常不讨论现今的当地种群，比如必须与严寒气候抗争的西伯利亚原住民，苏拉威西岛的巴瑶人。没有特定的“亚洲环境”需要适应，因为亚洲包括高山、沙漠、北方森林、苔原、草原和热带雨林。其他的跨越整个大陆的种族术语，尽管很流行，也同样有这个问题。如果你像许多种族主义者一样认为，在非洲获取食物和庇护很容易以至于“变得聪明”的选择压力比在欧洲小多了，那么你必须想一想，这关系到非洲所有的不同的当地环境，或者哪怕仅仅是撒哈拉沙漠以南的非洲——从热带雨林到高山到沙漠——并且同样地，这必须关系到欧洲所有的不同的当地环境。

即使你基于当今的国家来认真对待种族分类，同样的问题还是存在。中国环境的独特选择压力是什么？当然，任何一个都不是，因为中国是由许多不同的环境和生活方式组成的。如果使用基于语言学的种族术语，更是一本糊涂账。西班牙语人的自然环境是什么？甚至根本就没有一个单独的西班牙大陆！因此，很难想象可能会发生“当地选择压力会导致一个西班牙语人群体基因改变”这样的情况。关于“宽泛的种族群体面临的不同选择压力导致了不同的认知或行为特质”这个争论连最粗略的审查都经不起。

* * *

不管是对个体还是群体而言，几乎没有任何话题比智力更具争议。但智力是什么？特拉华大学的心理学家琳达·戈特弗里德森提供了一个有效定义。[1]

（智力）……包括推理、计划、解决问题、抽象思考、理解复杂想法、快速学习和从经验中学习等在内的能力。它不仅是学习书本知识，一种狭隘的学术能力或者应试才智。相反，它反映了一种更广泛、更深的理解我们周围世界的能力——“弄懂”“讲得通”事情或者“弄清”要做什么。

一些心理学家将智力拆分为几个子域，比如晶体智力（个体的、有关世界知识的储量，包括事实和过程知识）和流体智力（解决新异问题的能力，极少依赖已储备知识）。这些就是不同的智力测验设法测量的领域，有时它们以IQ分数形式表现。

也有一些人认为智力测验没有意义，但大量的证据反对这个观点。这些测验远说不上完美，并且其中一些测验受到文化限制。但纵观全世界和整个经济环境，它们是学业成功、劳动力进步，甚至寿命的可靠的预测指标。[2] 一个IQ测验分数并不能反映

1 Gottfredson, L. S.（1997）. Mainstream science on intelligence: An editorial with 52 signatories, history and bibliography. *Intelligence*, 24, 13-23.

2 Ree, M. J., & Earles, J. A.（1991）. The stability of g across different methods of estimation. *Intelligence*, 15, 271-278.
Nisbett, R. E., et al.（2012）. Intelligence: New findings and theoretical developments. *American Psychologist*, 67, 130-159.

我们想要知道的人类智力的全部情况，但实际上也没有任何一个测量可以满足这样的要求。也有一些测验旨在测量认知的其他方面，比如创造力（对不寻常的问题解决的能力或者提出新异问题的能力）或者实践智力。这些测量可以在被广泛使用的IQ测验之外提供一些额外的预测效力，但没有那么大。

如果我们检视美国成人的直方图——直方图中IQ测验得分为水平轴，测得该分的可能性为垂直轴，我们看到了一个大致的钟形分布，两边均匀向100分收缩（IQ测验被校准到一个平均值，让大量的人落入到那个数值中）。在这个分布中，人群中大约14%的人IQ得分115以上，大约2%的人得分130以上。图表较低端的衰减形状大致相同，但集中于大约75分处有一个次要的、额外的小凸起（图17）。IQ70分或以下被认为是意味着智力障碍。在美国，有2%的人口受到了智力障碍的影响。[1]

这个分布与美国身高分布相似。身高具有高度遗传性（在我们第1章里讨论的MISTRA双生子研究中，大约为85%），并且也是一个多基因特质，这反映了几百个基因及其相互作用的微小变异，这种相互作用既有基因与环境之间的，也有基因之间的通过相加和更复杂过程的相互作用。然而，在人群中一小部分人身上，有极少单基因突变（比如那些涉及生长激素分泌的基因）会

1 有趣的是，智力障碍（IQ分数等于或低于70即为智力障碍）在男性中的患病率是女性的四倍。一个可能的原因是，拥有一个X染色体使得男性对于X染色体上相关的基因突变更脆弱，X染色体相关基因突变会影响大脑发育或可塑性。实际上，目前已发现X染色体上有超过100个这样的基因突变。

Carvill, G. L., & Mefford, H. C.（2015）. Next-generation sequencing in intellectual disability. *Journal of Pediatric Genetics*, 4, 128-135.

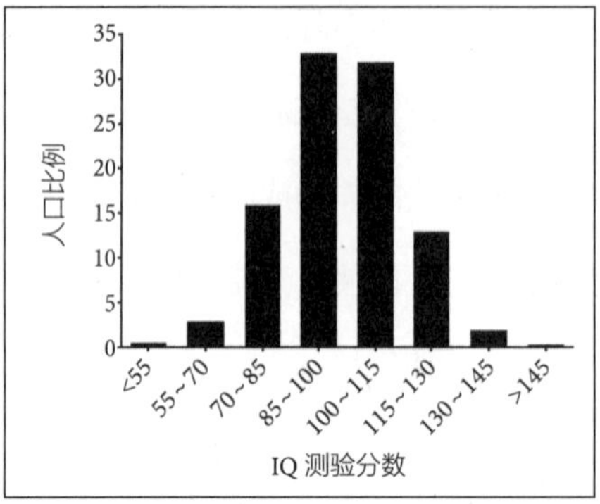

图 17 美国成人的 IQ 测验得分的近似分布直方图。平均得分按照定义是 100 分。分布接近于钟形（高斯），但集中于大约 75 分处有一个小凸起。这个小凸起主要反映了涉及大脑发育和突触功能的少量基因发生了高度有害的突变，导致了智力障碍。

戏剧性地影响身高，可以产生侏儒症和一些相关疾病，导致身高分布的尾端出现一小块额外的凸起。

IQ测验分数的统计结果非常相似。美国的IQ遗传性成分估算在70%（来自MISTRA研究）至50%（采用其他方法）之间波动。[1] 不管在这个范围的哪一端，结论都很相似：IQ测验分数有显著的遗传性成分，但非遗传性成分也有显著效应。就像任何一个其他的行为或认知特质，遗传性成分具有高度多基因特性。就像身高一样，有大量的单基因突变对IQ分数产生较大的影响。这些基因包括SYNGAP1、SHANK3和NLGN4，它们指导蛋白质的表达。这些蛋白质涉及大脑早期发育过程的连接，也涉及大脑的一项能力，即稍微改变它的电学和突触特性以适应个体一生中不断变化的经验。因为这些基因突变影响大脑的连接和电学功能，所以它们常常引起其他神经精神病性问题，比如自闭症或癫痫，同

1 大部分双生子研究都存在一个无意为之的经济阶层偏差，因为那些来自社会经济阶层较低的人来参加实验的可能性更低。相较于其他方法，这可能导致来自双生子研究中的IQ遗传率的估算或多或少偏高。

时伴随着智力障碍。[1]

* * *

20世纪60年代，对英国和爱尔兰的高中生开展的测验发现，爱尔兰人的IQ得分平均要低15分。随后一些年，一些学者，包括著名的心理学家H. J. 艾森克，声称IQ得分的差异源于这两个国家的群体的基因差异。他们的观点如下：通过双生子研究，我们知道IQ测验分数在群体间有显著的遗传性成分，所以不同群体间的差异一定也是高度遗传性的。因为这个原因，设法通过更好的医疗保健、营养或者学校教育来提高爱尔兰人的平均智力没有意义，因为从遗传学上来看，他们的智力会一直低一等。[2]

这个观点基本误用了特质遗传度的估算。正如我们所讨论过的，对一个特质遗传性成分的估计只有在被研究的群体中有效。如果一个特质在两个不同群体间都具有遗传性成分，那么对于这两个群体间的差异的原因，它什么也告诉不了我们。比如，身体质量指数（BMI）在美国和法国都是一个具有高度遗传性的特质。美国人的平均BMI大得多，但美国人和法国人的BMI差异并非源于两个群体之间的遗传学差异。[3] 而是因为，美国人平均而言进食更多高卡路里食物（以及他们更少锻炼）。

---

1 Zogbhi, H. Y., & Bear, M. F.（2012）. Synaptic dysfunction in neurodevelopmental disorders associated with autism and intellectual disabilities. *Cold Spring Harbor Perspectives in Biology*, 4. doi:10.1101/cshperspect.a009886.

2 Eysenck, H. J.（1971）. *The IQ argument: Race, intelligence and education*. New York, NY: Library Press.

3 本研究出自: Mitchell, K.（2018）*Innate: How the wiring of our brains shapes who we are*. Princeton, NJ: Princeton University Press.

如果假设是，20世纪60年代测量的爱尔兰和英国公民的IQ分数差异由两个群体之间的基因差异造成，那么“这些差异应该持续了至少好几代人”这个首要预期需要经得起检验。这个预期最终被篡改了。近年来重复的IQ测验发现，爱尔兰人的IQ已经提升到了不再与英国人的存在统计学上的显著差异。[1] 值得注意的是，爱尔兰人的平均生活标准自1960年以来得到了戏剧性的提高，随之而来的是医疗保健、营养和教育的提高，尽管没有证据表明这些变化之间存在因果关系。

IQ的群体差异的基因假设的第二个预期是，对于两个群体的遗传率的估计应该是相同的。回想一下，美国人身高85%的变异可由遗传学解释，但在印度农村或类似的贫困群体中，解释力只有50%。因为营养不良和疾病，贫困人群无法充分实现身高的遗传潜能。就我所知，在1960年前后，并没有人对爱尔兰人和美国人的IQ测验分数的遗传率进行估算，但在众多其他情况中，是进行了遗传率估算的。美国几个不同研究表明，中产阶层和父母接受了良好教育的孩子，他们的IQ测验分数的遗传率比贫困人口的更高。同样地，自我认同为白人的人，他们的IQ测验分数的遗传

1 Lynn, R., & Vanhanen, T.（2012）. National IQs: A review of their educational, cognitive, economic, political, demographic, sociological epidemiological, geographic and climactic correlates. *Intelligence*, 40, 226-234.
Carl, N.（2016）. IQ and socioeconomic development across regions of the UK. *Journal of Biosocial Science*, 48, 406-417.

率比自我认同为黑人的人高。[1] 这些发现驳斥了IQ群体差异的遗传学假设。

同样地，大约1960年，有报告称美国那些自我认同为黑人的人的平均IQ测验得分比那些自我认同为白人的低15分。这个差距与那一时期爱尔兰人和英国人的差距相同。实际上，那些断言爱尔兰人—英国人的IQ测验差距背后存在遗传学基础的人，他们中的许多人继续对美国黑人—白人的IQ差距发表了相同的言论。最著名的便是理查德·J. 赫恩斯坦和查尔斯·默里撰写的于1994年出版的畅销书《正态曲线》。然而，与这个假设相反，黑人与白人的IQ测验差距自1965年来不断变小，从15分降到大约9分。[2] 这个差距没有完全消除，这并不让人意外，因为美国黑人和白人之间存在深刻的经济不平等和社会不平等。

从婴儿期开始，富有家庭的儿童更有可能拥有促进智力发展的社会经验。比如，美国一个研究估算，父母拥有专业职业的儿童在3岁时就已听到了3 000万个词汇，而父母是工人阶级的儿童只有2 000万个词汇，且这些词汇来自一个更小的词汇表。这项研究也表明，工人阶级家庭的儿童接收到更少的鼓励性评论，更多

---

1 Scarr-Salapatek, S.（1971）. Race, social class and IQ. *Science*, 174, 1285-1295.
Rowe, D. C., Jacobson, K. C., & Van den Oord, E. J.（1999）. Genetic and environmental influences on vocabulary IQ. *Child Development*, 70, 1151-1162.
Turkheimer, E., Haley, A., Waldron, M., D'Onofrio, B., & Gottesman, I. I.（2003）. Socioeconomic status modifies heritability of IQ in young children. *Psychological Science*, 14, 623-628.

2 Dickens, W. T., & Flynn, J. R.（2006）. Black Americans reduce the racial IQ gap: Evidence from standardization samples. *Psychological Science*, 17, 913-920.

的训斥。[1] 相似研究也表明，毫无疑问，富有家庭的孩子拥有更多途径接触书籍、报纸和电脑。

尽管这些社会经验可能会影响儿童的智力发育，但要弄清这种影响多少源于环境、多少源于创造了这些环境的父母传递给儿童的基因变异，是很困难的。要分离这些影响需要收养研究，它们能提供清晰的证据。当孩子被具有较高社会经济地位的家庭所收养，一般来说，相较于他们没有被收养的或者被较低社会经济地位的家庭所收养的同胞，他们的IQ测试分数会提升12~18分。[2] 当然，家庭环境并非智力提升的唯一原因，因为具有较高社会经济地位的家庭往往也受益于优良的学校、更好的医疗保健和安全处境，更少带来创伤的邻居。尽管如此，这些收养研究反驳了那些认为“因为IQ大部分是基因决定的，所以社会干预不能填平种族的IQ差异”的言论。

* * *

IQ在许多方面很像其他的行为特质。IQ测验分数有大量遗传性和非遗传性成分，且两者之间的平衡随种群而变化，在拥有更

---

1 Hart, B., & Risley, T.（1995）. *Meaningful differences in the everyday experience of young American children*. Baltimore, MD: Paul H. Brookes Publishing.

2 Locurto, C.（1990）. The malleability of IQ as judged from adoption studies. *Intelligence*, 14, 275-292.

Duyme, M., Dumaret, A., & Tomkiewicz, S.（1999）. How can we boost the IQs of “dull” children? A late adoption study. *Proceedings of the National Academy of Sciences of the USA*, 96, 8790-8794.

Van IJzendoorn, M. H., Juffer, F., & Poelhuis, C. W. K.（2005）. Adoption and cognitive development: A meta-analytic comparison of adopted and non-adopted children’s IQ and school performance. *Psychological Bulletin*, 131, 301-316.

多社会、经济和政治权力的更富裕的群体中变得更具遗传性。IQ的非遗传性成分包括家庭内和家庭外的社会经验，以及营养和感染之类的非社会经验，当然也包括由大脑发育的不确切、随机本质产生的大量随机性。尽管有一些与大脑发育和可塑性相关的单基因变异可能会导致认知障碍，[1] 但分数处于80分以上的IQ的基因变异的遗传性成分是高度多基因的，大部分人的IQ都位于80分以上的范围。

现在GWAS用于发现与一般认知功能有关的基因变异，它们也吸纳了足够多的被试以实现可靠的统计效力。[2] 这些研究评估了使用IQ测验或类似的基于流体智力评估开发的工具得到的一般认知功能。GWAS努力涵盖来自不同先祖的大部分欧洲国家居民，结果揭示了有超过1 000个基因变异对一般智力产生影响。可以想见，这些基因往往在大脑中表达，并且许多基因与发育、突触功能和神经系统的电活动有关。所有这些已被识别的基因变异总共可以解释样本群体的测验分数变异的30%。

有必要重申一次，这1 000多个基因没有一个是专门服务于智力的。它们编码蛋白质，这些蛋白质涉及的功能有，比如让离子

1 Zogbhi, H. Y., & Bear, M. F.（2012）. Synaptic dysfunction in neurodevelopmental disorders associated with autism and intellectual disabilities. *Cold Spring Harbor Perspectives in Biology*, 4. doi:10.1101/cshperspect.a009886.

2 Davies, G., et al.（2015）. Genetic contributions to variation in general cognitive function; a meta-analysis of genome-wide association studies in the CHARGE consortium（N=53,949）. *Molecular Psychiatry*, 20, 183-192.
Savage, J. E., et al.（2018）. Genome-wide association meta-analysis in 269 867 individuals identifies new genetic and functional links to intelligence. *Nature Genetics*, 50, 912-919.

流过神经元的细胞膜以产生必要的电信号，或者指导神经元生长尖端以与它们的近邻相连接。促进智力的基因突变也会对神经系统产生其他影响，这不足为奇。一般来说，它们保护人们免患阿尔茨海默病和抑郁症。但它们也会使患自闭症的风险增高。[1] 有趣的是，智力相关的基因突变不仅表达在神经系统中。比如，其中一个基因SLC39A8，会指导一个蛋白质的表达，该蛋白质消耗能量以帮助锌离子（Zn^{2+}）穿过细胞膜。这个锌离子运输者蛋白质可见于神经元，但更多地表达在胰腺细胞中。因此一般来说，SLC39A8变异往往会导致智力稍微增加，但也会对胰腺功能产生影响。此处想表达的关键点是，当我们讨论影响智力的基因突变时，我们必须要意识到它们对整个身体有许多其他影响，而大部分影响我们知之甚少。

* * *

我们来看看种族主义伪科学的最后一个信条：

你可以基于这些宽泛的种族分类来推测人类行为和认知特质。种族特质是可遗传的、不可改变的，所以会顽固地抵抗任何社会干预，因此，宽泛定义的“种族”被作为持续压迫和对教育机会与经济机会的否认的借口。

1 关于导致智力提高的基因，目前不可能通过考察上千个智力相关的基因变异就得到一个普遍的神经生理学功能结论。

正如种族主义者普遍认为，如果基因差异可以解释美国黑人和白人之间存在的IQ测验分数的差距，那么从大型的GWAS调查所揭示出的大约1 000个智力相关基因开始，这些基因变异的发生率一定存在平均差异。更进一步，这些种族平均差异一定足以解释IQ测验分数上仍然存在的9分差距的大部分。

我可以理直气壮地说：*没有证据表明“种族”之间的智力相关基因存在显著的平均差异。*[1] *在美国文化里自我认同为白人和黑人的两个种群间不存在，在自我认定的任何两个种群间也不存在*。不仅如此，也没有证据表明任一行为或认知特质相关的基因存在种群差异。攻击性不存在。ADHD不存在。外倾性不存在。抑郁也不存在。没有什么，全无，一点也没有，什么也没有。

科学不是一门关于“可能发生了什么”的学问，而是一门关于“我们可以证明已经发生了什么”的学问。因为一些有关跨越整个大陆的选择压力的假定故事而断定在认知或行为上的“种族”差异背后一定存在基因变异，并且无须提供遗传学证据，这真是一派胡言。这正是反科学的、利己的种族偏见的定义。

---

1 这一点不仅适用于那些奠定IQ测验分数遗传部分的多基因基础的上千个基因，也适用于那些一个基因突变导致智力残障的少数基因。

结　语

关于自由意志和人类自主感，人类个性的科学告诉我们的是什么？我们是由基因预先设定好并由基因变异进行调控而具有特定的疾病、人格、技能和性欲的机器人吗？抑或我们是一块干净的白板，等待着由我们的社会和文化经验塑造成独特而闪耀的、拥有自由意志和无限潜力及选择的生物？显然，答案是两者都不是。正如我们所讨论过的，用来替代陈旧、不准确的“天性对教养”的好说法是“遗传与经验相互作用，同时也受到固有的发育随机性的影响”。在这个意义上，经验是一个宽泛的分类，它不仅包括社会和文化影响，也包括你罹患的疾病、你的物理环境、侵入了你身体的细菌和更潜在的那些来自于你母亲和你年长同胞的（以及对一些女性来说，是孕育的胎儿）、可能仍然在你身体里存活的细胞。

一些人类特质具有高度遗传性，其中少数源自单个基因的变异（比如耳屎类型）或相当小规模的基因变异（比如眼睛颜色），但其他大多数是多基因变异（比如身高），因此反映了几百个基因的交互作用。还有其他一些特质很少或者根本没有遗传性成分（比如政治信仰、口音）。大部分特质，不管是行为层面的（比如外倾性或流体智力）还是结构性的［比如身体质量指数（BMI）或心脏病患病倾向］都是遗传和非遗传因素的结合。行为和认知特质都涉及众多基因，因此没有一个单独的基因变异足以解释害羞或创造力或攻击性或ADHD。

重要的是，遗传性和非遗传性因素会相互作用。这种相互作用可以以一种简单的方式出现：比如，要患上PKU，你需要从父母双方分别继承突变失活的苯丙氨酸代谢基因以及食用含苯丙氨酸的食物。基因和环境也可以通过行为来相互影响。比如，如果你天生携带擅长跑步的基因变异，那么由于这个优势你更有可能参与运动，因此练习将会使你在所选的运动上更加厉害。此处的核心观点是，基因和经验并非总是以相反的方式起作用——而是，它们可以在某些情况下相互增强。

从整体看来，美国成人相当擅长估算特质的遗传性成分。在一个近期的网络调查中，大部分人的推测或多或少都正确。比如，政治信仰有很少量的遗传性成分，身高具有高度遗传性，音乐天赋位于中间。他们对另一些特质的推测似乎不对。比如，大部分人认为性取向的基因变异大约有60%的遗传性，而实际上它只有大约30%（男性大约40%，女性20%）。另一方面，大部分人认为，BMI大约有40%的遗传性，而它实际上大约有65%。[1] 去推测文化观点是如何影响这些与事实不符的猜想，是一件有趣的事。在BMI的例子中，我推测很多人愿意相信食物消耗更多的是一件有关个人意志力的事，这种相信超出了它的实际程度。这是一个不可思议但又常见的主题。在大部分例子里——从记忆的准确性到人格特质的遗传率——相较于他们实际拥有的，人们以为他们（和其他人）拥有的自主性和个人控制感更多。

* * *

关于使用基因编辑技术（尤其是基因敲除技术CRISPR-Cas9）来逆转特定的、由一种或少量的基因变异导致的基因疾病这个话题，目前有许多令人振奋的事件和讨论。2018年，中国南方科技大学的贺建奎在他修改人类胚胎CCR5基因时，违反机构准许和知情同意程序。随后胚胎被植入母亲体内，生出了叫作露露和娜娜的双胞胎女孩。从表面上看，在这个程序中的医学理由是保证胚胎不会被她们父亲携带的HIV感染。如果缺少了CCR5基因调控

1 Willoughby, E. A., et al.（2019）. Free will, determinism and intuitive judgments about the heritability of behavior. *Behavior Genetics*, 49, 136-153.
这项针对美国成年人的网络调查，其样本可能更偏向于受过教育程度更高、社会经济条件更好的个体。有趣的是，在这个调查人群中，其特质遗传估计与来自科学文献的共识匹配最佳的子群体是拥有多子女的受过教育的母亲。

的蛋白质，HIV无法进入免疫细胞来感染它们。他因为这个实验受到了广泛的谴责。除了准许和同意的问题，还有一个忧虑是，人们担心CCR5的修改可能会对这两个基因编辑双胞胎女孩产生意想不到的后果。比如，我们知道CCR5在大脑中表达，但我们对它的功能知之甚少。完全有可能会因为CCR5的缺失而导致神经精神病性变化。

因此，除了修正基因疾病或预防感染，有可能使用CRISPR技术来改变其他特质吗？对于那些由一个或少量基因决定的特质，答案是肯定的。比如，要保证你的孩子拥有导致湿性耳屎和狐臭的ABCC11基因变种，不会成为一个技术挑战。主要由两个基因控制的眼睛颜色是另一种可能稍加努力就可以被基因编辑操控的人类特质（但还有超过14个基因显示出微小的作用）。然而，正如CCR5，操控小规模的基因可能导致意想不到的效果。比如，有人认为，导致湿性耳屎的ABCC11基因变异会导致罹患乳腺癌的风险稍微增高。[1]

人们想要他们的孩子提升的大部分特质——比如身高、运动能力和智力——都是高度多基因决定的。除了重要的伦理考虑，在多个层面上也存在技术问题。第一，基因编辑是不可行的，比如，目前已知的智力基因（它们总共也只能解释IQ测试分数中大约30%的基因变异）大约有1 000个多个。第二，因为这些变异不

---

1 Ota, I., et al.（2010）. Association between breast cancer risk and the wild-type allele of human ABC transporter ABCC11. *Anticancer Research*, 30, 5189-5194.

是简单的相加，每一个基因都对智力增加一点微小的影响；它们的最佳的组合是什么，我们并不清楚。基因X的变异可能与智力提升有关，基因Y的变异也可能与智力提升有关，但是当这两个变异共同表达时，一些意料之外的事情发生了。双重变异会降低智力，或者会提高智力但导致癫痫，或者甚至产生一些与神经系统无关的医学问题。如果基因变异问题乘以一千，你就会看到这个问题的严重性。关于基因知识的目前状态是，破坏一个深受欢迎的多基因变异远比提高它简单得多。目前，我们知道少数几个会导致智力残障的单基因变异，但是没有一个单基因变异会有力地提升智力。

* * *

当思考影响我们神经系统的感官部分的个体基因和发展差异时，值得注意的是，我们竟然可以在一个共同的事实上达成一致。当比较两个随机的个体时，你可能会想起约400个嗅觉接收器基因中30%的基因在功能上是不同的。那是气味感知的第一步，甚至在我们想到处理气味信息的大脑回路存在个体差异之前，或者想到这些大脑回路是如何被经验所改变之前，它就已存在。由于这些先天和后天的在气味和口味感知上的差异，我对于巴罗洛红酒和起司维滋牌芝士酱的整体风味经验与你的并不完全一样。

重要的是，这些感知上的个体差异表现在所有的感官系统上，不仅仅是嗅觉和味觉。我看到的红色不同于你看到的红色，我听到的G大调小三和弦不同于你听到的G大调小三和弦，我感觉寒冷的卧室不同于你感觉寒冷的卧室。不仅这些外部感官存在个体差异，那些表明我们自己身体状态的内部感官也存在个体差异。从这点上说，我的饱腹感与你的饱腹感不同，我的头部左转10度与你的头部左转10度也不同。我们每个人对世界和对自我的感知都不同，并以此为基础来行事。

感官系统方面的个体差异有一部分是先天的。但那些先天效应是复杂的，并且我们的经验、预期和记忆随着时间不断累积，这些效应因此被放大，也会被渗透并且反过来改变这些感官系统。就这样，遗传、经验、可塑性和发展相互影响而使得我们独一无二。

致 谢

当我迫不及待将我为本书挖掘的一件很酷的新鲜轶事分享出来时，我研究机构里的人都能从我脸上看到我的心情。他们真是好人，尽管经常在电梯里被搭讪，但他们都尽力不翻白眼。

“你知道九带犰狳生来就是同卵四胞胎吗？”

“我刚刚知道，美国已婚妇女生下的双胞胎，有0.25%的概率拥有不同的父亲！”

他们真的是圣人一般的人。我感谢约翰斯·霍普金斯大学医学院的全体科学家，感谢他们在整个过程中给予的宽容、好奇和有洞见的问题，尤其是神经科学家兰琪·克鲁，他们承受了我各式各样连环炮式的提问。

从事科研就像谚语所言“养育一个孩子需要举全村之力”，但在这个村子内部，需要一个家庭的支撑。我实验室里的好人们就是这样的家人。感谢你们所有人的激励、友爱、严格、创造力和辛勤工作。

撰写人类个性的想法来自杰里米·南森斯为一本叫作《思维的坦克》的神经科学短文集书籍而撰写的一章精彩内容，我有幸能编辑它。杰里米，谢谢你把我送上这趟旅程。2018年初，在我与Basic Books出版社签订撰写这部著作的合同不久之后，两本相关主题的佳作面世了，卡尔·齐默尔的《她有她妈妈的笑容》和凯文·米切尔的《天生》。感谢齐默尔和米切尔，感谢你们那令人难忘的作品。阅读这两本书很愉悦，也激发了我的内在兴趣。人类个性的科学显然值得坐在阳光底下享受阅读。

许多科学家不辞辛劳地阅读本书，并对一些章节进行评论。我感谢塞斯·布莱克肖、佩格·麦卡锡、格洛里亚·崔、保罗·布雷斯林、彼得·斯特林和奇普·科威尔，感谢你们有见地的评论。其他的研究者找遍了他们的文件夹，分享给我他们重要的科学文献中的图片，我要向南希·塞格尔、尼古拉斯·塔托内蒂、梅丽莎·海恩斯和拜诺伊斯特·沙尔脱帽致敬。

当科学家们的工作完成后，最有价值的见地来自我超级聪明的非专业读者们。深深的感激献给两位敏锐的人，马里恩·威尼克和迪娜·克罗森。

出版专业人士又一次让本书变得更好看。琼·泰科提供了清晰、有说服力的图例。T. J. 凯莱赫、瑞秋·菲尔德和莉兹·戴纳编辑这本书时目光如炬、富有同情心。而威利代理公司的安德鲁·怀利、杰奎琳·科和卢克·英格拉姆一直在支持我。

有两个很棒的机构支持了这项工作。最深的感激献给斯隆基金会图书项目和洛克菲勒基金会贝拉吉奥中心，后者为我写作最后一章提供了令人愉悦的、学术氛围诱人的大学环境。我要举起一杯阿佩罗起泡酒，敬我所有温暖而优秀的贝拉吉奥中心的同志们，希望很快能在另一个令人振奋的地方与你们重逢。

图书在版编目（CIP）数据

个性的起源：为何我们独一无二 /（美）大卫 · J. 林登（David J. Linden）著；何姣译. -- 重庆：重庆大学出版社, 2022.10

（鹿鸣心理. 心理自助系列）

书名原文：Unique：The New Science of Human Individuality

ISBN 978-7-5689-3440-4

Ⅰ.①个… Ⅱ.①大… ②何… Ⅲ.①个性心理学 Ⅳ.①B848

中国版本图书馆CIP数据核字（2022）第146831号

个性的起源：为何我们独一无二
GEXING DE QIYUAN：WEIHE WOMEN DUYIWUER

[美]大卫 · J. 林登（David J. Linden） 著
何 姣 译

鹿鸣心理策划人：王 斌
策划编辑：敬 京
责任编辑：敬 京
责任校对：关德强
责任印制：赵 晟

重庆大学出版社出版发行
出版人：饶帮华
社址：（401331）重庆市沙坪坝区大学城西路21号
网址：http: // www.cqup.com.cn
印刷：重庆市正前方彩色印刷有限公司

开本：720mm × 1020mm 1/16 印张：19.5 字数：232千
2022年10月第1版 2022年10月第1次印刷
ISBN 978-7-5689-3440-4 定价：88.00元

Unique：The New Science of Human Individuality

First Edition: September 2020
Published by Basic Books
ISBN: 978-1-5416-9888-8

版贸核渝字（2020）第201号